移动接入网测试与优化实践教程

吴树兴 张 漫 主编

北京理工大学出版社
BEIJING INSTITUTE OF TECHNOLOGY PRESS

内 容 简 介

本书的内容包括两个部分，即基础知识部分和实践操作部分。其中，基础知识部分主要介绍了 LTE 的基础知识部分和网络优化相关概念；实践操作部分主要以 Pilot Pioneer 网优路测和分析软件进行测试和 LTE 网优问题分析的各种相关操作。本书以 LTE 无线网络优化岗位的具体工作内容为依据，结合高职院校中无线网优技能人才的教学培养模式编写，以任务为导向而成。本书适合作为高职高专学生的网优相关课程的教材，也可以作为网优工程技术人员的参考用书。

版权专有　侵权必究

图书在版编目（CIP）数据

移动接入网测试与优化实践教程 / 吴树兴，张漫主编． －－ 北京：北京理工大学出版社，2023.9

ISBN 978-7-5763-2891-2

Ⅰ．①移⋯　Ⅱ．①吴⋯ ②张⋯　Ⅲ．①移动网－高等职业教育－教材　Ⅳ．①TN929.5

中国国家版本馆 CIP 数据核字（2023）第 175304 号

责任编辑：封　雪	**文案编辑**：毛慧佳
责任校对：刘亚男	**责任印制**：施胜娟

出版发行 /	北京理工大学出版社有限责任公司
社　　址 /	北京市丰台区四合庄路 6 号
邮　　编 /	100070
电　　话 /	（010）68914026（教材售后服务热线）
	（010）68944437（课件资源服务热线）
网　　址 /	http://www.bitpress.com.cn
版 印 次 /	2023 年 9 月第 1 版第 1 次印刷
印　　刷 /	三河市天利华印刷装订有限公司
开　　本 /	787 mm×1092 mm　1/16
印　　张 /	17
字　　数 /	396 千字
定　　价 /	90.00 元

图书出现印装质量问题，请拨打售后服务热线，负责调换

前言

从 20 世纪 80 年代初开始,移动通信技术已经经历了五代的发展。随着这些移动通信系统的建设和运营,网络优化技术成为网络质量的最重要保障。网络优化也成为移动运营商在移动通信网络建设、日常运营维护、网络质量提升和 KPI 评比方面的重要内容,是移动通信技术的重要组成部分。

本书以 LTE 移动通信网络为例,为读者介绍了基于 LTE 系统的无线网络优化的相关概念和技术。本书的第 1 部分共分 10 章:第 1 章 移动通信系统发展历程;第 2 章 LTE 网络结构;第 3 章 LTE 空中接口;第 4 章 LTE 信道;第 5 章 LTE 系统移动性管理;第 6 章 LTE 系统消息;第 7 章 LTE 信令流程;第 8 章 LTE 主要性能指标;第 9 章 无线网络优化概念;第 10 章 LTE 无线网络专题分析与优化。这些章节主要给出了 LTE 网络相关的基础知识和无线网络优化的基本概念。本书的第 2 部分由 25 个任务组成:任务 1 Pilot Pioneer 软件的认识和安装;任务 2 话音业务呼叫测试;任务 3 室内打点测试;任务 4 室外话音业务覆盖测试;任务 5 FTP 下载业务测试;任务 6 测试报告的撰写;任务 7 地图窗口的认识;任务 8 信令窗口的认识;任务 9 事件窗口的认识;任务 10 线图窗口的认识;任务 11 Bar 窗口的认识;任务 12 Status 窗口的认识;任务 13 其他窗口的认识(一);任务 14 其他窗口的认识(二);任务 15 软件设置(一);任务 16 软件设置(二);任务 17 小区选择相关参数解析;任务 18 小区重选相关参数解析;任务 19 LTE 随机接入过程信令分析;任务 20 LTE 开机附着信令分析;任务 21 LTE 寻呼和 TAU 信令流程分析;任务 22 LTE TAU 流程分析;任务 23 LTE 弱覆盖问题分析;任务 24 LTE 导频污染问题分析;任务 25 LTE 模 3 干扰问题分析。对于这 25 个任务,大家可以根据实际的学习需求取舍。

从以上内容的构成中可以看出,本书中实践部分的内容皆来自 LTE 系统无线网络优化实际工作岗位的相关内容,本着紧密结合工作实践,以实际工作岗位为导向,尽力做到所学即所用,突出体现职业教育的理念。而前边的理论基础知识部分是围绕着实践部分的需要对 LTE 的基础知识和网优概念进行了相应的取舍,避免了冗长的篇幅。因此可以说,本书要实现的教学目标不是大而全,而是针对工作进行实践和学习。

本书适合高职高专在校师生在学习 LTE 网络优化相关知识的同时，进行充分的动手实践使用，而且由于贴合网优岗位实际的工作内容，本书比较适合作为高职高专等高技能人才培养时选用的教材。

非常感谢参与本书编写的张漫老师，他除了提供了书中的一部分内容，还认真地进行了编撰工作。另外，也感谢珠海世纪鼎利科技股份有限公司的网络优化支持工程师和中兴通讯的工程师给予本书的帮助和支持。

由于编者水平有限，书中难免存在疏漏之处，敬请广大读者批评指正。

编　者

目 录

第 1 部分 基础知识

第 1 章 移动通信系统发展历程 ... 3
1.1 第一代蜂窝移动通信系统 ... 3
1.2 第二代蜂窝移动通信系统 ... 4
1.3 第三代蜂窝移动通信系统 ... 4
1.4 LTE 长期演进与第四代蜂窝移动通信系统 ... 5
1.5 第五代蜂窝移动通信系统 ... 6

第 2 章 LTE 网络结构 ... 7
2.1 eNodeB ... 8
2.2 EPC ... 9

第 3 章 LTE 空中接口 ... 12
3.1 概述 ... 12
3.2 信道的定义和映射关系 ... 13
3.3 LTE 空中接口的分层结构 ... 16
3.4 详解 PDCP ... 16
3.5 LTE 的工作频段 ... 17

第 4 章 LTE 信道 ... 18
4.1 帧结构 ... 18
4.2 物理资源 ... 19
4.3 物理信道的主要功能 ... 20

4.4　参考信号 ··· 24

第5章　LTE系统移动性管理 ·· 27

　　5.1　PLMN选择 ··· 27
　　5.2　小区搜索及读取广播消息 ·· 29
　　5.3　LTE小区选择 ··· 32
　　5.4　小区重选 ··· 34
　　5.5　跟踪区 ··· 35
　　5.6　LTE寻呼 ··· 36
　　5.7　切换 ··· 38

第6章　LTE系统消息 ·· 41

　　6.1　系统消息的概念 ·· 41
　　6.2　系统消息的组成 ·· 41
　　6.3　系统消息的调度 ·· 43
　　6.4　系统消息更新 ·· 45
　　6.5　系统消息解析 ·· 45

第7章　LTE信令流程 ·· 49

　　7.1　随机接入信道及接入过程 ·· 49
　　7.2　附着流程 ··· 52
　　7.3　RRC连接建立 ··· 57
　　7.4　TAU的信令流程 ··· 58
　　7.5　切换流程 ··· 64
　　7.6　UE发起的Service Request流程 ··· 67
　　7.7　寻呼流程 ··· 68

第8章　LTE主要性能指标 ·· 69

　　8.1　覆盖类指标 ··· 69
　　8.2　呼叫建立类指标 ·· 71
　　8.3　呼叫保持类指标 ·· 74
　　8.4　移动性管理类指标 ··· 76

第9章　无线网络优化概念 ·· 78

　　9.1　无线网络优化概述及目标 ·· 78
　　9.2　无线网络优化的主要内容 ·· 79
　　9.3　无线网络优化方法的基本原则 ··· 79
　　9.4　无线网络优化的主要方法 ·· 80
　　9.5　无线网络优化的流程 ··· 81

第 10 章　LTE 无线网络专题分析与优化 ························· 83

10.1　网络优化问题分类 ··· 83
10.2　覆盖优化 ··· 84
10.3　干扰优化 ··· 88
10.4　信令参数优化 ··· 93
10.5　资源问题优化 ··· 93

第 2 部分　实践操作

任务 1　Pilot Pioneer 软件的认识和安装 ···························· 97
任务 2　话音业务呼叫测试 ·· 119
任务 3　室内打点测试 ·· 127
任务 4　室外话音业务覆盖测试 ······································ 136
任务 5　FTP 下载业务测试 ·· 145
任务 6　测试报告的撰写 ··· 152
任务 7　地图窗口的认识 ··· 158
任务 8　信令窗口的认识 ··· 167
任务 9　事件窗口的认识 ··· 173
任务 10　线图窗口的认识 ·· 177
任务 11　Bar 窗口的认识 ··· 183
任务 12　Status 窗口的认识 ·· 186
任务 13　其他窗口的认识（一）····································· 191
任务 14　其他窗口的认识（二）····································· 197
任务 15　软件设置（一）·· 201
任务 16　软件设置（二）·· 207
任务 17　小区选择相关参数解析 ···································· 212
任务 18　小区重选相关参数解析 ···································· 218
任务 19　LTE 随机接入过程信令分析 ······························ 223
任务 20　LTE 开机附着信令分析 ···································· 227
任务 21　LTE 寻呼和 TAU 信令流程分析 ························· 233
任务 22　LTE TAU 流程分析 ·· 236
任务 23　LTE 弱覆盖问题分析 ······································· 241
任务 24　LTE 导频污染问题分析 ···································· 249
任务 25　LTE 模 3 干扰问题分析 ···································· 256

参考文献 ··· 261

第1部分

基础知识

第 1 章

移动通信系统发展历程

移动通信的历史可以追溯到 20 世纪初,但其在近几十年才飞速发展。移动通信技术的发展以开辟新的移动通信频段、有效利用频率和移动台的小型化、轻便化为中心,其中有效利用频率技术是移动通信的核心。1974 年,美国的贝尔实验室提出"蜂窝小区"的概念和理论。依据蜂窝小区的概念,人们在 20 世纪 80 年代初成功开发出第一代蜂窝移动通信系统。至今,蜂窝移动通信系统经历了五代的发展。

1.1 第一代蜂窝移动通信系统

20 世纪 70 年代,贝尔实验室突破性地提出了蜂窝小区概念。所谓蜂窝小区,就是将所覆盖的区域划分为若干个相邻的小区,整体形状酷似蜂窝,以实现频率复用,提高系统容量。这一概念的出现,解决了移动通信系统的大容量需求与有限的频率资源之间的冲突。

依据蜂窝小区的概念,美国贝尔实验室研究开发的高级移动电话系统(AMPS)称为第一代蜂窝移动通信系统(1G)。同一时期,英国、日本、德国和北欧相继研制和开发了自己的第一代蜂窝移动通信系统。第一代移动通信系统的主要标准有美国的 AMPS、欧洲的 TACS、英国的 E-TACS、北欧的 NMT-450 和 NMT-900、日本的 NTT 等。1987 年 11 月,我国首个 TACS 蜂窝移动电话系统在广东省建成并投入商用。

第一代蜂窝移动通信系统的主要特点为:
(1)用户的接入方式采用频分多址技术(FDMA)。
(2)调制方式为调频(FM)。
(3)业务种类单一,主要是话音业务。
(4)系统保密性差。
(5)频谱利用率低。

短短几年,采用模拟制式的第一代蜂窝移动通信系统就暴露出频谱利用率低、价格昂贵、设备复杂、业务种类单一、制式多且不兼容、容量不足等严重弊端,这促进了人们对第二代蜂窝移动通信系统(2G)的研究和开发。

1.2 第二代蜂窝移动通信系统

在 1G 时代，以 AMPS 和 TACS 为代表的模拟移动通信系统取得了巨大成功。但由于采用落后的模拟和频分复用（FDMA）技术，其存在容量有限、系统太多且不兼容、通话质量差、易被窃听、设备昂贵、无法全球漫游等很多缺点。

随着人们对移动通信的要求越来越高，业界提出向 2G 数字时代发展、演进，以代替 1G。

2G 采用的是数字调制技术，主要采用数字时分多址（TDMA）和码分多址（CDMA）两种技术，分别对应 GSM 和 CDMA 系统，比 1G 多了数据传输的服务。

2G 时代也带来了由美国和欧洲为代表的两大利益集团之间的竞争。这一时期，欧盟联合成立了 GSM，以快速形成规模向全球推广，占据主导地位。但美国也不甘落后，高通提出了将用于军事通信的 CDMA 技术应用于商业手机网络，这极大地解决了 1G 网络容量小的问题。技术的发展成熟总是需要时间的，早期的 CDMA 技术并不成熟，直到 1995 年，高通才好不容易将其催熟。但此时，GSM 早已在欧洲规模投资，且建立了国际漫游标准，迅速在全球扩散。GSM 技术的快速普及快速推动了欧洲无线产业的崛起，也为欧洲带来了显著的经济利益。

在 2G 时代，手机的功能不仅限于接打电话，还可以发短信、发彩信、下载手机铃声等。

第二代移动通信系统相比于第一代移动通信系统的主要优点有：

（1）频谱利用率高。
（2）采用了新的调制方式，如 GMSK、QPSK 等。
（3）能提供多种业务服务，提高了通信系统的通用性。
（4）抗干扰、抗噪声、抗多径衰落能力强。
（5）提高了网络管理和控制的有效性和灵活性。
（6）降低了设备成本，以及用户手机的体积和质量。

第二代移动通信系统只能提供传统的话音和低速数据业务，不能满足人们对于多媒体数据业务和宽带化、智能化、个人化的综合全球通信业务的需求，用户的高速增长与有限的系统容量和业务之间的矛盾日趋明显；同时，第二代移动通信系统取得的巨大成功也推动了人们对第三代移动通信系统的研究和开发。

1.3 第三代蜂窝移动通信系统

第三代蜂窝移动通信系统（3G）的标准化工作始于 1985 年，当时被国际电信联盟（ITU）称为未来公共陆地移动通信系统（FPLMTS），1996 年更名为 IMT-2000。IMT-2000 对无线传输技术的要求：

（1）高速率的数据传输可以支持多媒体业务，其室内环境的峰值达到 2 Mbit/s，室外步行环境的峰值达到 384 Kbit/s，室外车辆环境下的峰值达到 144 Kbit/s。

(2) 按需分配传输速率。
(3) 上下行链路能适应不对称性业务的需求。
(4) 简单的小区结构和易于管理的信道结构。
(5) 灵活的频率和无线资源管理,以及系统配置和服务设施。

1998 年,各国标准化组织向 ITU 提交了各自的无线传输技术候选方案,2000 年 5 月,ITU 批准和通过了 IMT-2000 的无线接口技术规范建议(IMT.RSPC),分为码分多址(CDMA)和时分多址(TDMA)两大类,其中的主流技术为三种码分多址技术:

(1) IMT-2000 CDMA-DS,即 WCDMA,该方案由欧洲和日本提出。
(2) IMT-2000 CDMA-MC,即 CDMA2000,该方案由美国提出。
(3) IMT-2000 CDMA TDD,即 TD-SCDMA,该方案由我国提出。

第三代蜂窝移动通信系统可以提供包括视频流、音频流、移动互联、移动商务、电子邮件、视频邮件和文件传输等服务,可以真正实现"任何人,在任何地点、任何时间与任何人"便利通信的目标。

1.4 LTE 长期演进与第四代蜂窝移动通信系统

随着智能手机的不断发展,人们对移动流量的需求越来越高。原有的 3G 网络已经不能满足人们的需求,此时,4G 通信技术应运而生。

在 4G 技术出现之前,WiMAX 技术就已经存在了。WiMAX 技术是基于 IEEE802.16 标准集的一系列无线通信标准。它采用了 OFDM+MIMO 技术,解决了多径干扰,提升了频谱效率,大幅地增加系统吞吐量及传送距离。2005 年后 WiMAX 网络开始陆续出现在世界各地。

在数据业务的需求和 WiMAX 技术竞争的情况下,ITU 提出了长期演进项目(Long Term Evolution,LTE)。尽管 LTE 最初只是被定位为 3G 到 4G 的过渡技术,但由于 LTE 所使用的无线技术和网络结构都是全新设计的,而作为 4G 技术的 IMT-Advanced,仅仅是在 LTE 基础上进行了升级,从运营商和用户的实际应用角度来说,LTE 实际上已经是 4G 了。LTE 是以 OFDM 技术和 MIMO 技术作为无线网络的核心技术,取消了无线网络控制器(RNC),采用了扁平网络架构。相比于 3G,LTE 系统显著改善了小区边缘用户的性能,提高小区容量和降低系统延迟。LTE 的技术特征包括:

(1) 提高通信速率,下行峰值速率可达 100 Mbit/s、上行峰值速率可达 50 Mbit/s。
(2) 提高频谱利用率,下行链路可达 5 (bit/s)/Hz,上行链路可达 2.5 (bit/s)/Hz。
(3) 以分组域业务为主要目标,系统整体架构基于分组交换。
(4) 通过系统设计和严格的 QoS 机制,保证实时业务(如 VoIP)的服务质量。
(5) 系统部署灵活,支持频率为 1.4~20 MHz 的多种系统带宽。
(6) 降低无线网络时延。
(7) 在保持基站位置不变的情况下增加小区边界的比特速率。
(8) 强调向下兼容,支持已有的 3G 系统和非 3GPP 规范系统的协同运作。

1.5 第五代蜂窝移动通信系统

4G 造就了繁荣的互联网经济，解决了人与人随时随地通信的问题。随着移动互联网快速发展，新服务、新业务不断涌现，移动数据业务流量呈爆炸式增长，此时的 4G 移动通信系统难以满足未来移动数据流量暴涨的需求，因此，人们迫切需要研发下一代移动通信系统。

第五代移动通信技术（5G）是具有高速率、低时延和大连接特点的新一代宽带移动通信技术。5G 通信设施是实现人、机、物互联的网络基础设施。

5G 作为一种新型移动通信网络，不仅要实现人与人通信，为用户提供增强现实、虚拟现实、超高清（3D）视频等更加身临其境的极致业务体验，更要解决人与物、物与物通信的问题，还要满足移动医疗、车联网、智能家居、工业控制、环境监测等物联网应用的需求。最终，5G 将渗透到经济社会的各行业各领域，成为支撑经济社会数字化、网络化、智能化转型的关键新型基础设施。

5G 实现的性能指标如下：

(1) 峰值速率需要达到 10~20 Gbit/s，以满足高清视频、虚拟现实等大数据传输。
(2) 空中接口时延低至 1 ms，可以满足自动驾驶、远程医疗等实时应用。
(3) 具备百万连接/平方公里的设备连接能力，可以满足物联网通信的需求。
(4) 频谱效率要比 LTE 提升 3 倍以上。
(5) 连续广域覆盖和高移动性下，用户体验速率达到 100 Mbit/s。
(6) 流量密度达到 10 (Mbit/s) /m² 以上。
(7) 移动性支持 500 km/h 的高速移动。

2019 年 4 月，韩国正式开始 5G 商用，成为全球首个推出 5G 网络服务的国家。2019 年年底，5G 在我国正式开始商用。

第 2 章

LTE 网络结构

LTE 系统只是一个通俗的说法，实际上规范的写法为 EPS（Evolved Packet System，演进的分组系统）。EPS 由核心网 EPC（Evolved Packet Core，演进的分组核心网）和 E-UTRAN（Evolved Universal Terrestrial Radio Access Network，演进的无线网）组成。其中，EPC 主要包括 MME、SGW、PGW、HSS、PCRF 五大网元。而 E-UTRAN 中只有一个网元，即基站 eNodeB。LTE 系统总体架构如图 2-1 所示。

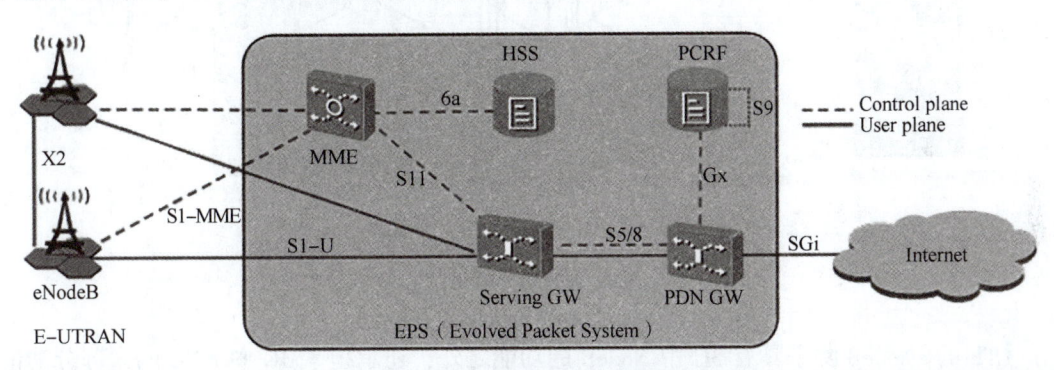

图 2-1　LTE 系统总体架构

eNodeB 之间用 X2 接口互连，每个 eNB 又和演进型分组核心网 EPC 通过 S1 接口相连。S1 接口的用户面终止在服务网关 S-GW 上，S1 接口的控制面终止在移动性管理实体 MME 上。控制面和用户面的另一端终止在 eNB 上。

LTE 采用扁平化、IP 化的网络架构，E-UTRAN 用 eNodeB 替代 3G 的 RNC-NodeB 结构，各网络节点之间的接口使用 IP 传输，通过 IMS 承载综合业务，原 UTRAN 的 CS 域业务均可由 LTE 网络的 PS 域承载。简化后的网络架构具有以下优点：

（1）网络扁平化使得系统延时减少，从而改善用户体验，有利于开展更多业务。
（2）网元数目减少，使网络部署更为简单，网络的维护更加容易。
（3）取消了 RNC 的集中控制，避免单点故障，有利于提高网络的稳定性。

2.1　eNodeB

eNodeB 为 Evolved NodeB（即演进型 NodeB）的简称，简写为 eNB，LTE 中基站的名称，相比现有 3G 中的 NodeB，集成了部分 RNC 的功能，减少了通信时协议的层次。

eNodeB 基站采用分布式架构，包括基本功能模块：基带控制单元 BBU（Base Band control Unit）和射频拉远单元 RRU（Remote Radio Unit）。BBU 与 RRU 均提供 CPRI 接口，两者通过光纤实现互连。图 2-2 所示为基站的典型安装场景。

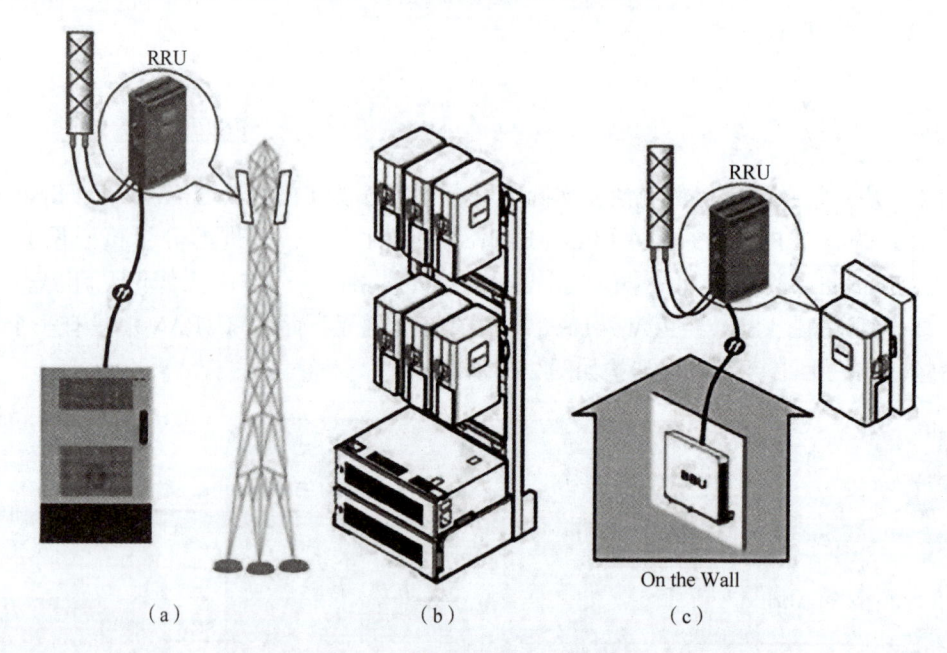

图 2-2　基站的典型安装场景

（a）场景 1；（b）场景 2；（c）场景 3

LTE 的 eNodeB 除了具有 3G 中 NodeB 的功能之外，还承担了 3G 中 RNC 的大部分功能，包括有物理层功能、MAC 层功能（包括 HARQ）、RLC 层（包括 ARQ 功能）、PDCP 功能、RRC 功能（包括无线资源控制功能）、调度、无线接入许可控制、接入移动性管理以及小区间的无线资源管理功能等。具体包括：

（1）无线资源管理：无线承载控制、无线接纳控制、连接移动性控制、上下行链路的动态资源分配（即调度）等功能。

（2）IP 头压缩和用户数据流的加密。

（3）当从提供给 UE 的信息无法获知 MME 的路由信息时，选择 UE 附着的 MME。

（4）路由用户面数据到 S-GW。

（5）调度和传输从 MME 发起的寻呼消息。

（6）调度和传输从 MME 或 O&M 发起的广播信息。

（7）用于移动性和调度的测量和测量上报的配置。

（8）调度和传输从 MME 发起的 ETWS（即地震和海啸预警系统）消息。

2.2 EPC

E-UTRAN 接口的通用协议模型如图 2-3 所示，适用于 E-UTRAN 相关的所有接口，即 S1 和 X2 接口。E-UTRAN 接口的通用协议模型继承了 UTRAN 接口的定义原则，即控制面和用户面相分离，无线网络层与传输网络层相分离。其继续保持控制平面与用户平面、无线网络层与传输网络层技术的独立演进，这也减少了 LTE 系统接口标准化工作的代价。

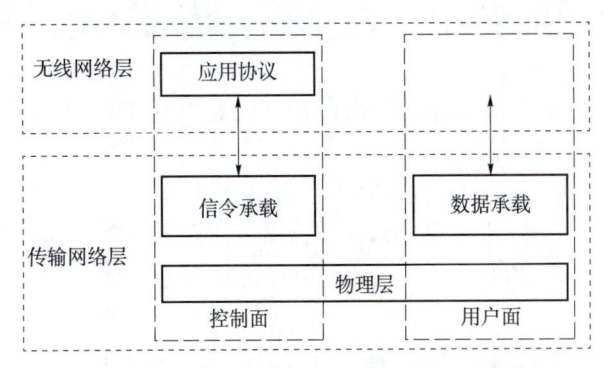

图 2-3 E-UTRAN 接口的通用协议模型

与 2G/3G 系统相比，S1 接口和 X2 接口是两个新增的接口。S1 接口是 eNB 和 MME 之间的接口，包括控制面和用户面；X2 接口是 eNB 间相互通信的接口，也包括控制面和用户面两部分。

控制面走的是为了承载用户数据而进行的交互信令，主要承载一些重要的信令消息；控制面的数据其实就是信令的消息内容。用户面走的是用户数据，也就是真正的业务内容。

1. S1 接口控制面

S1 控制平面接口位于 eNodeB 和 MME 之间，传输网络层是利用 IP 传输，这点类似于用户平面；为了可靠地传输信令消息，在 IP 层之上添加了 SCTP；应用层的信令协议为 S1-AP。S1 接口控制面协议栈如图 2-4 所示。

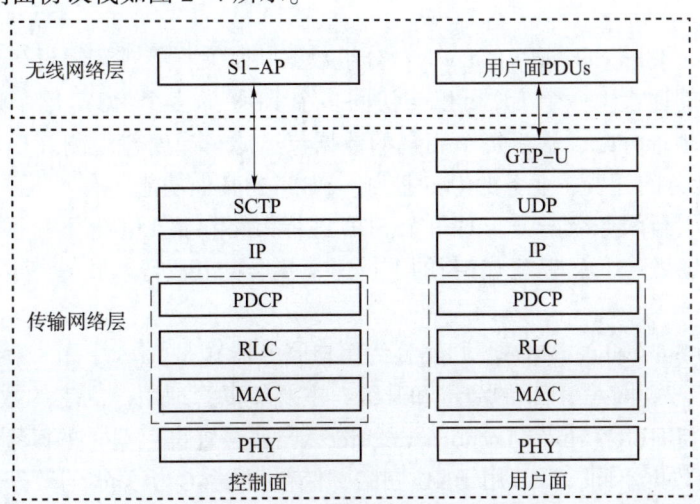

图 2-4 S1 接口控制面协议栈

2. S1 接口用户面

用户平面接口位于 eNodeB 和 S-GW 之间，S1 接口用户平面（S1-UP）的协议栈如图 2-4 所示。S1-UP 的传输网络层基于 IP 传输，UDP/IP 之上的 GTP-U 用来传输 S-GW 与 eNB 之间的用户平面 PDU。

1）MME

LTE 系统分用户面和控制面，用户面用于传输用户数据，控制面用于传输控制信令，用户数据承载与控制信令相分离。MME（Mobility Management Entity，移动管理设备）为控制面关键节点，它提供了用于 LTE 接入网络的主要控制，并在核心网络的移动性管理，包括寻呼、安全控制、核心网的承载控制以及终端在空闲状态的移动性控制等。其具体功能如下：

（1）接入控制。对 NAS 信令进行加密保护和完整性保护，对初始接入的 UE 进行鉴权与认证，为 UE 分配 GUTI。

（2）会话管理。EPC 承载的建立、修改、释放等。

（3）移动性管理。附着/去附着，切换及漫游，跟踪区更新，UE 可达性管理等。

（4）负载均衡。与 eNodeB 合作，为 UE 选择负载合适的 MME 进行附着，提高资源利用率，减少信令拥堵。

（5）其他功能。S-GW、P-GW 选择，合法侦听等。

2）SGW

SGW（Signaling Gateway，服务网关）主要负责 UE 用户面数据的传送、转发和路由切换等，也作为 eNodeB 之间互相传递期间用户面的移动性锚点，以及作为 LTE 和其他 3GPP 技术的移动性锚点。另外，S-GW 提供面向 E-UTRAN 的接口，连接 NO.7 信令网与 IP 网的设备，主要完成传统的 PSTN/ISDN/PLMN 侧的七号信令与 3GPP R4 网络侧 IP 信令的传输层信令转换。

SGW 其他功能还包括：在切换过程中进行数据的前转；上下行传输层数据包的分类标示；在网络触发建立初始承载过程中，缓存下行数据包；在漫游时，实现基于 UE、PDN 和 QCI 粒度的上下行计费；数据包的路由［SGW 可以连接多个 PDN］和转发；合法性监听。

3）PGW

PGW（Packet Data Networks Gateway，分组数据网网关）管理用户设备（UE）和外部分组数据网络之间的连接。一个 UE 可以与访问多个 PDN 的多个 PGW 同步连接。PGW 的主要功能是 UE IP 地址分配、基于每个用户的数据包过滤、深度包检测（DPI）和合法拦截。PGW 执行基于业务的计费、业务的 QoS 控制。PGW 的其他功能还有：上下行传输层数据包的分类标示；上下行服务级增强，对每个 SDF 进行策略和整形；上下行服务级的门控；基于 AMBR 的下行速率整形；基于 MBR 的下行速率整形；上下行承载的绑定；合法性监听。

4）HSS

HSS（Home Subscriber Server，归属签约用户服务器）是 EPS 中用于存储用户签约信息的服务器，是 2G/3G 网元 HLR 的演进和升级，主要负责管理用户的签约数据及移动用户的位置信息。HSS 与 HLR（Home Location Register，归属位置寄存器）的区别在于：

（1）所存储数据不同：HSS 用于 4G 网络，保存用户 4G 相关签约数据及 4G 位置信息，而 HLR 则用于 2G/3G 网络中，作用是保存用户 2G/3G 相关数据及 2G/3G 位置信息。

（2）对外接口、协议及承载方式不同：HSS 通过 S6a 接口与 MME 相连，通过 S6d 接口与 S4 SGSN 相连，采用 Diameter 协议，基于 IP 承载，而 HLR 则通过 C/D/Gr 接口与 MSC/VLR/SGSN 相连，采用 MAP 协议，基于 TDM 承载。

（3）用户鉴权方式不同：HSS 支持用户 4 元组、5 元组鉴权，而 HLR 支持 3 元组和 5 元组鉴权。

5）PCRF

PCRF（Policy and Charging Rule Function）即策略和计费规则功能，它是业务数据流和 IP 承载资源的策略与计费控制策略决策点，为 PCEF（策略与计费控制功能单元）选择并提供可用的策略和计费控制决策。

第 3 章

LTE 空中接口

3.1 概　　述

空中接口是指终端与接入网之间的接口,简称 Uu 口,也可称为无线接口。在 LTE 中,空中接口是终端和 eNodeB 之间的接口。空中接口协议主要是用来建立、重配置和释放各种无线承载业务的。空中接口是一个完全开放的接口,只要遵守接口规范,不同制造商生产的设备就能够实现相互通信。

空中接口协议栈主要分为三层两面,三层是指物理层、数据链路层、网络层,两面是指控制平面和用户平面。从用户平面看,主要包括物理层、MAC 层、RLC 层、PDCP 层,从控制平面看,除了以上几层外,还包括 RRC 层、NAS 层。RRC 协议实体位于 UE 和 ENB 网络实体内,主要负责对接入层的控制和管理。NAS 控制协议位于 UE 和移动管理实体 MME 内,主要负责对非接入层的控制和管理。空中接口协议栈结构如图 3-1 和图 3-2 所示。层 2（MAC 层、RLC 层、PDCP 层）中各层的具体功能将在后面几节中介绍。

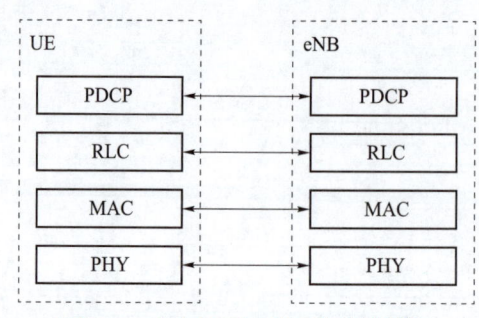

图 3-1　空中接口用户面协议栈结构

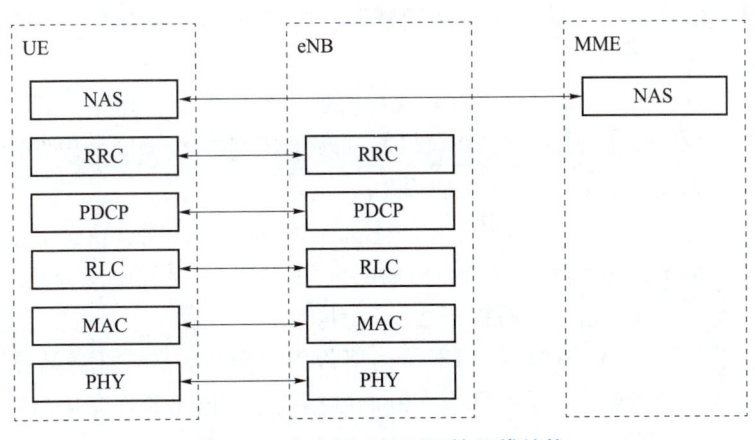

图 3-2　空中接口控制面协议栈结构

3.2　信道的定义和映射关系

LTE 沿用了 UMTS 里面的三种信道，逻辑信道、传输信道与物理信道。从协议栈的角度来看，物理信道是物理层的，传输信道是物理层和 MAC 层之间的，逻辑信道是 MAC 层和 RLC 层之间的，它们的含义如下：

（1）物理信道：信号在空中传输的承载，比如 PBCH，也就是在实际的物理位置上采用特定的调制编码方式来传输广播消息。

（2）传输信道：怎样传，比如下行共享信道 DL-SCH，也就是业务甚至一些控制消息都是通过共享空中资源来传输的，它会指定 MCS、空间复用等方式，也就说是告诉物理层如何去传这些信息。

（3）逻辑信道：传输什么内容，比如广播信道（BCCH），也就是说用来传广播消息的。

1. 物理信道

物理信道可分为上行物理信道和下行物理信道具体内容详见4.3，此处不展开介绍。

2. 传输信道

物理层通过传输信道向 MAC 子层或更高层提供数据传输服务，传输信道特性由传输格式定义。传输信道描述了数据在无线接口上是如何进行传输的，以及所传输的数据特征。如数据如何被保护以防止传输错误，信道编码类型，CRC 保护或者交织，数据包的大小等。这些信息集就是我们所熟知的"传输格式"。

传输信道也有上行和下行之分。

LTE 定义的下行传输信道主要有以下 4 种类型：

（1）广播信道（BCH）：用于广播系统信息和小区的特定信息，使用固定的预定义格式，能够在整个小区覆盖区域内广播。

（2）下行共享信道（DL-SCH）：用于传输下行用户控制信息或业务数据。能够使用 HARQ；能够通过各种调制模式、编码、发送功率来实现链路适应；能够在整个小区内发送；能够使用波束赋形；支持动态或半持续资源分配；支持终端非连续接收以达到节电目的；支持 MBMS 业务传输。

（3）寻呼信道（PCH）：当网络不知道 UE 所处小区位置时，用来发送给 UE 的控制信息，能够支持终端非连续接收以达到节电目的；能在整个小区覆盖区域内发送；可以映射到用于业务或其他动态控制信道使用的物理资源上。

（4）多播信道（MCH）：用于 MBMS 用户控制信息的传输，能够在整个小区覆盖区域发送；对于单频点网络支持多小区的 MBMS 传输的合并；使用半持续资源分配的方式。

LTE 定义的上行传输信道主要有以下 2 种类型：

（1）上行共享信道（UL-SCH）：用于传输下行用户控制信息或业务数据，能够使用波束赋形；有通过调整发射功率、编码和潜在的调制模式适应链路条件变化的能力；能够使用 HARQ；动态或半持续资源分配。

（2）随机接入信道（RACH）：能够承载有限的控制信息，如在早期连接建立的时候或者 RRC 状态改变的时候。

3. 逻辑信道

逻辑信道定义了传输的内容。MAC 子层使用逻辑信道与高层进行通信。逻辑信道通常分为两类：即用来传输控制平面信息的控制信道和用来传输用户平面信息的业务信道。而根据传输信息的类型又可划分为多种逻辑信道类型，并根据不同的数据类型提供不同的传输服务。

LTE 定义的控制信道主要有以下 5 种类型：

（1）广播控制信道（BCCH）：该信道属于下行信道，用于传输广播系统控制信息。

（2）寻呼控制信道（PCCH）：该信道属于下行信道，用于传输寻呼信息和改变通知消息的系统信息。当网络侧没有用户终端所在小区信息的时候，使用该信道寻呼终端。

（3）公共控制信道（CCCH）：该信道包括上行和下行，当终端和网络间没有 RRC 连接时，终端级别控制信息的传输使用该信道。

（4）多播控制信道（MCCH）：该信道为点到多点的下行信道，用于让 UE 接收 MBMS 业务。

（5）专用控制信道（DCCH）：该信道为点到点的双向信道，用于传输终端侧和网络侧存在 RRC 连接时的专用控制信息。

LTE 定义的业务信道主要有以下 2 种类型：

（1）专用业务信道（DTCH）：该信道可以是单向的也可以是双向的，针对单个用户提供点到点的业务传输。

（2）多播业务信道（MTCH）：该信道为点到多点的下行信道。用户只能使用该信道来接收 MBMS 业务。

4. 相互映射关系

MAC 子层使用逻辑信道与 RLC 子层通信，使用传输信道与物理层进行通信。因此，MAC 子层负责逻辑信道和传输信道之间的映射。

LTE 具体的映射关系如图 3-3 和图 3-4 所示。

传输信道至物理信道的映射关系如图 3-5 和图 3-6 所示。

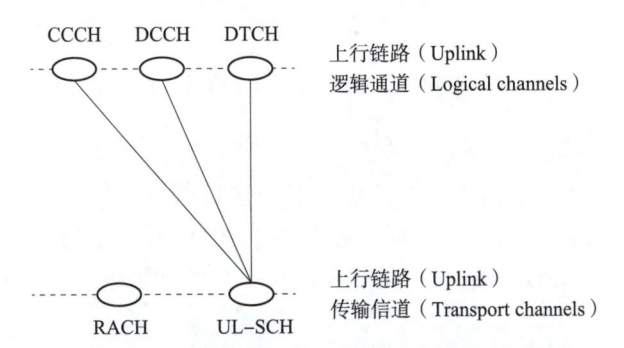

图 3-3　上行逻辑信道到传输信道的映射关系

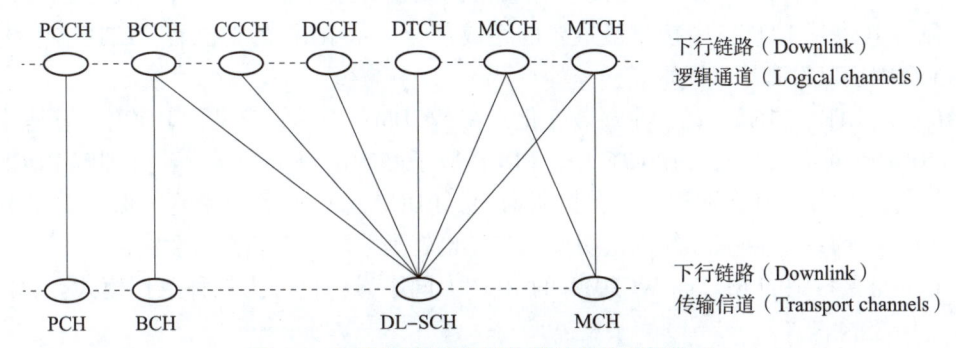

图 3-4　下行逻辑信道到传输信道的映射关系

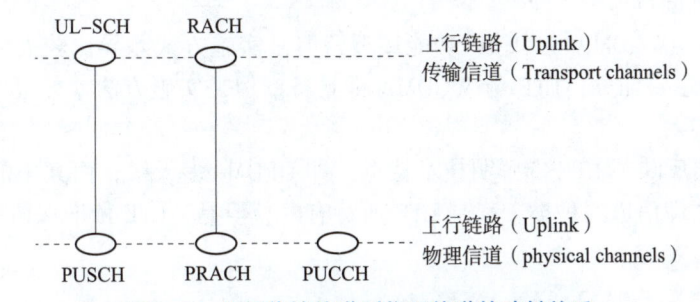

图 3-5　上行传输信道到物理信道的映射关系

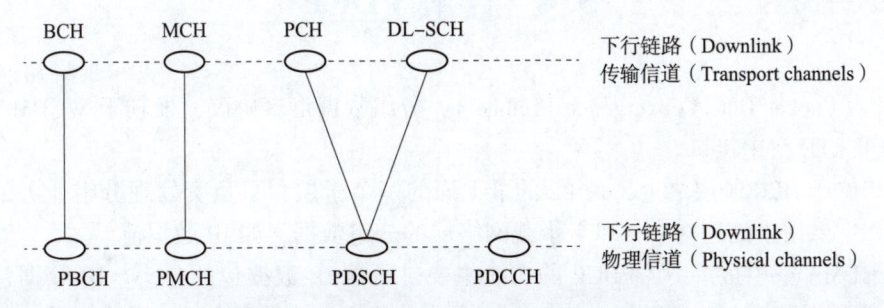

图 3-6　下行传输信道到物理信道的映射关系

3.3 LTE空中接口的分层结构

LTE空中接口采用分层结构，与WCDMA空中接口的分层结构一模一样，其中的RRC属于网络层，而PDCP、RLC和MAC属于链路层，PHY则属于物理层。因此，如果熟悉WCDMA空中接口，对于LTE空中接口的结构应该不会感到陌生。接下来，简要介绍各层次的功能。

RRC无线资源控制负责LTE空中接口的无线资源分配与控制，还承担了NAS信令的处理和发送工作。由于RRC承担了LTE空中接口的无线资源管理工作，可以视为LTE空中接口的大脑，其也是LTE空中接口最重要的组成部分。从RRC的功能看，LTE空中接口与WCDMA空中接口没有什么区别。

PDCP是LTE空中接口的一个显著变化，在WCDMA中尽管定义了PDCP，但是并没有实施，PDCP是可有可无的；在LTE中，PDCP成了必须的一个子层。若要理解PDCP，还是要从控制面与用户面分别进行。在控制面上，PDCP执行加密和完整性保护。在用户面上，PDCP执行加密、包头压缩以及切换支持（也就是顺序发送和重复性检查）。

LTE中空接口中的RLC与WCDMA的RLC大同小异，也分为三种工作模式：TM、UM和AM。

不过，由于LTE取消了CS域，没有了CS相关的承载和信道，结构变得比较简单。另外，RLC中也不再进行加密工作。

MAC是LTE与WCDMA空中接口功能接近，但是实施方式差异比较大的地方。比如随机接入是MAC的主要任务，LTE与WCDMA都具备，但是实施方法差异很大，LTE还引入了无竞争的随机接入。

LTE的物理层反映了LTE的鲜明技术特点，即OFDM+多天线，而其中的时频结构、参考信号的位置、物理信道的种类，都是LTE所特有的。但是，LTE依旧保留了Turbo编码和QAM的调制方式。

3.4 详解PDCP

PDCP（Packet Data Convergence Protocol），分组数据汇聚协议，发轫于WCDMA空中接口，壮大于LTE空中接口。

PDCP位于RLC子层之上，是L2的最上面的一个子层，只负责处理分组业务的业务数据。PDCP主要用于处理空中接口上承载网络层的分组数据，如IP数据流。

在WCDMA空中接口中，PDCP的功能主要是压缩IP数据包的包头。IP数据包都带有一个很大的数据包头（20字节），仅仅传输这些头部信息就需要大量的无线资源，而这些头部信息往往又可压缩，因此，为了提高IP数据流在空中接口上的传输效率，需要对IP数据包头部信息进行压缩。但是WCDMA现网对IP包头压缩的需求并不迫切，因此现网（现在运行的网络）没有实施PDCP。

在 LTE 空中接口中，PDCP 的功能变得不可或缺，这是由于 LTE 中抛弃了 CS 域，必须采用 VoIP，而 VoIP 的数据包很小，IP 包头就成了很大的累赘，必须压缩。LTE 的 PDCP 的功能还进行了延伸，将加密功能也收归旗下，因此，也就从仅处理用户面扩展到了可以处理用户面和控制面。LTE 的 PDCP 甚至还加入了无损切换的支持。LTE 空中接口中 PDCP 由规范 TS36.323 定义。

3.5　LTE 的工作频段

1. TD-LTE 的工作频段

在 R8 中，TDD 可用的频段从 33 到 40 号，有 8 个。其中 B38：2.57~2.62 GHz，可全球漫游；B39：1.88~1.92 GHz，这是国内 TD-SCDMA 的频段；B40：2.3~2.4 GHz，可全球漫游。B 是 Band 的缩写，代表频段的意思。

这些频段中，中国移动采用 B38 和 B39 来实施室外覆盖，还采用 B40 来实施室内覆盖。B38、B39、B40 分别又有自己的绰号：D 频段、F 频段和 E 频段。

在 R10 中，3GPP 又引入了新的 TDD 频段，其中 B41 为 2 500~2 690 MHz，这非常重要。因为中国政府已经宣布，将 B41 的全部频段用于 TD-LTE。

2. FDD-LTE 的工作频段

在 R8 中，第一个工作频段是 3G 的 2.1 GHz 频段，不过，由于 3G 系统正在使用，因此，第七个工作频段 B7，也就是 2.6 GHz 的频段成为 LTE 部署时的第一个频段，目前在北欧商用。值得一提的是，B7 上下行的中间就是 TDD 的 B38。

由于 2.6 GHz 覆盖能力弱，美国的一些商用系统（如 Verizon、AT&T）采用了 700 MHz 的频段，其中 Verizon 为 B13，AT&T 主要是 B17。

从全球角度看，国际上目前的 LTE1800 造势活动很热闹，而 LTE1800 就是原来的 GSM1800，称为 B3。

对中国而言，B3 还是很有商用价值的，特别适合中国联通使用；而对于中国电信来说，B1 应该是首选。

第 4 章

LTE 信道

4.1 帧结构

LTE 支持两种类型的无线帧结构：类型 1 和类型 2，分别适用于 FDD 模式和 TDD 模式。在 LTE 系统中，每一个无线帧长度为 10 ms，分为 10 个等长度的子帧，每个子帧又由 2 个时隙构成，每个时隙长度均为 0.5 ms。为了提供一致且精确的时间定义，LTE 系统以 $T_s = 1/(15k \times 2\,048) = 1/30\,720\,000$ s 作为基本时间单位（15k 表示子载波，2 048 表示每载波采样 2 048 个采样点），系统中所有的时隙都是这个基本单位的整数倍。1 个时隙可表示为 $T_f = 307\,200 T_s$，$T_{sf} = 30\,720 T_s$。帧结构类型 1 如图 4-1 所示。

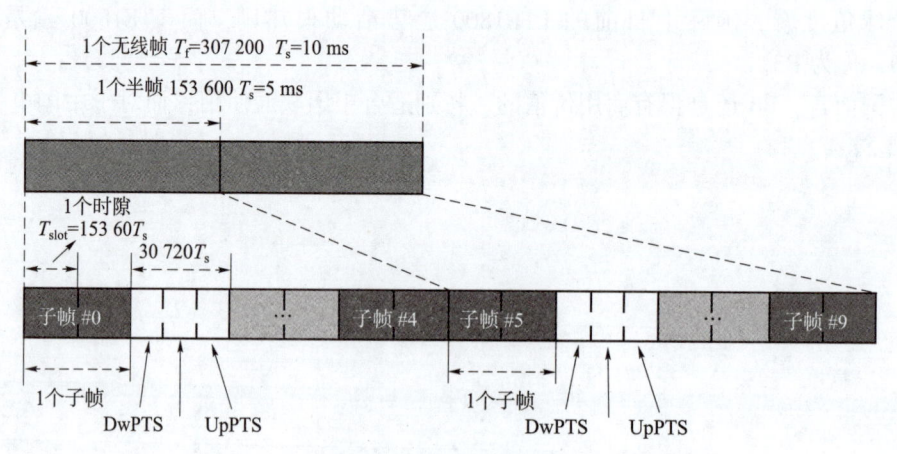

图 4-1 帧结构类型 1

对于 TDD 系统，每个 10 ms 无线帧包括 2 个长度为 5 ms 的半帧，每个半帧由 4 个数据子帧和 1 个特殊子帧组成。特殊子帧包括 3 个特殊时隙：DwPTS、GP 和 UpPTS，总长度为 1 ms。

DwPTS 用来传输主同步信号 PSS，还可以传输两个 PDCCH OFDM 符号，当 DwPTS 的符号数大于等于 6，能传输用户数据。

GP 为保护间隔，用于 LTE 下行与上行的转换时间，即在该保护间隔内保证所有 UE 都接收到了下行信号，并对信号进行处理。然后，所有 UE 才能在即将到来的上行时隙，同时发送上行信号，即小区内 UE 同步。

UpPTS 最多仅占 2 个 OFDM 符号，由于资源有限，其不能传输上行信令或数据。当 UpPTS 占 1 个 OFDM 符号时，只用于信道探测参考信号（Sounding RS），当 UpPTS 占 2 个 OFDM 符号时，用于短短 RACH（随机接入信道用）或信道探测参考信号。

对于 FDD 系统，在每一个 10 ms 中，有 10 个子帧可以用于下行传输，而且有 10 个子帧可以用于上行传输。上下行传输在频域上进行分开。

4.2 物理资源

1. RE

LTE 上下行传输使用的最小资源单位叫作资源粒子 RE（Resource Element）。RE 是二维结构，由时域符号（Symbol）和频域子载波（Subcarrier）组成，在时域上占用 1 个符号，在频域上占用 1 个子载波。LTE 下行支持 BPSK、QPSK、16QAM 和 64QAM，每个符号分别代表 1 bit、2 bit、4 bit、6 bit 的信息，其中数据信道采用 QPSK、16QAM、64QAM，控制信道采用 BPSK、QPSK。控制信道的调制方式是固定的，如 PBCH 支持的调制方式是 BPSK。数据信道采用何种调制是根据反馈的信道质量（Channel Quality Indicator，CQI）来确定的。

2. RB

LTE 在进行数据传输时，将上下行时频域物理资源组成资源块（Resource Block，RB），作为物理资源单位进行调度与分配。一个 RB 由若干个 RE 组成，在频域上包含 12 个连续的子载波、在时域上包含 7 个连续的 OFDM 符号（在 Extended CP 情况下，每个 RB 包含 6 个连续的 OFDM 符号），即频域宽度为 180 kHz，时间长度为 0.5 ms。下行时隙的物理资源结构如图 4-2 所示。

3. REG

REG（Resource Element Group，资源粒子组），其中包括 4 个连续未被占用的 RE。REG 主要针对 PCFICH 和 PHICH 速率很低的控制信道资源分配，从而提高资源的利用效率和分配的灵活性。

4. CCE

CCE（Control Channel Element，控制信道单元），其由 9 个 REG 组成，之所以定义相对于 REG 较大的 CCE，是为了用于数据量相对较大的 PDCCH 的资源分配。每个用户的 PDCCH 只能占用 1、2、4、8 个 CCE，称为聚合级别。

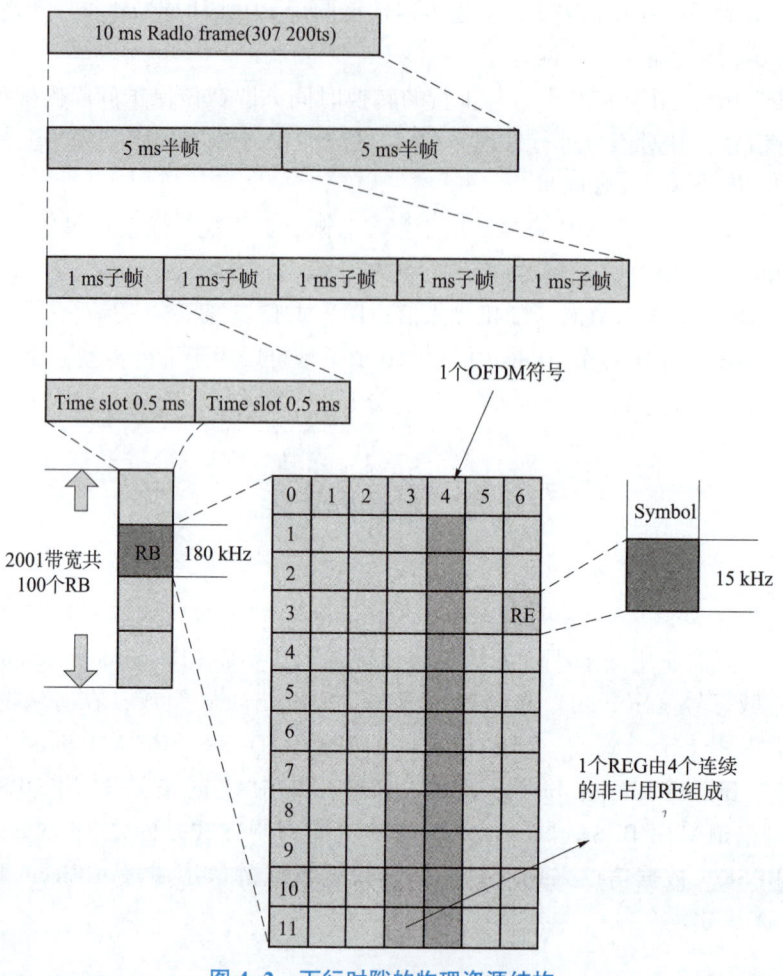

图 4-2 下行时隙的物理资源结构

4.3 物理信道的主要功能

根据所承载的上层信息的不同，物理信道有不同的类型。物理层位于无线接口协议的最底层，提供物理介质中比特流传输所需要的所有功能。物理信道可分为下行物理信道和上行物理信道。

1. 下行物理信道

TD-LTE 定义的下行物理信道主要有以下 6 种类型：
（1）物理下行共享信道（PDSCH）：用于承载下行用户信息和高层信令。
（2）物理广播信道（PBCH）：用于承载主系统信息块信息，传输用于初始接入的参数。
（3）物理多播信道（PMCH）：用于承载多媒体/多播信息。
（4）物理控制格式指示信道（PCFICH）：用于承载该子帧上控制区域大小的信息。
（5）物理下行控制信道（PDCCH）：用于承载下行控制的信息，如上行调度指令、公共控制信息等。

（6）物理 HARQ 指示信道（PHICH）：用于承载对于终端上行数据的 ACK/NACK 反馈信息，和 HARQ 机制有关。

TD-LTE 定义的上行物理信道主要有以下 3 种类型：

（1）物理上行共享信道（PUSCH）：用于承载上行用户信息和高层信令。

（2）物理上行控制信道（PUCCH）：用于承载上行控制信息。

（3）物理随机接入信道（PRACH）：用于承载随机接入前道序列的发送，基站通过对序列的检测以及后续的信令交流，建立起上行同步。

1）物理广播信道（PBCH）

通常蜂窝系统广播信道携带了最基本的系统信息，通过它告诉终端其他信道配置情况。因此获得 BCH 是接入系统的关键步骤，在 LTE 也是如此，广播信息分为 MIB（Master Information Block，主消息块）和 SIBs（System Information Blocks，系统信息块）。MIB 包含非常少的系统参数，并且发送的频率非常频繁，它承载在物理广播信道上 PBCH，SIBs 这些信息复用到一块，在物理层使用 PDSCH（物理下行共享信道）发送。

（1）传送内容。PBCH 传送的系统广播信息包括 LTE 下行系统带宽、SFN 子帧号、PHICH 指示信息、天线配置信息等。

（2）盲检测。不论 LTE 系统带宽，PBCH 在频域上总是映射到系统带宽的中心 72 个子载波上，在时域上总是映射到每 1 帧的第 1 个子帧的第 2 个时隙的前 4 个符号，如图 4-3 所示。因此，UE 采用盲解获取 PBCH 承载的信息。

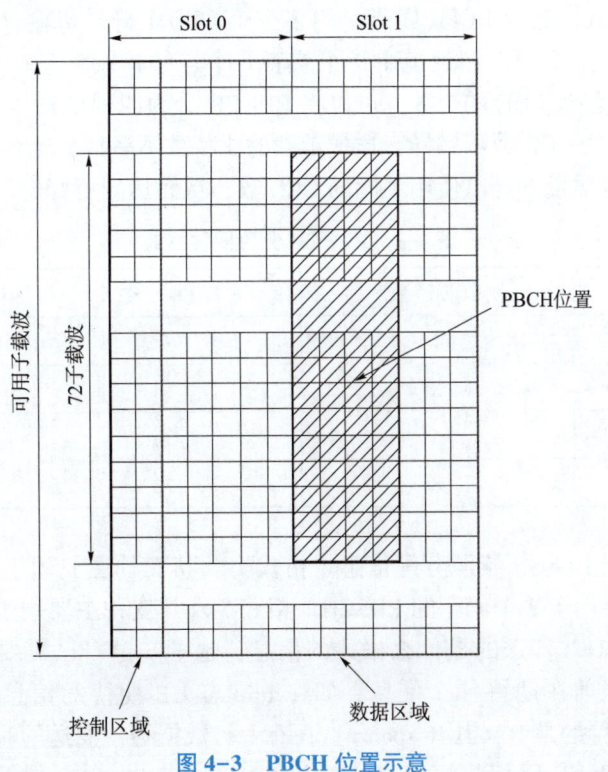

图 4-3　PBCH 位置示意

(3) 低系统负荷。PBCH 承载的内容限制在非常少的范围，只传输一些关键的参数，而实际只使用 14 bit，预留 10 bit。

(4) 可靠性接收。MIB 信息为 24 bit/s，经过 crc（包括 crc mask）之后为 40 bit/s，再经过 1/3 卷积编码后为 120 bit/s，经过速率匹配后为 1 920 bit/s（normal cp，extended cp 为 1 728 bit/s），这些比特加扰后通过 4 个无线帧发射出去。这样，40 ms 相应的编码率只有 1/48。MIB 主要通过 FEC 前向纠错机制，时间分集与天线分集来实现。时间分集是让 PBCH 在 40 ms 内重复 4 次，每 10 ms 发送一个可以自解码的 PBCH，当然也可以合并解码，因此在 40 ms 里面都丢失的可能性就非常低了。

2）物理格式指示信道（PCFICH）

PCFICH 专门用来指示 PDCCH 信道使用的资源情况，PCFICH 携带一个子帧中用于传输 PDCCH 的 OFDM 符号数的信息。在通常情况下 PDCCH 使用的 OFDM 符号有三种可能：1、2、3，当带宽小于 10RB 时，则使用的 OFDM 符号数为 2、3、4，也就是最多可以使用 4 个符号。

为了获得频率分集，承载 PCFICH 的 16 个资源粒子分布到整个频带，这一步是通过预先跟小区以及系统带宽预定义的模式进行映射的，因此 UE 可以很容易地定位到这些资源，这也方便了获得 PDCCH 资源使用情况。

3）物理 HARQ 指示信道（PHICH）

PHICH 用于 eNodB 向 UE 反馈与 PUSCH 相关的 ACK/NAK 信息。

4）物理下行控制信道（PDCCH）

(1) PDCCH 格式。通过 PCFICH 指示用多少个 OFDM 符号传输 PDCCH，PDCCH 携带了调度分配信息，一个物理控制信道由一个或者几个连续控制信息单元（CCE）集合所组成，根据 PDCCH 中包含 CCE 的个数，可以将 PDCCH 分为四种格式，如表 4-1 所示。不同的 PDCCH 格式使用的 CCE 数不一样，这样承载的比特数不一样，这样就可以获得不同的编码率，在不同的信道质量下可以使用不同的 CCE 数，从而达到更好的利用控制信道资源。

表 4-1 PDCCH 分为四种格式

PDCCH 格式	CCE 个数	REG 个数	PDCCH 比特数
0	1	9	72
1	2	18	144
2	4	36	288
3	8	72	576

格式 0 主要用于 PUSCH 资源分配信息。格式 1 及其变种主要用于 1 个码字的 PDSCH。格式 2 及其变种主要用于 2 个码字的 PDSCH。格式 3 及其变种主要用于上行功率控制信息。UE 一般不知道当前 DCI 传送的是什么格式的信息，也不知道自己需要的信息在哪个位置，但是 UE 知道自己当前在期待什么信息，如在 Idle 态 UE 期待的信息是 paging，SI；发起 Random Access 后期待的是 RACH Response；在有上行数据等待发送的时候期待 UL Grant 等。对于不同的期望信息 UE 用相应的 X-RNTI 去和 CCE 信息做 CRC 校验，如果 CRC 校验成功，那么 UE 就知道这个信息是自己需要的，也知道相应的 DCI 格式、调制方式，从而进一

步解出 DCI 的内容。这就是所谓的"盲检"过程。那么，UE 是不是从第一个 CCE 开始，一个接一个地盲检过去的呢？这也未免太没效率了。所以协议首先划分了 CCE 公共搜索空间（Common Search Space）和 UE 特定搜索空间（UE-Specific Search Space），对于不同的信息在不同的空间里搜索。另外对于某些格式的信息，一个 CCE 是不够承载的，可能需要多个 CCE，因此协议规定了所谓的 CCE Aggregation Level，取值为 1、2、4、8。例如对于位于公共空间里的信息 Aggregation Level 只有 4、8 两种取值，那么 UE 搜索的时候就先按 4CCE 为粒度搜索一遍，再按 8CCE 为粒度搜索一遍就可以了。盲检次数不是 22 而是 44，是因为对于每种 transmission mode，都需要检测两种不同 size 的 DCI 格式，比如对于 transmission mode 1，UE 需要检测 DCI0/1A 和 DCI1。DCI0/1A 是相同的 size，而 DCI1 与 DCI0/1A 的 size 是不一样的，所以 UE 这两种 size 都要检测一次，才能确定到底收到的是 DCI0/1A，还是 DCI1。而 DCI0/1A 可以通过一个 flag 来区分。因为是两种 size，22 就需要乘 2。

（2）DCI 格式。不同的 DCI 格式可以用来承载不同的信息，用来携带上行或者下行调度相关的信息，这些格式就是通过 PDCCH 来承载，存在以下几种 DCI 格式，如表 4-2 所示。

表 4-2 DCI 格式

DCI 格式编号	作用
0	用于传输 UL-SCH 调度分配信息
1	用于传输 DL-SCH 的 SIMO 操作调度分配信息
1A	用于传输 DL-SCH 的 SIMO 操作的压缩调度分配信息，一般用于广播消息、RAR 以及呼叫相关
1B	用于闭环 MIMO rank=1 时的调度分配，它可以支持连续的资源分配或者基于分布式虚拟资源块的连续资源分配
1C	主要用于下行调度呼叫、RAR 以及广播消息指示
1D	用于多用户 MIMO 调度信息，它的资源分配表示跟 1B 类似
2	用于 DL-SCH MIMO 调度
3	用于传输 PUCCH 以及 PUSCH 的 TPC 控制信息，采用 2 bit 表示的功率调整
3A	用于传输 PUCCH 以及 PUSCH 的 TPC 控制信息，采用 1 bit 表示的功率调整

（3）Aggregation Level。采用哪个 Level，取决于要达到怎样的传输可靠性，由于各种格式要传的信息比特相差不远，而不同的 level 获得的编码率按级成倍递减，那么传输的可靠性就越高。一般来说，对于公共控制信息，如 BCCH 的广播消息应该采用更大的 Aggregation level，这样用户更可能成功接收，而对于用户处于比较好的信道环境，可以采用较小的 Aggregation Level。

5）物理下行共享信道（PDSCH）

PDSCH 是 LTE 承载主要用户数据的下行链路通道，所有的用户数据都可以使用，还包括没有在 PBCH 中传输的系统广播消息和寻呼消息（LTE 中没有特定的物理层寻呼信道）。

UE 需要先收听 PCFICH 信道，PCFICH 信道用于描述 PDCCH 的控制信息的放置位置和数量，然后 UE 去接收 PDCCH 的信息，进而接收 PDSCH 的信息。

2. 上行物理信道

1）物理上行共享信道（PUSCH）

PUSCH 承载的信息有三类：第一类是数据信息，第二类是控制信息，第三类是参考信号。PUSCH 信道传输的控制信息有 HARQ 的 ACK/NACK 信息、信道质量指示（Channel Quality Indicator）、PMI 和 RI（Rank Indicator）等，相比 PUCCH，PUSCH 信道的控制信息少了 SR（调度请求），因为 SR 的目的就是请求调度 PUSCH 信道。参考信号用于让发送端或者接收端大致了解无线信道的一些特性。上行参考信号（RS）包括解调参考信号（DMRS）和探测参考信号（SRS）。

PUSCH 信道可以根据无线环境的好坏，选择合适的调制方式。当信号质量好的时候，选择高阶的调制方式，如 64QAM；当信号质量不好的时候，选择低阶的调制方式，如 QPSK。

2）物理上行控制信道（PUCCH）

PUCCH 承载下行传输对应的 HARQ 的 ACK/NACK 信息，还承载调度请求（Scheduling Request）、信道质量指示（Channel Quality Indicator）、PMI 和 RI（Rank Indicator）等信息。PUCCH 处于上行带宽的边缘，不与 PUSCH 同时传输。

3）物理随机接入信道（PRACH）

用于承载随机接入前道序列的发送，基站通过对序列的检测以及后续的信令交流，建立起上行同步。PRACH 采用 Zadoff-Chu 随机序列。Zadoff-Chu（ZC 序列）是自相关特性较好的一种序列，在一点处自相关值最大，在其他处自相关值为 0。ZC 序列具有恒定幅值的互相关特性和较低的峰均比特性。在 LTE 中，发送端和接收端的子载波频率容易出现偏差，接收端需要对这个频偏进行估计，使用 ZC 序列可以进行频偏的粗略估计。

4.4 参考信号

下行物理信号对应于一组资源粒子（RE），这些 RE 不承载来自上层的信息，称为参考信号。这些信号包括参考信号（Reference Signal）和同步信号（Synchronization Signal）。

LTE（Rel 8）中，包括三种类型的下行参考信号：

1. 小区专用参考信号（Cell- specific Reference Sigrals，CRS）

小区专用的下行参考信号有以下目的：

（1）下行信道质量测量。

（2）下行信道估计，用于 UE 端的相干检测和解调。

下行参考信号在每个非 MBSFN 的子帧上传输，LTE（Rel.8）中支持至多 4 个小区专用的参考信号，天线端口 0 和 1 的参考信号位于每个 0.5 ms 时隙的第 1 个 OFDM 符号和倒数第 3 个 OFDM 符号。天线端口 2 和 3 的参考信号位于每个 Slot 的第 2 个 OFDM 符号上。在频域上，对于每个天线端口而言，每 6 个子载波插入一个参考信号，天线端口 0 和 1（天线端口 2 和 3）在频域上互相交错，正常 CP 情况下，1、2 和 4 个天线端口的 RS 分布如图 4-4 所示。

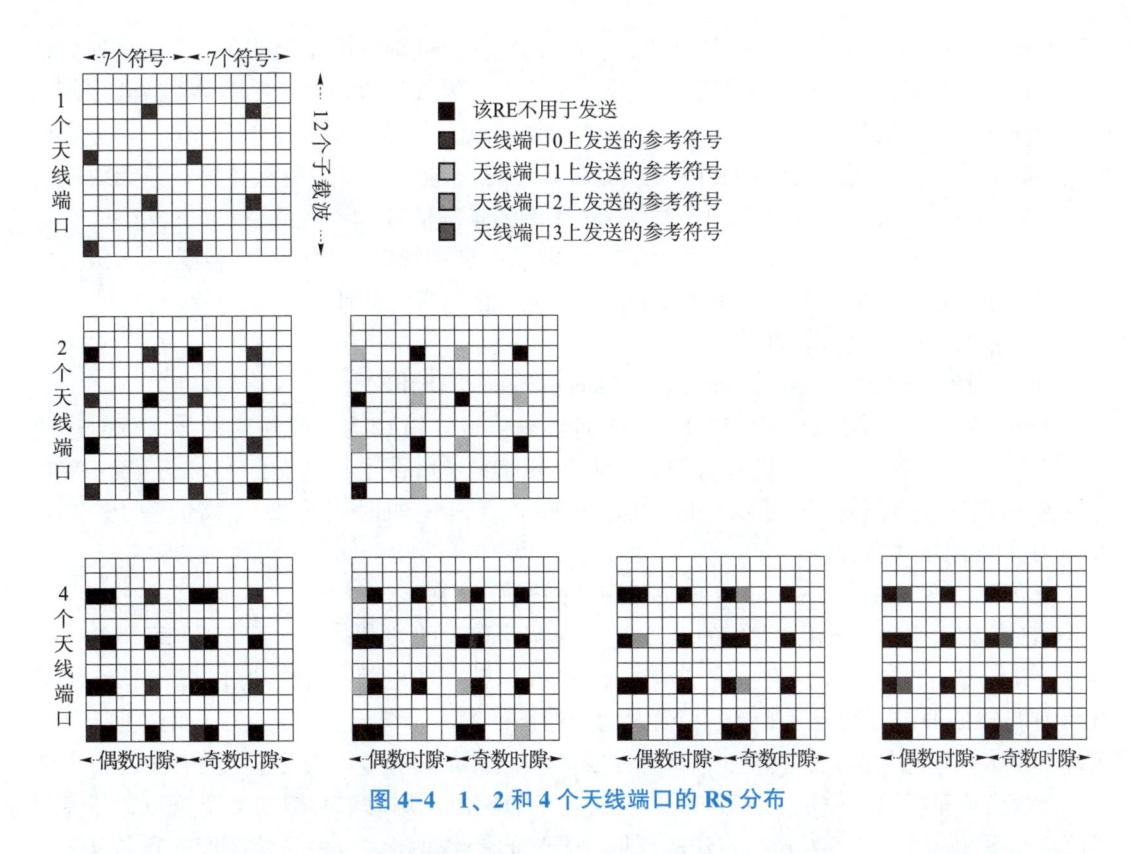

图 4-4　1、2 和 4 个天线端口的 RS 分布

如果一个时隙中的某一资源粒子被某一天线端口用来传输参考信号，其他的天线端口上必须将此资源粒子设置为 0，以减少干扰。

在频域上，参考信号的密度是在信道估计性能和参考信号开销之间求取平衡的结果，参考过疏则信道估计性能（频域的插值）无法接受；参考信号过密则会使 RS 开销过大。参考信号的时域密度也是根据相同的原理确定的，既需要在典型的运动速度下获得满意的信道估计性能，RS 的开销又不是很大。另外，从图 4-4 中还可以看出，参考信号 2 和 3 的密度是参考信号 0 和 1 的一半，这样的考虑主要是为了减少参考信号的系统开销。较密的参考信号有利于高速移动用户的信道估计，如果小区中存在较多的高速移动用户，则不太可能使用 4 个天线端口进行传输。

2. MBSFN 参考信号

MBSFN 参考信号在 MBSFN 子帧中传送。在多播业务情况下，用于下行测量、同步以及解调 MBSFN 数据。

3. UE 专用参考信号

UE 专用参考信号只在分配给传输模式 7（Transmission Mode）的终端的资源块（Resource Block）上传输，在这些资源块上，小区级参考信号也在传输，这种传输模式下，终端根据 UE 专用参考信号进行信道估计和数据解调。UE 专用参考信号一般用于波束赋形（Beamforming），此时，基站（eNodeB）一般使用一个物理天线阵列来产生定向到一个终端的波束，这个波束代表一个不同的信道，因此需要根据 UE 专用参考信号进行信道估计和数据解调。每个下行天线端口上都传输一个参考信号。天线端口是指用于传输的逻辑端口，它可以对应一个或多个实际的物理天线。天线端口的定义是从接收机的角度来定义的,即如果接收机需要区分资源在空间上的差别,就应该定义多个天线端口。对于 UE 来说,其接收到的某天线端口对应的参考信号就定义了相应的天线端口。尽管此参考信号可能是由多个物理天线传输的信号复合而成。在 LTE 中,天线端口 0~3 对应小区专用的参考信号,天线端口 4 对应 MBSFN 参考信号,天线端口 5 对应 UE 专用的参考信号。

上行参考信号类似下行参考信号的实现机理,也是在特定时频单元中发送一串伪随机码,用于 eUTRAN 与 UE 的同步以及 eUTRAN 对上行信道进行估计。

上行参考信号包含以下两种情况:

(1)解调参考信号(Demodulation Reference Signal,DMRS)。

DMRS 是上行共享信道(PUSCH)和上行控制信道(PUCCH)传输时的导频信号,此时,UE 与 eUTRAN 已经建立的业务链接,便于 eUTRAN 解调上行信息的参考信号。DMRS 可以伴随 PUSCH 传输,也可以伴随 PUCCH 传输,占用的时隙位置及数量和 PUSCH、PUCCH 的不同格式有关。

(2)环境参考信号(Sounding Reference Signal,SRS)。

SRS 是处于空闲态的 UE 发出的 RS,它不是某个信道的参考信号,而是无线环境的一种参考导频信号,这时 UE 没有业务连接,仍然给 eUTRAN 汇报一下信道环境信息。伴随 PUSCH 传输的 DMRS 约定好的出现位置是每个时隙的第 4 个符号。当 PUCCH 信道携带上行确认(ACK)信息的时候,伴随的 DMRS 占用每个时隙的连续 3 个符号;当 PUCCH 信道携带上行信道质量指示(CQI)信息的时候,伴随的 DMRS 占用每个时隙的 2 个符号。环境参考信息 SRS 由多少个 UE 发送,发送的周期、发送的带宽是多大可由系统调度配置。SRS 一般由每个子帧的最后一个符号发送。

第 5 章

LTE 系统移动性管理

5.1 PLMN 选择

移动性管理是 LTE 系统必备的机制，它能够辅助 LTE 系统实现负载均衡、提高用户体验以及系统整体性能。移动性管理主要分为两大类：分别是空闲状态下的移动性管理和连接状态下的移动性管理。空闲状态下的移动性管理主要通过小区选择和重选来实现，由 UE 控制；连接状态下的移动性管理主要通过小区切换来实现，由 eNodeB 控制。空闲态移动性管理能够保障 UE 接入的成功率和服务质量，保证 UE 驻留在一个信号质量更好的小区。在 LTE 无线网络中，UE 的各种管理过程确保了 LTE 业务的开展和持续，因此，每个过程都环环相扣、缺一不可，就像一条自行车链条，缺了哪一环，车都骑不了。下面介绍一下这个链条中的第一环，也就是 UE 开机后需要做的第一件事：PLMN 选择。

1. PLMN 选择的两个阶段

第一阶段是 UE 自主选择 PLMN，第二阶段是 PLMN 注册。其中，UE 自主选择 PLMN 又可以分成自动选择和手工选择两种方式。

自动选择是指 UE 根据事先设好的 PLMN 优先级准则，自主完成 PLMN 的搜索和选择。绝大多数 UE 采用自动选择方式。手工选择是指 UE 将满足条件的所有的 PLMN，以列表形式呈现给用户，由用户来选择其中的一个。

PLMN 注册：UE 完成 PLMN 选择后，在后续的网络附着过程中，UE 会把选择的 PLMN 注册到核心网，如果注册成功，则本次 PLMN 选择结束；如果注册失败，则返回自主 PLMN 选择过程并重新选择一个 PLMN。

2. PLMN 选择流程

UE 进行 PLMN 选择的大体流程如图 5-1 所示。当 UE 开机或者从无覆盖的区域进入覆盖区域时，首先选择最近一次已注册过的 PLMN（已注册过的 PLMN 称为 Registered PLMN），并尝试在这个 RPLMN 中注册。如果注册最近一次的 RPLMN 成功，则将 PLMN 信息显示出来，开始接受运营商服务；如果没有最近一次的 RPLMN 或最近一次的 RPLMN 注册不成功，UE 会根据 USIM 卡中的关于 PLMN 优先级信息，可以通过自动或者手动的方式继续选择其他 PLMN。

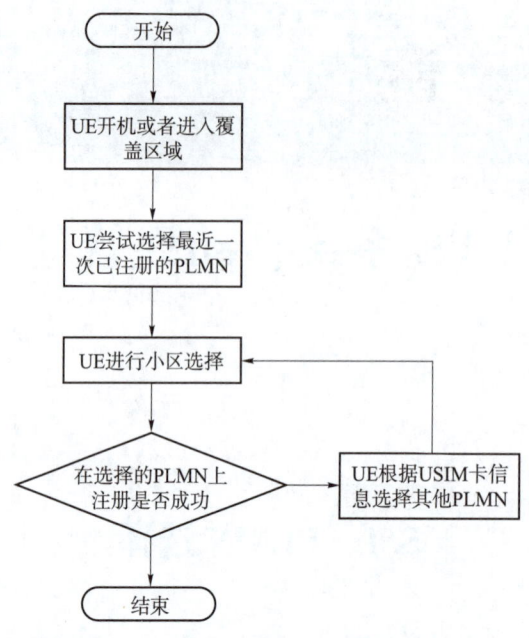

图 5-1　UE 进行 PLMN 选择的大体流程

3. PLMN（公共陆地移动网）分类

（1）HPLMN（Home PLMN）：归属 PLMN。UE 开户的 PLMN，UE 的 HPLMN 只有一个。PLMN 网络代码为 46000 就属于 UE 的 HPLMN

（2）EHPLMN（The Equivalent Home PLMN）：等价归属 PLMN，等价归属 PLMN 信息存储在 USIM 卡中。以中国移动来说，PLMN 网络代码为 46002 和 46007 就属于 EHPLMN。

（3）VPLMN（Visited PLMN）：拜访 PLMN。表示 UE 当前所在的 PLMN。比如，对于中国移动的用户，如果在国外漫游，这个国外的 PLMN 就是一个拜访 PLMN。

（4）RPLMN（Registered PLMN）：注册 PLMN。UE 通过跟踪区更新过程注册成功的 PLMN。

4. PLMN 优先级选择顺序

首先是 RPLMN，其次是 HPLMN 或 EHPLMN，最后是 VPLMN。当然，在国内，HPLMN、VPLMN 和 RPLMN 同属于一个网络。上面讲述了 UE 的 USIM 卡中存储了最近一次已注册过的 RPLMN 的选择过程。如果 UE 处于下面两种情况下应如何选择呢？

情况 1：USIM 中没有 RPLMN 信息，UE 初始 PLMN 选择。

这种情况，也就是新的 UE 初次开机，USIM 卡没有 RPLMN 信息。

（1）UE 通过 AS（接入层）初始小区查询，从 SIB1 中读取所有的 PLMN，并且它向 UE 的 NAS 报告。

（2）UE 的 NAS 将根据这种被预定义的优先级来选择其中的一个。

情况 2：如果 UE 在上一个 VPLMN 存在于 USIM 中，UE 应如何进行 PLMN 选择呢？

在该情况下，UE 将选择这个 PLMN，并且开始上一个频率的小区搜索；如果没有找到可用的小区，UE 将回到初始的 PLMN 选择。

5.2 小区搜索及读取广播消息

UE 开机后需要做的第一件事就是小区 PLMN 的选择,在 PLMN 的选择之后,UE 将进行小区搜索以及读取系统消息过程。下面从小区搜索的含义、小区搜索的目的等七个方面讲解。

1. 小区搜索的含义

在 LTE 系统中,小区搜索就是 UE 和小区取得时间和频率同步,并检测小区 ID 的过程。

2. 小区搜索的目的

UE 使用小区搜索过程来识别小区,并获得下行同步,进而 UE 可以读取小区广播信息并驻留、使用网络提供的各种服务。小区搜索过程是 LTE 系统关键步骤,是 UE 与 eNodeB 建立通信链路的前提。

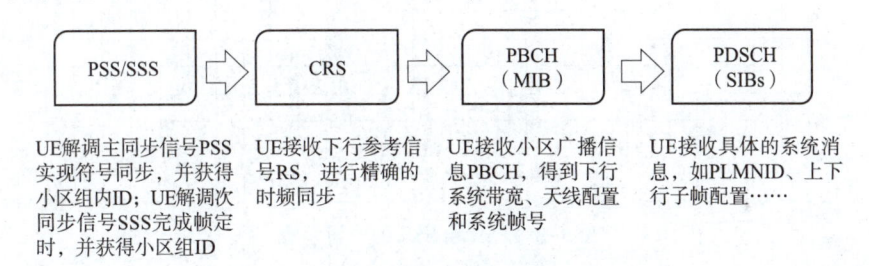

3. 小区搜索过程

小区搜索过程在初始接入和切换中都会用到,如图 5-2 所示。

```
PSS/SSS  →  CRS  →  PBCH(MIB)  →  PDSCH(SIBs)
```

UE解调主同步信号PSS实现符号同步,并获得小区组内ID;UE解调次同步信号SSS完成帧定时,并获得小区组ID | UE接收下行参考信号RS,进行精确的时频同步 | UE接收小区广播信息PBCH,得到下行系统带宽、天线配置和系统帧号 | UE接收具体的系统消息,如PLMNID、上下行子帧配置……

图 5-2 小区搜索过程

4. 时间同步

在 LTE 的小区搜索过程中,利用特别设计的两个同步信号,主同步信号和辅同步信号分别取得小区识别信息,从而得到目前终端所要接入的小区识别码。时间同步检测是小区初搜中的第一步,其基本原理是使用本地同步序列和接收信号进行同步相关,进而获得期望的峰值,根据峰值判断出同步信号的位置。TDD-LTE 系统中的时域同步检测分为两个步骤:第一个步骤是检测主同步信号,在检测出主同步信号后,根据主同步信号和辅同步信号之间的固定关系,进行第二个步骤的检测,即检测辅同步信号。当终端处于初始接入状态时,对接入小区的带宽是未知的,主同步信号和辅同步信号处于整个带宽的中央,并占用 1.08 MHz 带宽,因此,在初始接入时,UE 首先在其支持的工作频段内以 100 kHz 的间隔的频栅上进行扫描,并在每个频点上进行主同步信道的检测。在这一过程中,终端仅仅检测 1.08 MHz 的频带上是否存在主同步信号。

尽管 TDD-LTE 系统支持多种传输带宽,但是 PSS 和 SSS 信号在频域上总是处于整个系统带宽中央 1.08 MHz(6 个 RB 块)的位置。图 5-3 所示为 PSS 和 SSS 的位置示意。其中,PSS 位于特殊子帧,即 DwPTS 的第三个符号,SSS 占用子帧 0、5 的最后一个符号。

PSS 和 SSS 信号的位置相对固定，与 TDD 系统的上下行子帧配置、小区覆盖大小等因素无关。

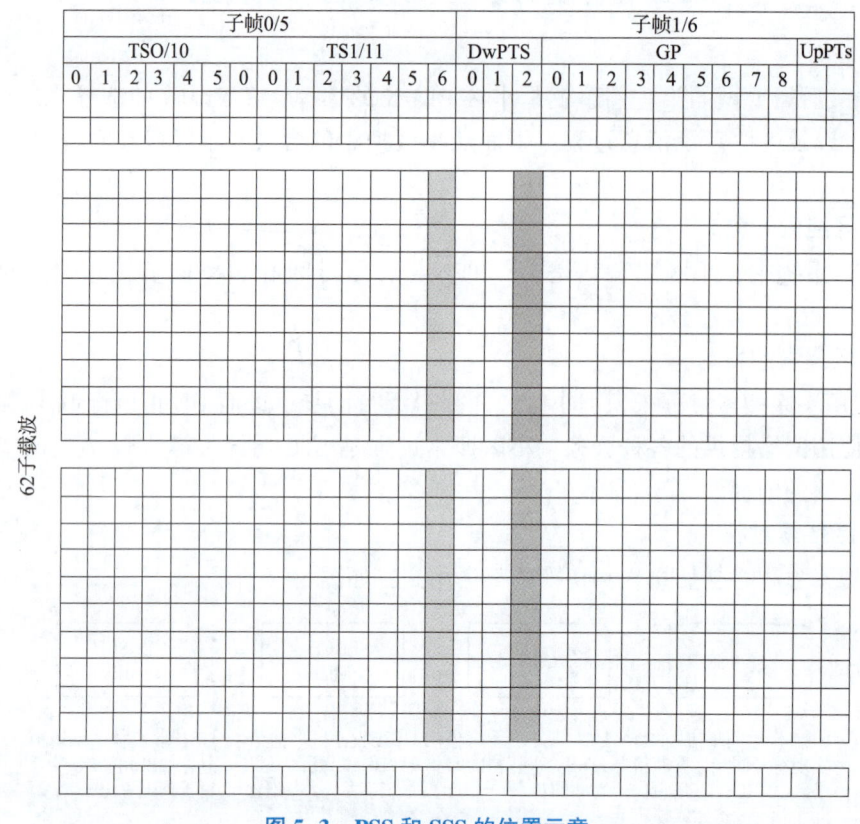

图 5-3　PSS 和 SSS 的位置示意

5. 频率同步

为了确保下行信号的正确接收，在小区初搜过程中，在完成时间同步后，需要进行更精细化的频率同步，可通过辅同步序列、导频序列、CP 等信号来进行频偏估计，对频率偏移进行纠正。通过 PSS 和 SSS 同步后，UE 能检测到的物理小区 ID，这样就可以知道小区参考信号 CRS 的时频资源位置。但是为了确保收发两端信号频偏一致性，实现频率同步，还需要通过解调小区参考信号 CRS 来进一步精确时隙与频率同步，也为解调 PBCH 做信道估计。

6. 解调 PBCH

经过前述三步以后，UE 获得了 PCI，并获得与小区精确时频同步，但 UE 接入系统还需要小区系统信息，包括系统带宽、系统帧号、天线端口号、小区选择和驻留以及重选等重要信息，这些信息由 MIB 和 SIB 承载，分别映射在物理广播信道（PBCH）和物理下行共享信道（PDSCH）上。

在时域上 PBCH 位于一个无线帧内#0 子帧第二个时隙（即 Slot1）的前 4 个 OFDM 符号上（对 FDD 和 TDD 都是相同的，除去参考信号占用的 RE）。在频域上，PBCH 与 PSCH、SSCH 一样，占据系统带宽中央的 1.08 MHz（DC 子载波除外），全部占用带宽内的 72 个子载波。PBCH 信息的更新周期为 40 ms，在 40 ms 周期内传送 4 次。这 4 个 PBCH 中每一个内容相同，且都能够独立解码，首次传输位于 SFN mod 4 = 0 的无线帧，如图 5-4 所示。

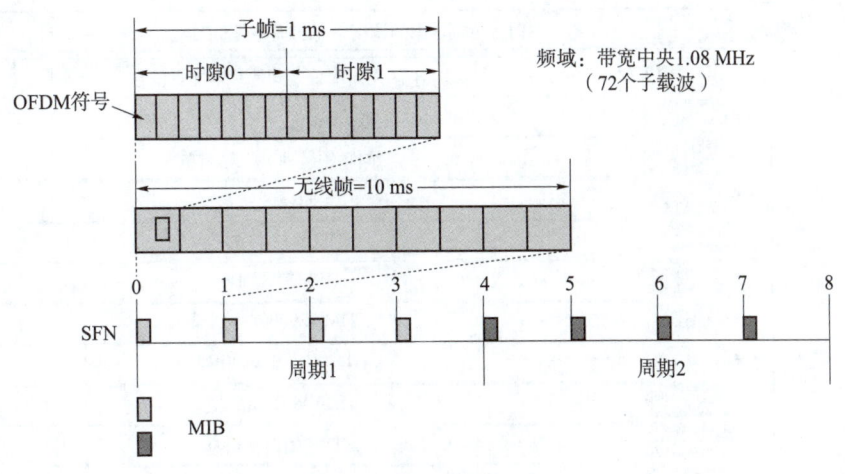

图 5-4　MIB 传输示意

MIB 携带系统帧号（SFN）、下行系统带宽和 PHICH 配置信息，隐含着天线端口数信息。

7. 解调 PDSCH

要完成小区搜索，仅仅接收 MIB 是不够的，还需要接收 SIB，即 UE 接收承载在 PDSCH 上的 BCCH 信息。UE 在接收 SIB 信息时首先接收 SIB1 信息。SIB1 采用固定周期的调度，调度周期 80 ms。第一次传输在 SFN 满足 SFN mod 8 = 0 的无线帧上 #5 子帧传输，并且在 SFN 满足 SFN mod 2 = 0 的无线帧（即偶数帧）的 #5 子帧上传输，如图 5-5 所示。

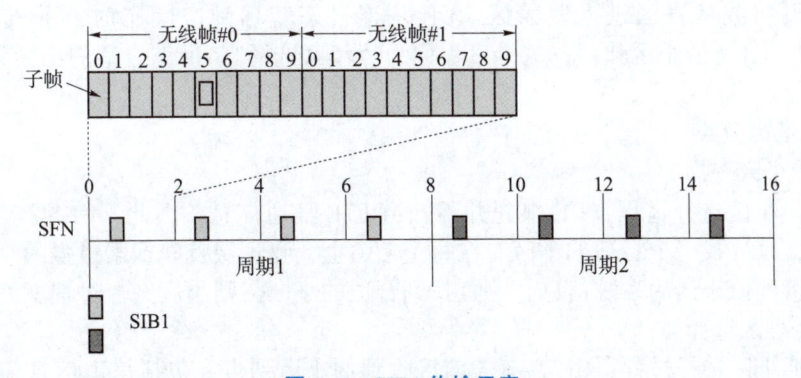

图 5-5　SIB1 传输示意

SIB1 中的调度信息列表携带所有 SI 的调度信息，接收 SIB1 以后，便可接收其他 SI 消息。除 SIB1 以外，其他 SIB2～SIB11 是如何传送的呢？其他 SIB2～SIB11 通过系统信息（SI）进行传输。每个 SI 消息包含了一个或多个除 SIB1 外的拥有相同调度需求的 SIB（这些 SIB 有相同的传输周期），如图 5-6 所示。一个 SI 消息包含哪些 SIB 是通过 SchedulingInfoList 指定的。每个 SIBx 与唯一的一个 SI 消息相关联。

系统消息广播
- MIB：主信息块包括有限个最重要、最常用的传输参数，其需要在该小区中获得其他的信息
- SIB 1：包括其他SIB的调度信息以及其他小区接入的相关信息
- SI：SI承载的是SIB的调度信息，而不是SIB1
  - SIB 2：小区无线配置，其他基本配置信息
  - SIB 3：小区重选信息，主要与服务小区相关
  - SIB 4：同频领区列表、黑名单
  - SIB 5：频间领区列表
  - SIB 6：UTRAN领区列表
  - SIB 7：GSM领区列表
  - SIB 8：CDMA2000领区列表
  - SIB 9：Home eNB ldentifer
  - SIB 10：ETWS通知信息
  - SIB 11：ETWS辅通知信息
  - SIB 12：CMAS辅通知信息
  - SIB 13：MBMS控制信息

图 5-6 系统消息块示意

5.3 LTE 小区选择

1. 小区选择的概念

当手机开机或从盲区进入覆盖区，UE 从连接态转移到空闲态时，手机将寻找一个 PLMN，并选择合适的小区驻留，这个过程称为"小区选择"。所谓合适的小区就是 UE 可驻留并获得正常服务的小区。

2. 小区选择分类

1）初始小区选择

对于初始小区选择过程，UE 事先并不知道 LTE 信道信息，因此，UE 搜索所有 LTE 带宽内的信道，以寻找一个合适的小区。在每个信道上，物理层首先搜索最强的小区并根据小区搜索过程读取该小区的系统信息，一旦找到合适的小区，则小区选择过程就终止了。

2）普通小区选择

对于普通小区选择过程，UE 存有先前接收到的小区列表，包括信道信息和可选的小区参数等。UE 搜索小区列表中的第一个小区，并通过小区搜索过程读取该小区的系统信息，如该小区是合适的小区，则终端选择该小区，小区选择过程完成。如果该小区不是合适的小区，则搜索小区列表中的下一个小区，以此类推。如果列表中的所有小区都不是合适小区，则启动初始小区选择流程。

3. 小区选择规则

1）小区选择规则的前提条件

在小区选择时，LTE 小区参考信号的接收功率测量值，即 RSRP 值必须高于配置的小区最小接收电平 Qrxlevmin，且小区参考信号的接收信号质量 RSRQ（Reference Signal Received Quality）必须高于配置的小区最小接收信号质量 Qqualmin，UE 才能够选择该小区驻留。

这里面提到的 RSRP（Reference Signal Receiving Power）是参考信号接收功率，RSRP 是指在某个符号内承载参考信号的所有 RE（资源粒子）上接收到的信号功率的平均值。

RSRQ（Reference Signal Receiving Quality，参考信号接收质量），是 RSRP 和 RSSI 的比值，因为两者测量所基于的带宽可能不同，因此用一个系数来调整，也就是 RSRQ = N × RSRP/RSSI。

2）小区选择规则（表 5-1）

小区选择规则的判决公式为

$$Srxlev > 0 \text{ 且 } Squal > 0$$

式中：

$Srxlev = Qrxlevmeas - (Qrxlevmin + Qrxlevminoffset) - Pcompensation$

$Squal = Qqualmeas - (Qqualmin + Qqualminoffset)$

表 5-1 小区选择规则

参数名称	参数名称	单位
Srxlev	UE 小区选择过程中计算得到的电平值	dBm
Squal	UE 在小区选择过程中计算得到的质量值	dB
Qrxlevmeas	测量得到的接收电平值，该值为测量到的 RSRP	dBm
Qrxlevmin	是指驻留该小区需要的最小接收电平值，该值在 SIB1 的 q-RxLevMin 中指示（dBm）	dBm
Qrxlevminoffset	小区最小接收信号电平偏置值。当 UE 驻留在 VPLMN 的小区时，将根据更高优先级 PLMN 的小区留给它的这个参数值，来进行小区选择判决。这个参数只有在 UE 尝试更高优先级 PLMN 的小区时才用到	dB
Pcompensation	取值为 MAX（PEMAX - PUMAX, 0），其中 PEMAX 为终端在接入该小区时，系统设定的最大允许发送功率；PUMAX 是指根据终端等级规定配置的最大输出功率	dBm
Qqualmeas	测量得到的小区接收信号质量，即 RSRQ	dB
Qqualmin	在 eNodeB 中配置的小区最低接收信号质量值	dB
QquaIninoffset	小区最小接收信号质量偏置值。这个参数只有在 UE 尝试更高优先级 PLMN 的小区时才用到，就是当 UE 驻留在 VPLMN 的小区时，将根据更高优先级 PLMN 的小区留给它的这个参数值，来进行小区选择判决	dB

5.4 小区重选

1. LTE 小区重选含义

小区重选（Cell Reselection）是指 UE 在空闲模式下通过监测邻区和当前小区的信号质量以选择一个最好的小区提供服务信号的过程。

2. 小区重选时机

(1) 开机驻留到合适小区即开始小区重选。

LTE 驻留到合适的小区，停留适当的时间（1 s）后，就可以进行小区重选的过程。通过小区重选，可以最大限度地保证空闲模式下的 UE 驻留在合适的小区。

(2) 处于 RRC_IDLE 状态下 UE 发生位置移动时。

3. 小区重选的分类

(1) 系统内小区测量及重选。

①同频小区测量及重选。

②异频小区测量及重选。

(2) 系统间小区测量及重选。

在 LTE 中，SIB3～SIB8 包含了小区重选的相关信息。

4. 重选优先级概念

与 2/3G 网络不同，LTE 系统中引入了重选优先级的概念，在 LTE 系统，网络可配置不同频点或频率组的优先级，在空闲态时通过广播在系统消息中告诉 UE，对应参数为 Cell Reselection Priority，取值为 0~7。在连接态时，重选优先级也可以通过 RRC Connection Release 消息告诉 UE，此时 UE 忽略广播消息中的优先级信息，以该信息为准。

(1) 优先级配置单位是频点，因此，在相同载频的不同小区具有相同的优先级。

(2) 通过配置各频点的优先级，网络能更方便地引导终端重选到高优先级的小区驻留达到均衡网络负荷、提升资源利用率、保障 UE 信号质量等作用。

5. 小区重选测量启动条件

UE 成功驻留后，将持续进行本小区测量。对于重选优先级高于服务小区的载频，UE 始终对其测量。对于重选优先级等于或者低于服务小区的载频，为了最大化 UE 电池寿命，UE 不需要在所有时刻都进行频繁的邻小区监测（测量），除非服务小区质量下降为低于规定的门限值。具体来说，仅当服务小区的参数 S（S 值的计算方法与小区选择时一致）小于系统广播参数 Sintrasearch 时 UE 才启动同频测量。RRC 层根据 RSRP 测量结果计算 Srxlev，并将其与 Sintrasearch 和 Snonintrasearch 比较，作为是否启动邻区测量的判决条件〔Srxlev = 当服务小区 RSRP-qrxlevmin-qRxLevMinOffset-max（pMaxOwnCell-23，0）〕。

1) 同频小区之间

(1) 当服务小区 Srxlev ≤ Sintrasearch 或系统消息中 Sintrasearch 为空时，UE 必须进行同频测量。

(2) 当服务小区 Srxlev > Sintrasearch 时，UE 自行决定是否进行同频测量。

2) 异频小区之间

(1) 当服务小区 Srxlev ≤ Snonintrasearch 或系统消息中 Snonintrasearch 为空时，UE 必须

进行异频测量。

（2）当服务小区 Srxlev > Snonintrasearch 时，UE 自行决定是否进行异频测量。

5.5　跟踪区

当手机在待机状态下时，网络是否知道手机处于什么位置呢？当手机作被叫时，网络如何找到手机的呢？这个位置的确定和 LTE 中的跟踪区有关。

跟踪区（Tracking Area）是 LTE 系统为 UE 的位置管理设立的概念。TA 功能与 3G 系统的位置区（LA）和路由区（RA）类似，通过 TA 信息，核心网能够获知处于空闲态的 UE 位置，并且在有数据业务需求时，对 UE 进行寻呼。一个 TA 可包含一个或多个小区，而一个小区只能归属于一个 TA。

当移动台由一个 TA 移动到另一个 TA 时，必须在新的 TA 上重新进行位置登记以通知网络来更改它所存储的移动台的位置信息，这个过程就是跟踪区更新 TAU（Tracking Area Update）。

TA 用 TAC（Tracking Area Code）来标识。TA 在小区的系统消息（SIB1）中广播。

TAI（Tracking Area Identity）是 LTE 的跟踪区标识，它由 PLMN 和 TAC 组成。TAI = PLMN+TAC。

LTE 系统引入了 TA List 的概念，每个 TA List 可包含 1~16 个 TA。MME 为每个 UE 分配一个 TA List，并发送给 UE 保存。UE 在 MME 为其分配的 TA List 内移动时不需要执行 TA List 更新；当 UE 进入不在其所注册的 TA List 中的区域时，即进入一个新 TA List 区域时，需要执行 TA List 更新，如图 5-7 所示。

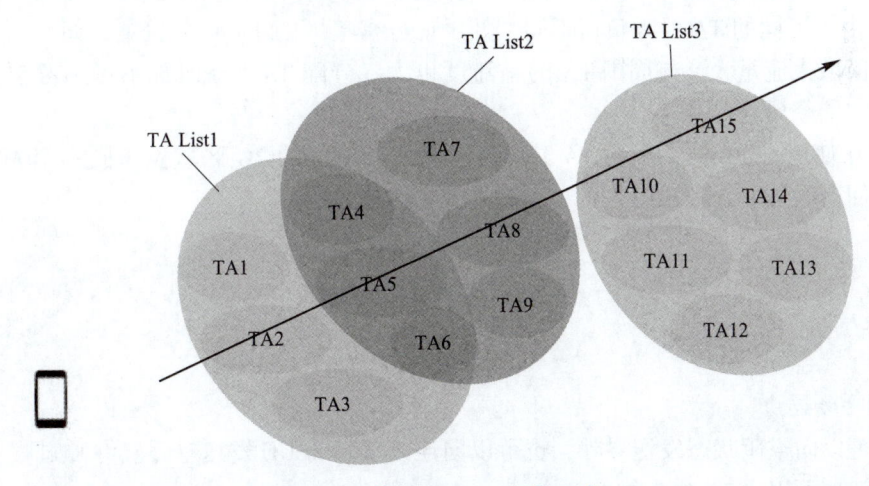

图 5-7　执行 TA List 更新示意

只有 TA List 不要 TA 的话，在两个 TA List 边缘用户较多的话（十字路口等密集场所、高铁等快速通行路段），就会存在大量的位置更新。如果有 TA，可以把 TA 放在两个 TA List 里面，相当于延长了位置更新的时间，减轻了网络负荷。

在 UE 执行 TA List 更新之时，MME 会为 UE 重新分配一组 TA 形成新的 TA List。在有业务需求时，网络会在 TA List 所包含的所有小区内向 UE 发送寻呼消息。

在 LTE 系统中，寻呼和位置更新都是基于 TA List 进行的。TA List 的引入可以避免在 TA 边界处由于乒乓效应导致的频繁 TAU。

TA 作为 TA List 下的基本组成单元，其规划直接影响到 TA List 规划质量，因此，需要做如下要求：

（1）TA 面积不宜过大，若 TA 面积过大，则 TA List 包含的 TA 数目将受到限制，降低了基于用户的 TA List 规划的灵活性，TA List 引入的目的不能达到。

（2）TA 面积不宜过小，若 TA 面积过小，则 TA List 包含的 TA 数目就会过多，MME 维护开销及位置更新的开销就会增加。

（3）TA 边界应尽量设置在低话务区，TA 的边界决定了 TA List 的边界。为减小位置更新的频率，TA 边界不应设在高话务量区域及高速移动等区域，并应尽量设在天然屏障位置，如山川、河流等。在市区和城郊交界区域，一般将 TA 区的边界放在外围一线的基站处，而不是放在话务密集的城郊结合部，避免结合部用户频繁位置更新。同时，TA 划分尽量不要以街道为界，一般要求 TA 边界不与街道平行或垂直，而是斜交。此外，TA 边界应该与用户流的方向（或者说是话务流的方向）垂直而不是平行的，这样可以避免产生乒乓效应的位置或路由更新。

TA List 是由 MME 为用户分配的跟踪区列表，通过在 MME 上设置参数实现。主要的参数包括：TA List 包含的 TA 数目的上限（取值 1~16），TA List 分配策略等。常用的 TA List 分配策略有：

（1）用户当前 TA 和过去经过的 $N-1$ 个 TA。

（2）用户当前 TA 和与当前 TA 粘滞度最大的 $N-1$ 个 TA。

TA List 分配策略应考虑网络及业务情况，如：

（1）由于不同的 TA 寻呼负荷不同，处于话务密集区的 TA 负荷较重，如地铁、大型商城等，此区域人流量大，与周围 TA 的粘滞度也大，分配 TA List 时如不特别考虑可能引发这些区域的信令风暴。

（2）在使用 CSFB 时，配置 TA List 时应保证其对应的 2G 区域位于同一个 MSC POOL 内，否则回落时可能导致寻呼失败。

5.6　LTE 寻呼

1. 寻呼概述

网络可以向空闲状态发送寻呼，也可以向连接状态的 UE 发送寻呼。寻呼过程可以由核心网触发，也可以由 eNodeB 触发。

2. 寻呼的目的

（1）发送寻呼信息给 RRC_IDLE 状态的 UE。这种情况下寻呼过程是由核心网触发，用于通知某个 UE 接收寻呼请求。

（2）通知 RRC_IDLE/RRC_CONNECTED 状态下的 UE 系统信息改变。这种情况下寻呼过程是由 eNodeB 触发，用于通知系统信息更新。

(3) 通知 UE 关于 ETWS（地震、海啸预警系统）信息。

(4) 通知 UE 关于 CMAS（商业移动告警服务）通知信息。

3. 寻呼过程

处于 IDIE 模式下的终端，根据网络广播的相关参数使用非连续接收（DRX）的方式周期性地去监听寻呼消息。终端在一个 DRX 的周期内，可以只在相应的寻呼无线帧上的寻呼时刻先去监听 PDCCH 上是否携带有 P-RNTI，进而去判断相应的 PDSCH 上是否有承载寻呼消息。

如果在 PDCCH 上携带有 P-RNTI，就按照 PDCCH 上指示的 PDSCH 的参数去接收 PDSCH 物理信道上的数据；而如果终端在 PDCCH 上未解析出 P-RNTI，则不用再接收 PDSCH 物理信道，就可以依照 DRX 周期进入休眠。

寻呼 DRX 是指处在 RRC 空闲状态的 UE 不连续地监测寻呼信道（PCH）。它的主要优点是实现手机较低功耗、较低的延迟和较低的网络负荷。在连接（Connected）模式下，终端需要根据网络配置的相关参数（如 Short DRX Cycle 和 Long DRX Cycle 等）周期性地监听 PDCCH 信道。RRC 不同状态下的 DRX 见表 5-2。

表 5-2　RRC 不同状态下的 DRX

内容	RRC 空闲态寻呼 DRX	RRC 连接态 DRX
控制网元	MME：发起寻呼、eNB：传输寻呼	eNB
适用范围	在一个跟踪区域（TA）内	在一个小区内
指示使用的 UE 标识	长标识（如 NAS 分配的 S-TMSI 或 IMSI）	短标识（如 eNB 分配的 C-RNTI 16 bit/s）

4. 寻呼帧

RRC_IDLE 状态下的 UE 在特定的子帧（1 ms）监听 PDCCH，这些特定的子帧称为寻呼时机（Paging Occasion，PO），这些子帧所在的无线帧（10 ms）称为寻呼帧（Paging Frame，PF）。

5. TD-LTE 寻呼流量

一个寻呼消息由最多 maxPageRec 个 Paging Record 组成，每个 Paging Record 标识 1 个 UE ID。根据 TS36.331 协议，maxPageRec 取值 16，也就是 TD-LTE 的每个寻呼消息最多承载 16 个 UE ID。

PDCCH DCI 格式 1C 指示的 PDSCH 的最大 TBS（Transport Block Size，传输块尺寸）是 1 736 bit（ITBS=31）。如果使用 15 个十进制位的 IMSI-GSM-MAP 来进行计算，可以得到 1 个 Paging Record 的长度是 1+3+1+3+（15×4+4）=72（bit）（前 8 个 bit 是报头），则 16 个 Paging Record 的长度是 1 152 bit。TD-SCDMA 一个寻呼消息承载的 Paging Record 最多是 5 个，可见 TD-LTE 寻呼消息承载能力有了很大的提高。

采用 ITBS=31 会导致系统采用更高的编码方式或者占用更多的 RB；同时，每个寻呼消息承载的 Paging Record 过多会导致随机接入冲突的概率增加，因此，系统会根据网络参数和资源情况等因素确定每个寻呼消息承载的 Paging Record，建议以 50%的负荷为准来确定，即每个寻呼消息承载的 Paging Record 不超过 8 个。在满足一定寻呼拥塞率（一般设置为

2%）的情况下，一个寻呼消息能支持的寻呼流量可以通过查询爱尔兰表得到。如果寻呼消息承载的 Paging Record 个数 $M=16$，则寻呼流量 EPaging $=9.83$；如果 $M=8$，则 EPaging $=3.63$。TD-LTE 在 1 s 内支持的寻呼流量 Icell 可由下面公式计算得到：

$$Icell = EPaging \times (nB/T) \times 100 \qquad (3)$$

T 是一个用户的最小的寻呼周期，nB 表示在用户寻呼周期的时间范围内小区的无线资源上能提供多少个下行子帧用来发射寻呼。TD-LTE 在 1 s 内的最大寻呼流量是 3932（M 取值 16，nB 取值 4T）。

系统最大的寻呼能力和 nB 参数配置有关，如表 5-3 所示。

表 5-3　1 s 内寻呼 UE 个数与 nB 的关系

nB	4T	2T	T	1/2T	1/4T	1/8T	1/16T	1/32T
每秒最多可寻呼的 UE 个数	400×16	200×16	100×16	50×16	25×16	12.5×16	6.25×16	3.125×16

从表 5-3 中可以看出，当 nB 取值为 1/4T 的时候，系统最大的寻呼能力可以达到 400 次/s。当 nB 取值为 1/2T 的时候，系统最大的寻呼能力为 800 次/s。具体取值可以根据不同的城区环境、寻呼需求来确定。

5.7　切　　换

1. 切换的含义

切换是指移动终端从一个小区或信道变更到另一个小区或信道时能继续保持通信的过程。

2. 切换的分类方法

1）按切换过程中存在的分支数目分类

（1）硬切换：先断开和源小区之间的连接，再与目标小区建立连接。

（2）软切换：先与目标小区建立连接，然后再断开与源小区之间的连接。

（3）接力切换：利用终端上行预同步技术，预先取得与目标小区的同步。

2）按切换控制方式分类

（1）网络控制切换。

（2）终端控制切换。

（3）网络辅助切换。

（4）终端辅助切换。

3）按照触发原因分类

按照触发原因，LTE 的切换可以分为基于覆盖的切换、基于负载的切换、基于业务的切换以及基于 UE 移动速度的切换。

4）按切换间小区频点不同与小区系统属性不同

其可以分为同频切换、异频切换、异系统切换。LTE 采用的是终端辅助的硬切换技术。

3. 测量过程

LTE 切换过程分为四个步骤：测量、上报、判决和执行。首先来看一下第一步"测量"，测量过程主要包括以下三个步骤。

1) 测量配置

测量配置主要由 eNB 通过 RRCConnectionReconfigurtion 消息携带的 measConfig 信元将测量配置消息通知给 UE，包含 UE 需要测量的对象、小区列表、报告方式、测量标识、事件参数等。

2) 测量执行

UE 会对当前服务小区进行测量，并根据 RRCConnectionReconfigurtion 消息中的 s-Measure 信元来判断是否需要执行对相邻小区的测量。UE 可以进行以下类型的测量：

（1）同频测量。

（2）异频测量。

（3）Inter-RAT 测量。

3) 测量报告

测量报告触发方式分为周期性和事件触发。当满足测量报告条件时，UE 将测量结果填入 Measurement Report 消息，发送给 eNB。

满足测量报告条件时，通过事件报告 eUTRAN。其内容包括测量 ID、服务小区的测量结果（RSRP 和 RSRQ 的测量值）、邻小区的测量结果（可选）。

测量报告方式：按时触发类型，分为周期性和事件触发。

4. 测量事件

1) 系统内测量事件（表 5-4）

表 5-4 系统内测量事件

事件类型	事件含义
A1 事件	服务小区质量高于一个绝对门限，用于关闭正在进行的频间测量和去激活 Gap
A2 事件	服务小区质量低于一个绝对门限，用于打开频间测量和激活 Gap
A3 事件	邻区比服务小区质量高于一个绝对门限，用于频内/频间基于覆盖的切换
A4 事件	邻区质量高于一个绝对门限，主要用于基于负荷的切换
A5 事件	服务小区质量低于一个绝对门限 1，且邻区质量高于一个绝对门限 2，用于频内/频间基于覆盖的切换

2) 系统间测量事件

（1）异系统测量事件。

① B1 事件：异系统邻区质量高于一个绝对门限，用于基于负荷的切换。

② B2 事件：服务小区质量低于一个绝对门限 1 且异系统邻区质量高于一个绝对门限 2，用于基于覆盖的切换。

下面以 A3 事件为例进行详细介绍。

（2）邻小区比服务小区质量高于一个门限（Neighbour > Serving+Offset），用于频内/频间的基于覆盖的切换。

事件进入条件：Mn+Ofn+Ocn-Hys>Ms+Ofs+Ocs+Off；
事件离开条件：Mn+Ofn+Ocn+Hys<Ms+Ofs+Ocs+Off。
其中：

Mn：邻小区的测量结果，不考虑计算任何偏置。

Ofn：该邻区频率特定的偏置（即 OffsetFreq 在 MeasObjectEUTRA 中被定义为对应于邻区的频率）。

Ocn：为该邻区的小区特定偏置（即 CellIndividualOffset 在 MeasObjectEUTRA 中被定义为对应于邻区的频率），同时如果没有为邻区配置，则设置为零。

Ms：为没有计算任何偏置下的服务小区的测量结果。

Ofs：为服务频率上频率特定的偏置（即 OffsetFreq 在 MeasObjectEUTRA 中被定义为对应于服务频率）。

Ocs：为服务小区的小区特定偏置（即 CellIndividualOffset 在 MeasObjectEUTRA 中被定义为对应于服务频率），并设置为 0，如果没有为服务小区配置的话。

Hys：为该事件的滞后参数（即 Hysteres 为 ReportConfigEUTRA 内为该事件定义的参数）。

Off：为该事件的偏移参数（即 a3-Offset 为 ReportConfigEUTRA 内为该事件定义的参数）。

Ofn、Ocn、Ofs、Ocs、Hys、Off 单位均为 dB。

当终端满足 Mn+Ofn+Ocn-Hys>Ms+Ofs+Ocs+Off 且维持 Time to Trigger 个时段后上报测量报告，如图 5-8 所示。小区一旦部署好，Ocs、Ocn 就是确定的值。如果在网络规划时将当前服务小区的 Ofs、Ocs 值和邻区的 Ofn、Ocn 值设置成一样的，则 A3 事件进入的公式可简化为 Mn － Hys ＞ Ms+Off。

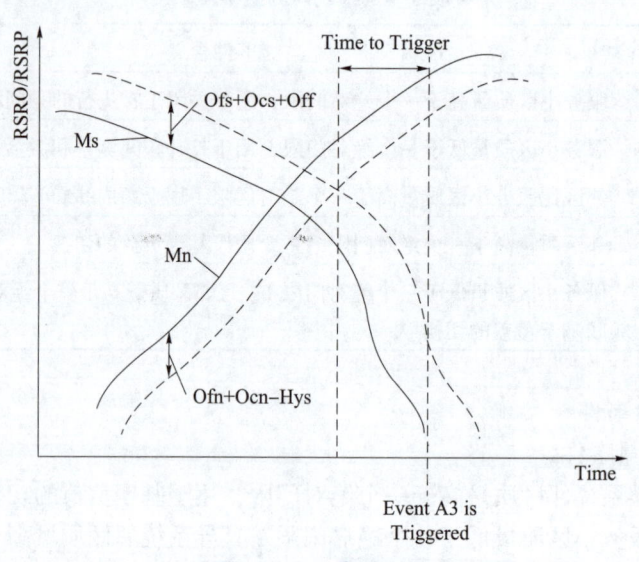

图 5-8 A3 事件切换

第 6 章

LTE 系统消息

6.1 系统消息的概念

系统消息（System Information Message）在整个小区内广播，供 RRC 空闲状态和 RRC 连接状态下的 UE 获取 NAS 层和 AS 层的信息。系统消息是连接 UE 和网络的纽带，UE 与 E-UTRAN 之间通过系统消息的传递，完成无线通信各类业务和物理过程。

6.2 系统消息的组成

LTE 系统消息包括 1 个 MIB（Master Information Block）和多个 SIB（System Information Block），MIB 消息在 PBCH 上广播，SIB 通过 PDSCH 的 RRC 消息下发。SIB1 由 "System-Information Block Type 1" 消息承载，SIB2 和其他 SIB 由 "System Information（SI）" 消息承载。一个 SI 消息可以包含一个或多个 SIB。

1. MIB

MIB 获得下行同步后用户首先要做的就是寻找 MIB 消息，MIB 中包含着 UE 要从小区获得的至关重要的信息。

（1）下行信道带宽。

（2）PHICH 配置。PHICH 中包含着上行 HARQACK/NACK 信息。

（3）系统帧号 SFN（System Frame Number）帮助同步和作为时间参考。

（4）eNB 通过 PBCH 的 CRC 掩码通报天线配置数量 1、2 或 4。

2. SIB1

在 System Information Block Type1 消息中，SIB1 包含 UE 小区接入需要的信息以及其他 SIB 的调度信息。

（1）网络的 PLMN（Public Land Mobile Network，公共陆地移动网络）识别号。

（2）跟踪区域码（TAC，Tracking Area Code）和小区 ID。

(3) 小区禁止状态，指示用户是否能驻留在小区里。

(4) q-RxLevMin，小区选择的标准指示需要的最小接受水平。

(5) 其他 SIB 的传输时间和周期。

3. SIB2

SIB2 包含所有 UE 通用的无线资源配置信息。

(1) 上行载频，上行信道带宽（用 RB 数量表示：n25、n50）。

(2) 无线接入信道（RACH）配置，帮助 UE 开始无线接入过程，如前导码信息，用 frame 标示的传输时间和子帧号（prach-ConfigInfo），初始发射功率以及使功率提升的步长 powerRampingParameters。

(3) 寻呼配置，如寻呼周期。

(4) 上行功控配置，如 P0-NominalPUSCH/PUCCH。

(5) Sounding 参考信号配置。

(6) 物理上行控制信道（PUCCH）配置，支持 ACK/NACK 传输，调度请求和 CQI。

(7) 物理上行共享信道（PUSCH）配置，如调频。

4. SIB3

SIB3 包含通用的频率内/频率间/异系统小区重选所需的信息，这个信息会应用在所有场景中，详见 3GPP TS 36.304。

(1) s-IntraSearch：开始同频测量的门限，当服务小区的 s-ServingCell（也就是本小区的小区选择条件）高于 s-IntraSearch，用户不会进行测量，这样可以节省电池消耗。

(2) s-NonIntraSearch：开始异频和异系统测量的门限。

(3) q-RxLevMin：小区最小需要的信号接收水平。

(4) 小区重现优先级：绝对频率优先级 E-UTRAN、UTRAN、GERAN、CDMA2000 HRPD 或 CDMA2000 1xRTT。

(5) q-Hyst：计算小区排名标准的本小区磁滞值，用 RSRP（Reference Signal Receiving Power，参考信号接收功率）计算。

(6) t-ReselectionEUTRA：EUTRA 小区重选计数器。t-ReselectionEUTRA 和 q-Hyst 可以配置早或者晚出发小区重选。

5. SIB4

SIB4 包含 LTE 同频小区重选的邻区信息，如邻区列表、邻区黑名单、封闭用户群组（Closed Subscriber Group，CSG）的物理小区标识号（Physical Cell Identities，PCIs），CSG 用于支持 Home eNB。

6. SIB5

SIB5 包含 LTE 异频小区重选的邻区信息，如邻区列表、载波频率、小区重选优先级、用户从当前服务小区到其他高/低优先级频率的门限等。（注：3GPP 规定 LTE 邻区查找可以不明确给出邻区列表，UE 可以做邻区盲检，广播 LTE 邻区列表是可选项而非必选项）在 E-UTRAN 中，SIB6、SIB7、SIB8 分别包含到 UTRAN、GERAN 和 CDMA2000 的异系统小区重选的信息。SIB1 和 SIB3 也承载异系统相关的信息。

7. SIB6

SIB6 包含到 UTRAN 的异系统切换所需的信息。

(1) 载频列表：UTRAN 邻区的载波频率列表。

(2) 小区重选优先级：绝对优先级。

(3) Q_RxLevMin：最小所需接收功率水平。

(4) ThreshX-high/ThreshX-low：从当前服务载频重选到优先级高/低的频率时的门限值。

(5) T-ReselectionURTA：UTRAN 小区重选的计数器。

(6) 和速度相关的小区重选参数。

在 UTRAN 网络中，在 3GPP R8 中新增异系统相关的信息除了 SIB3、SIB4、SIB19 还会在 SIB6、SIB18、SIB19 上广播。

8. SIB7

SIB7 包含到 GERAN 的异系统切换所需的信息。

(1) 载频列表：GERAN 邻区的载波频率列表。

(2) 小区重选优先级：绝对优先级。

(3) Q_RxLevMin：最小所需接收功率水平。

(4) ThreshX-high/ThreshX-low：从当前服务载频重选到优先级高/低的频率时的门限值。

(5) T-ReselectionGETA：GERAN 小区重选的计数器。

(6) 和速度相关的小区重选参数。

在 GSM 和 GERAN 为 LTE 相关的小区重选参数重新修订了系统消息。

9. SIB8

SIB8 包含到 eHRPDCCH 的异系统小区重选信息（eHRPD，evolved High Rate Packet Data），如连到 LTE EPC 的 1xEV-DO Rev. A。

(1) 搜寻 eHRPD 的消息：载频，PN 同步的系统时钟，查找窗口大小。

(2) 到 eHRPD 的预注册信息（可选）：是否需要，预注册过程意在最小化服务中断时间，用户还连载 E-UTRAN 网络的时候就进行 CDMA2000 eHRPDCCH 的预注册，从而加快切换时间，反之从 eHPRD 到 EUTRAN 亦然。预注册在切换之前发生。

(3) 小区重选门限和参数：ThreshX-high、ThreshX-low、T-reselectionCDMA2000，速度相关的重选参数。E-UTRAN 可以通过 UE 不同系统的重选优先级设置小区重选参数。

(4) 用于检测潜在 eHRPDCCH 目标小区的邻区列表。

10. SIB9

SIB9 包含 Home eNB 的名称。Home eNB 是微微小区，用于居民区或小商业区域的小型基站。

11. SIB10

SIB10 主要用于公众通知 ETWS（地震、海啸预警系统）：寻呼过程用于有 ETWS 能力的手机，处于 RRC 空闲或者 RRC 连接状态，监听 SIB10 和 SIB11。

12. SIB11

SIB11 用于 ETWS 第二次通知。

6.3 系统消息的调度

协议规定了 MIB 和 SIB1 的传输时间和周期。用户确定知道何时去监听 MIB 和 SIB1，其他 SIB 的传输时间和周期由 SIB1 定义。每个信息块如何发送、何时发送，就是系统消息的调度。

1. MIB 的调度

MIB 的传输周期是 40 ms，每 40 ms SFN 模 4 等于 0 的时候发送新的 MIB，在 40 ms 周期内，每 10 ms 重复发送一次相同的 MIB（SFN 域内的 MIB 不发生变化，SFN=4N、4N+1、4N+2、and 4N+3），MIB 只在子帧#0 发送，在 MIB 的 SFN 域 10 bit 的前 8 bit 标示实际的 SFN 的前 8 位，后 2 bit 标示重复次数，00 是第一次，01 是第二次，以此类推，如图 6-1 所示。

在时域上，MIB 固定占用#0 子帧的 slot1 发送；频域上，占用中间的 6 个 RB。

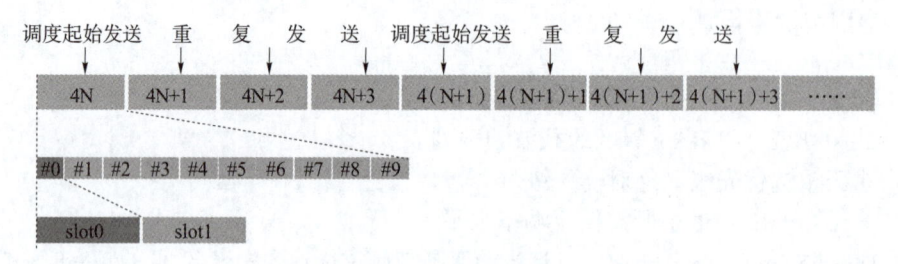

图 6-1　MIB 块的调度

2. SIB1 的调度

SIB1 的发送周期是 80 ms，SFN 模 8＝0，在 SFN 模 2＝0 时重复。新的 SIB1 每 80 ms 发送一次，在 80 ms 周期内，每 20 ms 重复一次。SIB1 只在子帧#5 上发送，如图 6-2 所示。

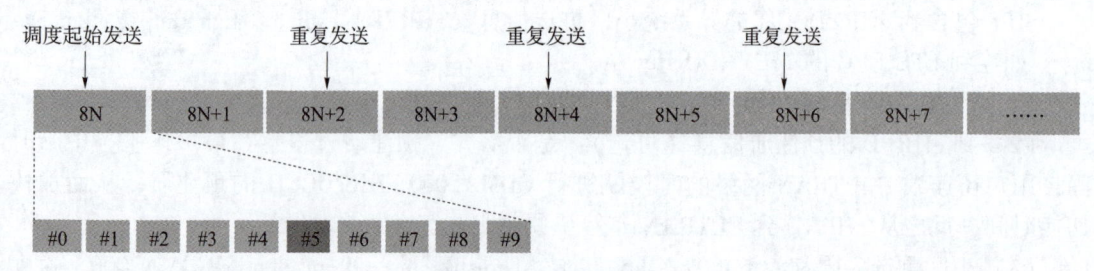

图 6-2　SIB1 的调度

3. SIB2 的调度

SIB2 及以下的消息周期可配，8、16、32、64、128、256 或 512 个无线帧。这些 SIB 可以组合成一套 SI（System Information，系统消息）用不同的周期发送，SI 组内的 SIB 消息周期相同。

为了保证 SIB 被用户正确接收，定义了 SI 窗口保证多个传输的 SI 消息都在这个窗口内。SI 窗口的长度可以是 1 ms、2 ms、5 ms、10 ms、15 ms、20 ms 或 40 ms。在一个 SI 窗口内只能传一个 SI 消息，但是可以重复多次。当用户要获取 SI 消息时，它监听 SI 窗口的起始时间直到 SI 被正确接收。

图 6-3 所示为 SIB2、SIB3、SIB6、SIB7 组合的 SI 消息重复周期的配置，这里我们使用两个 SI 消息，SI1 包含 SIB2 和 SIB3，周期是 16 个无线帧，SI2 包含 SIB6 和 SIB7，周期是 64 个无线帧。假设一个 SI 窗口的长度是 10 ms，周期是 1 个无线帧。

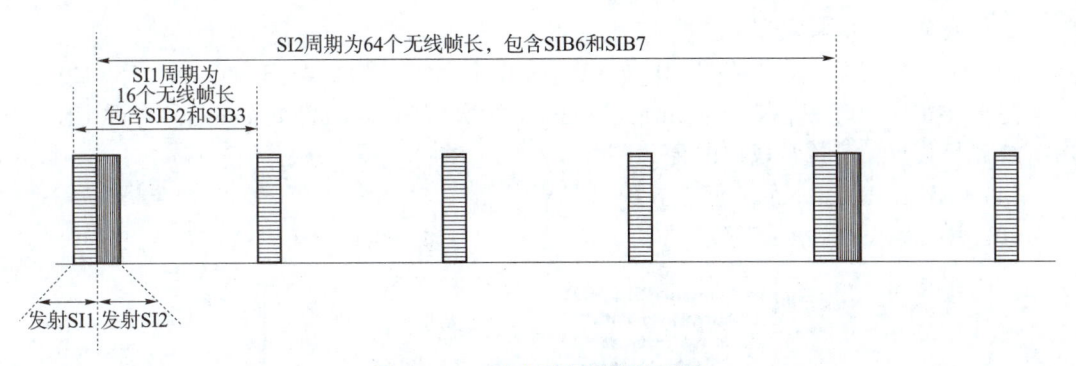

图 6-3　SI 消息重复周期的配置

6.4　系统消息更新

LTE 系统支持两种系统信息变更的通知方式。

（1）寻呼消息。网络侧使用寻呼消息通知空闲状态和连接状态 UE 系统信息改变，UE 在下一个修改周期开始时监听新的系统消息。

（2）系统信息变更标签。SIB1 中携带 Value Tag（系统信息变更标签）信息，如果 UE 读取的变更标签和之前存储的不同，则表示系统信息发生变更，需要重新读取；UE 存储系统信息的有效期为 3 h，超过该时间，UE 需要重新读取系统信息。

6.5　系统消息解析

1．MIB 解析

MIB 详细消息如图 6-4 所示。

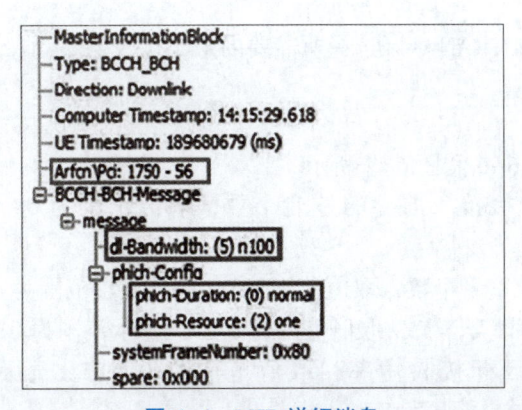

图 6-4　MIB 详细消息

主信息块（MIB）消息的主要作用是告诉 UE 小区的一些基本信息，如带宽、PHICH 的配置信息。

（1）服务小区的频点和 PCI。

（2）下行的带宽，取值范围：0~5，对应的 6 种带宽，如 1.4、3、5、10、15、20。

（3）PHICH 的配置信息，PHICH-Duration 的取值为 normal、extended，告诉 UE 系统 PHICH 符号长度，可选常规和扩展。

（4）PHICH-Resoure 的取值为 1/6、1/2、1、2。

SIB1 详细消息如图 6-5 所示。

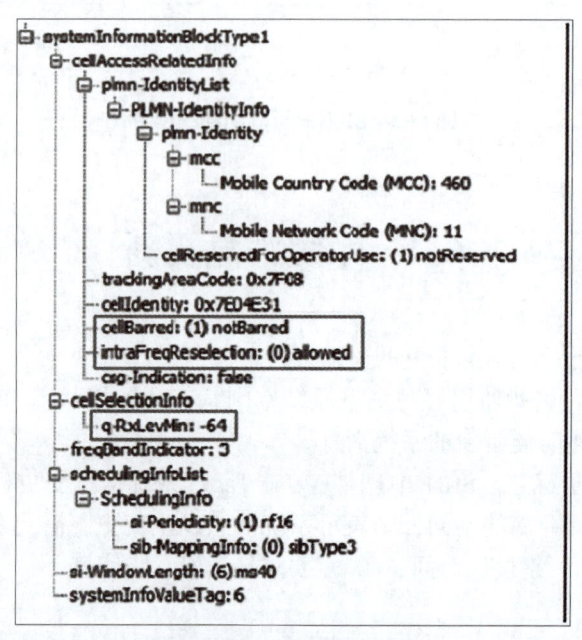

图 6-5　SIB1 详细消息

2. SIB1 解析

（1）Cellbarred 为小区禁止接入指示，enumerate（Barred, Not Barred），对应值 0~1。

（2）IntraFreqReseletion 为是否可以同频小区重选的指示，enumerate（allowed, notAllowed），对应值 0~1。

（3）q_RxlevMin 为 eUTRAN 小区选择所需要的最小接收电平，取值范围为 −140 ~ −44 dBm，步长 2 dBm。

3. SIB2

SIB2 详细信息如图 6-6 和图 6-7 所示。

（1）基于冲突的随机接入前导的签名个数，取值范围为 0~15，显示范围为 4、8、12、⋯、64。

（2）Group A 中前导签名个数，取值范围为 0~14，显示范围为 4、8、12、⋯、60。

（3）PRACH 的功率攀升步长，取值范围为 0~3，显示范围为 0 dB、2 dB、4 dB、6 dB。PRACH 初始前缀目标接收功率，取值范围为 0~15，显示范围为 −120、−118、−116、⋯、−90。

（4）PRACH 前缀重传的最大次数，取值范围为 0~10，显示范围为 3、4、5、6、7、8、10、20、50、100、200；UE 对随机接入前缀响应接收的搜索窗口，取值范围为 0~10，显示范围为 3、4、5、6、7、8、10。

```
⊟-systemInformation
   ⊟-criticalExtensions
      ⊟-systemInformation-r8
         ⊟-sib-TypeAndInfo
            ⊟-sib2
               ⊞-ac-BarringInfo
               ⊟-radioResourceConfigCommon
                  ⊟-rach-ConfigCommon
                     ⊟-preambleInfo
                        ─numberOfRA-Preambles = n52
                        ⊟-preamblesGroupAConfig
                           ─sizeOfRA-PreamblesGroupA = n48
                           ─messageSizeGroupA = b56
                           ─messagePowerOffsetGroupB = dB8
                     ⊟-powerRampingParameters
                        ─powerRampingStep = dB2
                        ─preambleInitialReceivedTargetPower = dBm-100
                     ⊟-ra-SupervisionInfo
                        ─preambleTransMax = n8
                        ─ra-ResponseWindowSize = sf10
                        ─mac-ContentionResolutionTimer = sf64
                     ─maxHARQ-Msg3Tx = 5
```

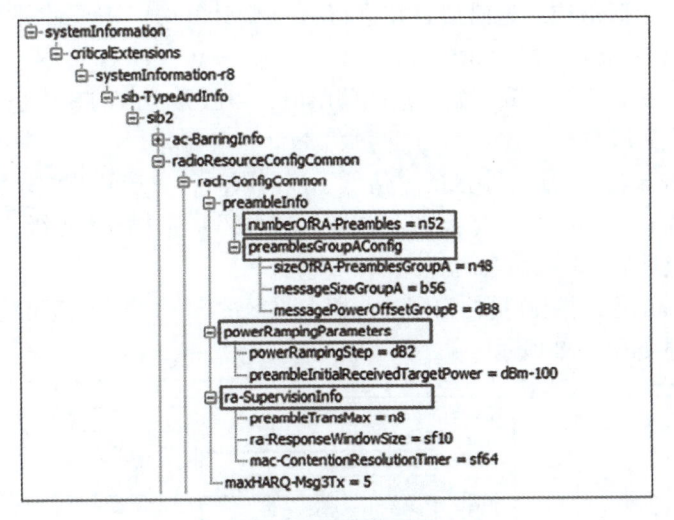

图 6-6　SIB2 详细信息（1）

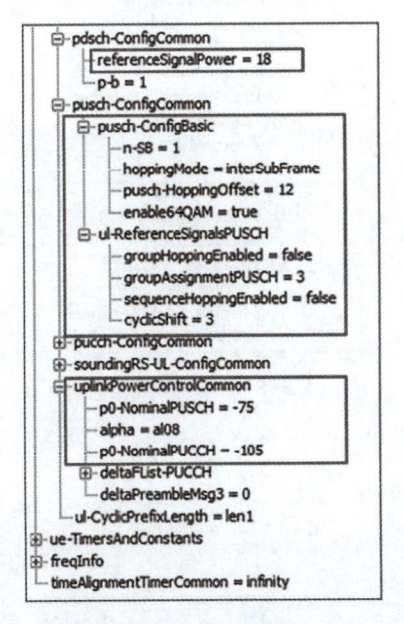

```
            ⊟-pdsch-ConfigCommon
               ─referenceSignalPower = 18
               ─p-b = 1
            ⊟-pusch-ConfigCommon
               ⊟-pusch-ConfigBasic
                  ─n-SB = 1
                  ─hoppingMode = interSubFrame
                  ─pusch-HoppingOffset = 12
                  ─enable64QAM = true
               ⊟-ul-ReferenceSignalsPUSCH
                  ─groupHoppingEnabled = false
                  ─groupAssignmentPUSCH = 3
                  ─sequenceHoppingEnabled = false
                  ─cyclicShift = 3
            ⊞-pucch-ConfigCommon
            ⊞-soundingRS-UL-ConfigCommon
            ⊟-uplinkPowerControlCommon
               ─p0-NominalPUSCH = -75
               ─alpha = al08
               ─p0-NominalPUCCH = -105
               ⊞-deltaFList-PUCCH
               ─deltaPreambleMsg3 = 0
            ─ul-CyclicPrefixLength = len1
         ⊞-ue-TimersAndConstants
         ⊞-freqInfo
         ─timeAlignmentTimerCommon = infinity
```

图 6-7　SIB2 详细信息（2）

（5）单个 RE 的参考信号的功率（绝对值），$D = (P+60) \times 10$，取值范围为 $-60 \sim 50$，Step：0.1，单位 dBm，图 6-7 中所示 D 为 15，那么 $P = -58.5$ dBm。

（6）PUSCH 配置信息，如 hoppingMode 为 PUSCH 的跳频模式指示，可设置模式为 enumerate（Only inter-subframe，both intra and inter-subframe）。

（7）上行功率配置信息，其中 p0_NominalPUSCH 为 PUSCH 的名义的期望接收功率，一般按照实际环境设置绝对值，如图 6-7 中期望为 -75 dBm；p0_NominalPUCCH 为 PUCCH 的名义的期望接收功率，一般按照实际环境设置绝对值，如图 6-7 中期望为 -105 dBm。

4. SIB3

SIB3 消息包含了小区重选信息（公共参数，适用于同频、异频、异系统）。

（1）q-Hyst：小区重选的迟滞值。在进行 R 准则计算时，需要使邻小区的 RSRP 值减去 q-Hyst 仍然大于主服务小区 RSRP 值。

（2）s-NonIntraSearch：异频开始测量的门限值，当服务小区的 S 值小于该值时进行异频测量，重选到高优先级。

（3）threshServingLow：服务小区的 S 值低于该门限时，重选到低优先级的小区。

（4）cellReselectioninfo：定义了服务小区在异频小区重选中的优先级，取值范围为 0~7，其中 0 级的优先级最低，7 级的最高。

（5）s-IntraSearch：同频测量的门限，当服务小区的 S 值小于该值启动同频测量。

SIB3 详细信息如图 6-8 所示。

```
sib3
  cellReselectionInfoCommon
    q-Hyst = dB2
  cellReselectionServingFreqInfo
    s-NonIntraSearch = 10
    threshServingLow = 1
    cellReselectionPriority = 5
  intraFreqCellReselectionInfo
    q-RxLevMin = -62
    p-Max = 23
    s-IntraSearch = 21
    presenceAntennaPort1 = true
    neighCellConfig = 00
    t-ReselectionEUTRA = 1
  additional-GroupInfo
    s-IntraSearch-v920
      s-IntraSearchP-r9 = 21
      s-IntraSearchQ-r9 = 4
    s-NonIntraSearch-v920
      s-NonIntraSearchP-r9 = 10
      s-NonIntraSearchQ-r9 = 1
    q-QualMin-r9 = -19
```

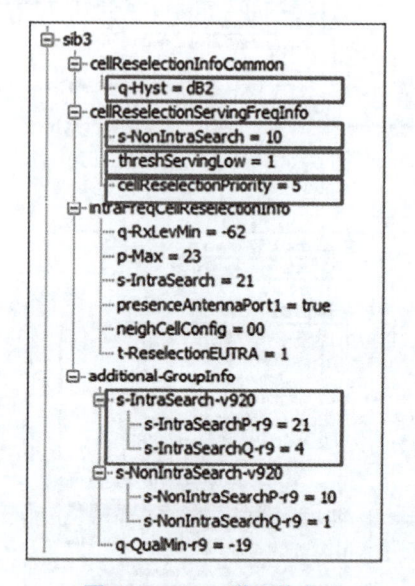

图 6-8　SIB3 详细信息

第 7 章

LTE 信令流程

7.1 随机接入信道及接入过程

UE 通过随机接入过程实现两个基本功：(1) 取得与 eNodeB 之间的上行同步；(2) 申请上行资源。

1. 随机接入分类

随机接入（Random Access）分为基于竞争的随机接入过程和基于非竞争的随机接入过程。

竞争模式随机接入是使用所有 UE 都可在任何时间可以使用的随机接入序列接入，它每种触发条件都可以触发接入，接入前导的分配是由 UE 侧产生的；非竞争模式随机接入是使用在一段时间内仅有一个 UE 使用的序列接入，接入前导的分配是由网络侧分配的，这样也就减少了竞争和冲突解决过程。

2. 随机接入前导

LTE 随机接入前导 Preamble 为一个脉冲，在时域上，此脉冲包含循环前缀（时间长度为 T_{CP}）、前导序列（时间长度为 T_{Seq}）和保护间隔（时间长度为 T_{GP}），在频域，前导带宽占用 6 个 RB，如图 7-1 所示。

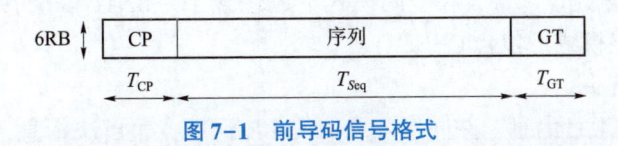

6RB	CP	序列	GT
	T_{CP}	T_{Seq}	T_{GT}

图 7-1 前导码信号格式

LTE 随机接入前导 Preamble 有 5 种格式，分别是 Preamble Format 0/1/2/3/4，如表 7-1 所示。

表 7-1　LTE 前导码有 5 种格式

前导码格式	时间长度	CP 长度 /Ts	序列长度 /Ts	保护间隔 /μs	最大小区半径 /km
0	1 ms	3 168	24 576	96.875	14.531
1	2 ms	21 024	24 576	515.625	77.344
2	2 ms	6 240	24 576	196.875	29.531
3	3 ms	21 024	24 576	715.625	102.65
4（TDD）	157.292 μs	448	4 096	18.75	4.375

3. 随机接入过程

对于竞争性的随机接入信令流程来讲，初始随机接入是由 UE MAC sublayer 自己发起的，在进行初始的随机接入过程之前，需要提前通过 SIB2 获取信息。

第一步：UE 发送随机接入前导。

（1）前导资源选择。

根序列循环移位后共得到 64 个 preamble ID，（一般情况下是 64 个 preamble ID，但有些特殊情况比如其他厂商或者更大的小区半径范围，preamble ID 数量可能发生变化），Preamble Index 从 0~63，UE 在其中可以随机选一个，但还是要遵循一个规定的范围。0~51 这前 52 个 preamble ID 用于竞争随机接入。这 52 个 preamble ID 又分为 GroupA 和 GroupB，其中 GroupA 需要的 Preamble Index 范围是 0~27，GroupB 需要的 Preamble Index 范围是 28~51。

（2）设置发射功率。

P_{PRACH} = preambleInitialReceivedTargetPower + DELTA_PREAMBLE + (PREAMBLE_TRANSMISSION_COUNTER − 1) × powerRampingStep。

第二步：eNB 发随机接入响应 RAP 给 UE。

UE 发出 MSG1 后，经过一段时间（目前实现采用 3 ms）后，在等待 MSG2 的窗口内（MSG2 的等待窗口 ra-ResponseWindowSize 最大不超过 10 ms）UE 首先会监听 PDCCH 是否有响应指示消息 AI，如果收到与自己发送 preamble 时相对应的 RA-RNTI，UE 就会去监听 PDSCH 信道传输随机接入响应信息内容。

第三步：UE 通过上行数据调度传输 MSG3。

不同的场景 MSG3 消息有所不同。MSG3 中主要包含 RRC 连接请求、跟踪区域更新、调度请求或 RRC 连接重建请求等，在空闲模式下还包含 TC-RNTI 和 6 字节（48 bit）的竞争解决标识，而在连接模式下包含 C-RNTI。

第四步：冲突解决。

eNB 接收 UE 的上行消息，并向接入成功的 UE 返回竞争解决消息，该消息直接复制了接入成功 UE 发送的 MSG3 消息，即 MSG4 消息。

UE 对比网络反馈的下行消息 MSG4 与其发送的 MSG3 是否一致：若一致，则标明自身随机接入成功；反之，标明自身随机接入失败，等待下一次随机接入机会。基于竞争的随机接入信令流程如图 7-2 所示。

随机接入中的标识有 RA-RNTI、TC-RNTI 和 C-RNTI。

1) RA-RNTI

RA-RNTI 为随机接入无线网络临时标识，是 UE 发起随机接入请求时的 UE 标识，根据 UE 随机接入的时频位置按照协议公式计算得到。随机接入过程中，UE 根据系统消息在对应时频位置发送随机接入请求 MSG1，eNodeB 根据收到随机接入的时频位置按照协议公式计算 RA-RNTI，使用 RA-RNTI 对 MSG2 加扰发送。此次随机接入的相关 UE 也计算 RA-RNTI，解扰 PDCCH 解析出 MSG2，非此次随机接入的 UE 由于 RA-RNTI 不同无法解析此 MSG2。

2) TC-RNTI

TC-RNTI 为临时小区无线网络临时标识，它是在随机接入过程中 eNB 分配在 MSG2 中下发的信息，用于竞争解决。UE 在 MSG2 分配的时频资源上发送 MSG3 竞争消息，eNodeB 发送的 MSG4 消息使用 TC-RNTI 加扰，UE 使用 MSG2 中的 TC-RNTI 解扰解析出 MSG4，根据 MSG4 中的用户标识判断是否竞争成功。

3) C-RNTI

C-RNTI 为小区无线网络临时标识，用于 UE 上下行调度。UE 竞争随机接入在竞争成功后 TC-RNTI 升级为 C-RNTI，非竞争随机接入在 UE 发起接入前就已经分配 C-RNTI（比如切换）。UE 随机接入后，eNodeB 下发 UE 相关的 PDCCH 都用 C-RNTI 加扰，UE 解扰获取上下行调度信息。

图 7-2 基于竞争的随机接入信令流程

MSG1：随机接入前导：UE 在 RACH 上发送随机接入前缀，携带 Preamble 码。

MSG2：随机接入响应：eNB 侧接收到 MSG1 后，在 DL-SCH 上发送在 MAC 层产生随机接入响应（RAR），RAR 响应中携带了 TA 调整和上行授权指令以及 T-CRNTI（临时 CRNTI）。

MSG3（连接建立请求）：UE 收到 MSG2 后，判断是否属于自己的 RAR 消息（利用 preambleID 核对），并发送 MSG3 消息，携带 UE-ID。UE 的 RRC 层产生 RRC Connection Request 并映射到 UL-SCH 上的 CCCH 逻辑信道上发送。

MSG4（RRC 连接建立）：RRC Contention Resolution 由 eNB 的 RRC 层产生，并在映射到 DL-SCH 上的 CCCHorDCCH（FFS）逻辑信道上发送，UE 正确接收 MSG4，完成竞争解决。

在随机接入过程中，MSG1 和 MSG2 是低层消息，L3 层看不到，所以在信令跟踪上，UE 入网的第一条信令便是 MSG3（RRC Connection Request）。

MSG2 消息由 eNB 的 MAC 层产生，并由 DL_SCH 承载，一条 MSG2 消息可以同时对应多个 UE 的随机接入请求响应。

非竞争的随机接入的初始接入：携带 RRC 层生成的 RRC 连接请求，包含 UE 的 S-TMSI 和 IMSI，如图 7-3 所示。

以上是基于竞争的随机接入信令流程，而对于非竞争的随机接入流程来讲，不需要那么多步骤。非竞争的随机接入信令流程如图 7-4 所示。

图 7-3　UE 的 S-TMSI

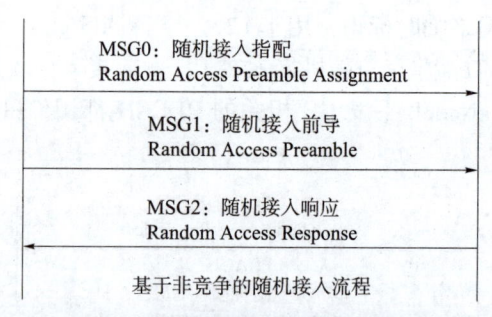

图 7-4　非竞争的随机接入信令流程

MSG0：eNB 通过下行专用信令给 UE 指派非冲突的随机接入前缀。
Non-contention Random Access Preamble，这个前缀不在 BCH 上广播的集合中。
MSG1：UE 在 RACH 上发送指派的随机接入前缀。
MSG2：ENB 的 MAC 层产生随机接入响应，并在 DL-SCH 上发送。对于非竞争随机接入过程，Preamble 码由 ENB 分配，到 RAR 正确接收后就结束。

7.2　附着流程

附着（Attach）就是终端在 PLMN 上注册，从而建立自己的档案，即终端的上下文。附着流程是 LTE 系统的基本信令流程。

当 UE 刚开机时，先进行物理下行同步，搜索测量进行小区选择，选择到一个合适的或者可接受的小区后，驻留并进行附着过程。

在 LTE 系统中，终端通常会在以下三种情况下进行附着。

（1）初始附着：终端开机后需要进行附着。

（2）终端从覆盖盲区返回到覆盖区，需要进行附着。

（3）终端原来没有插 SIM 卡，后来插入 SIM 卡了。

图 7-5 所示为附着的整体过程：先是小区选择，然后随机接入，接下来是初始附着，最后进行资源释放。

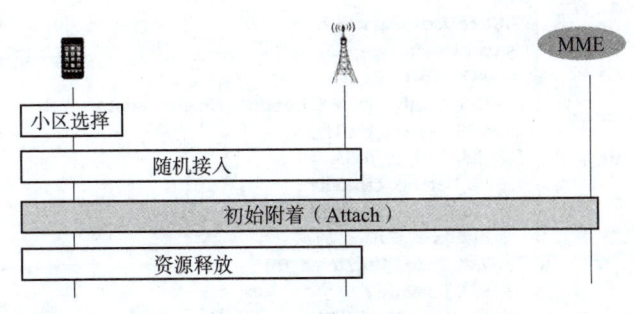

图 7-5 附着的整体过程

其中，初始附着过程细分为请求附着、获得终端 ID（可选）、鉴权、NAS 加密、接受附着、建立承载和完成附着 7 个步骤，如图 7-6 所示。

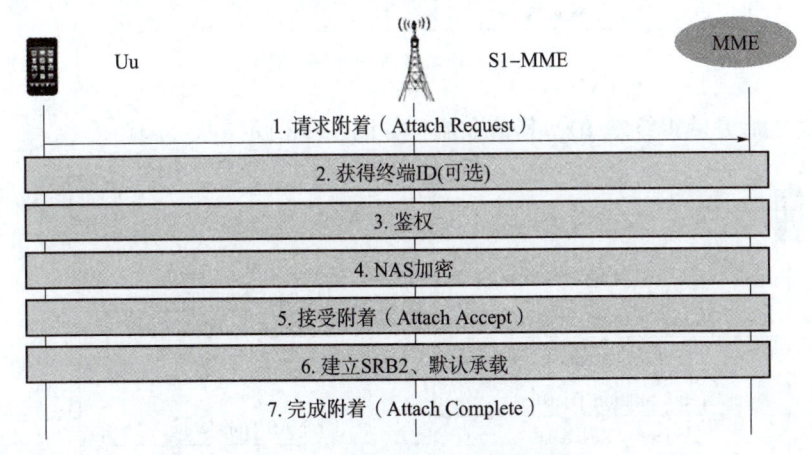

图 7-6 初始附着过程细分步骤

附着的请求称为 Attach Request，是一种 NAS 信令。Attach Request 消息由 RRC Connection Setup Complete 消息来承载。请求附着的信令流程如图 7-7 所示。请求附着的详细信令如图 7-8 所示。

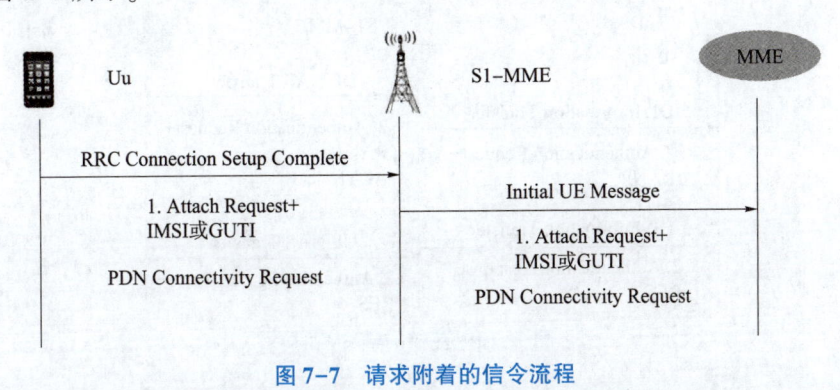

图 7-7 请求附着的信令流程

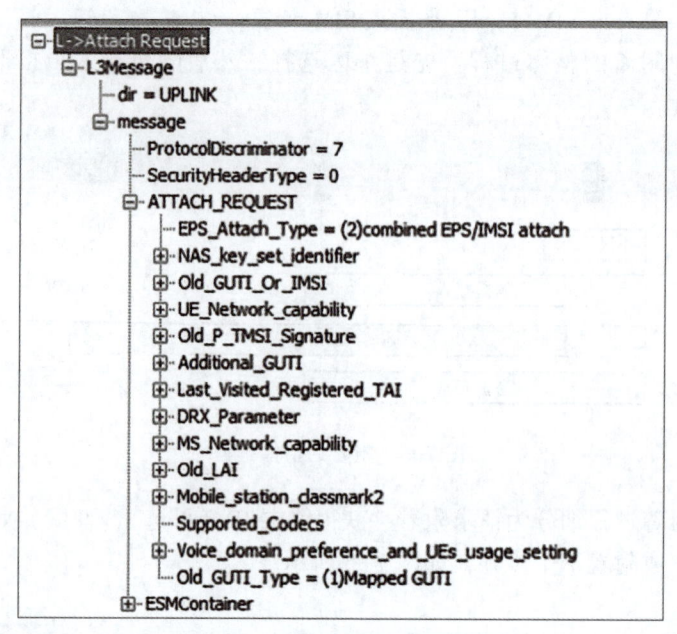

```
□·L->Attach Request
  □·L3Message
    ├·dir = UPLINK
    □·message
      ├·ProtocolDiscriminator = 7
      ├·SecurityHeaderType = 0
      □·ATTACH_REQUEST
        ├···EPS_Attach_Type = (2)combined EPS/IMSI attach
        ⊞··NAS_key_set_identifier
        ⊞··Old_GUTI_Or_IMSI
        ⊞··UE_Network_capability
        ⊞··Old_P_TMSI_Signature
        ⊞··Additional_GUTI
        ⊞··Last_Visited_Registered_TAI
        ⊞··DRX_Parameter
        ⊞··MS_Network_capability
        ⊞··Old_LAI
        ⊞··Mobile_station_classmark2
        ├···Supported_Codecs
        ⊞··Voice_domain_preference_and_UEs_usage_setting
        └···Old_GUTI_Type = (1)Mapped GUTI
      ⊞·ESMContainer
```

图 7-8　请求附着的详细信令

请求附着之后是获得终端 ID，其信令流程如图 7-9 所示。

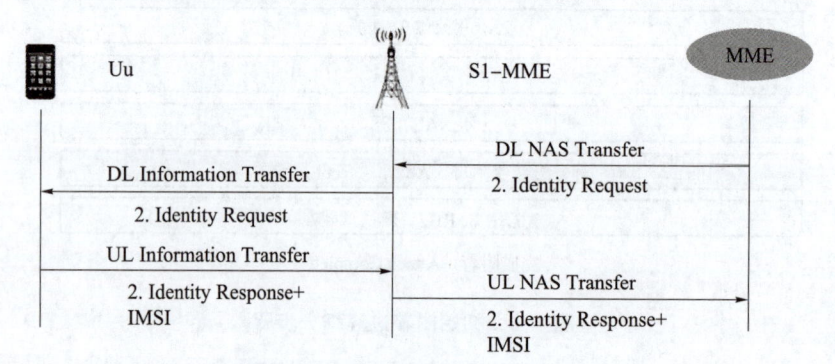

图 7-9　获得终端 ID 的信令流程

接下来是鉴权，其信令流程如图 7-10 所示。

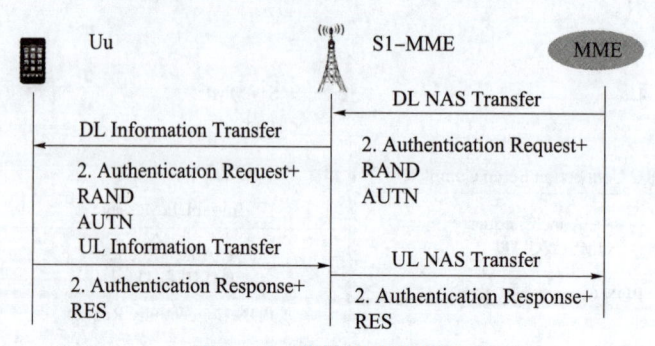

图 7-10　鉴权的信令流程

鉴权之后是 NAS 加密，其信令流程如图 7-11 所示。

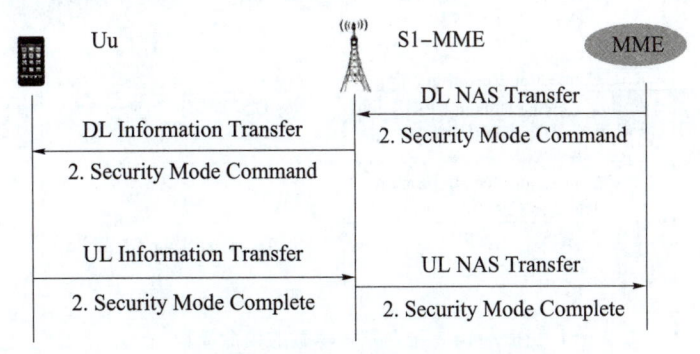

图 7-11 NAS 加密的信令流程

下一步是接受附着，其信令流程如图 7-12 所示。

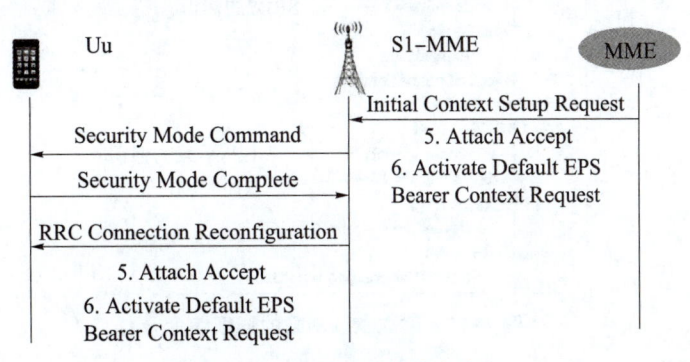

图 7-12 接受附着的信令流程

接受附着的详细信令如图 7-13 所示。

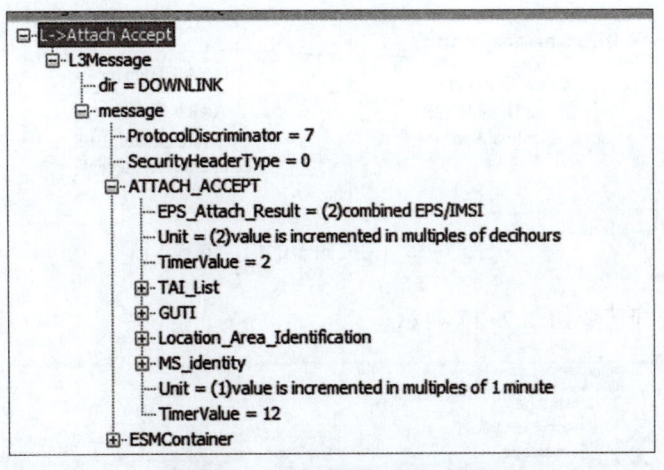

```
□-L->Attach Accept
  □-L3Message
    ├─dir = DOWNLINK
    □-message
      ├─ProtocolDiscriminator = 7
      ├─SecurityHeaderType = 0
      □-ATTACH_ACCEPT
        ├─EPS_Attach_Result = (2)combined EPS/IMSI
        ├─Unit = (2)value is incremented in multiples of decihours
        ├─TimerValue = 2
        ⊞-TAI_List
        ⊞-GUTI
        ⊞-Location_Area_Identification
        ⊞-MS_identity
        ├─Unit = (1)value is incremented in multiples of 1 minute
        └─TimerValue = 12
      ⊞-ESMContainer
```

图 7-13 接受附着的详细信令

接受附着之后是建立默认承载，其信令流程如图 7-14 所示。
建立默认承载的详细信令如图 7-15 所示。
最后一步是完成附着，其信令流程如图 7-16 所示。

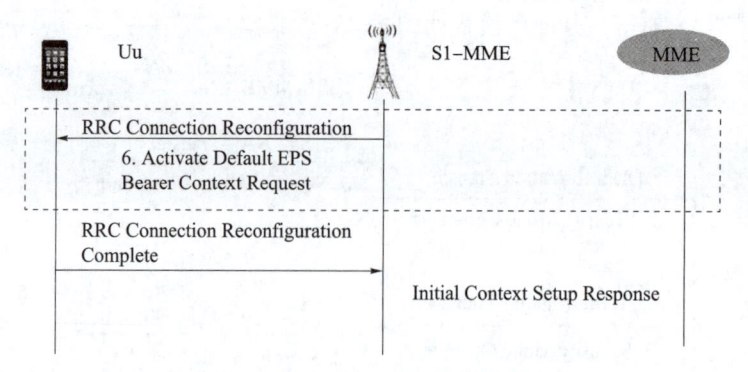

图 7-14　建立默认承载的信令流程

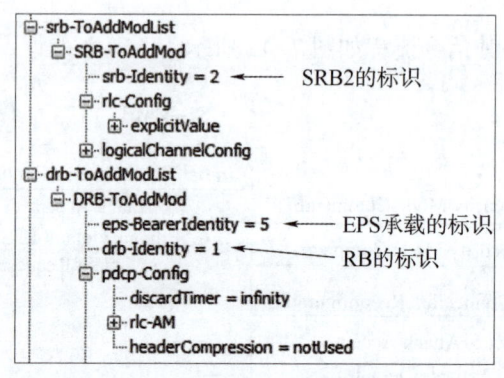

图 7-15　建立默认承载的详细信令

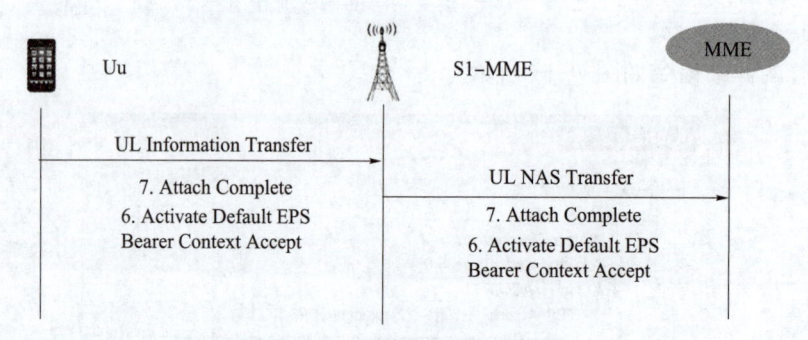

图 7-16　完成附着的信令流程

完成附着的详细信令如图 7-17 所示。

图 7-17　完成附着的详细信令

图 7-18 所示为附着过程的整体信令流程。前文主要介绍了初始附着流程，下面对在整个附着过程中涉及的其他重要信令也做相应介绍。

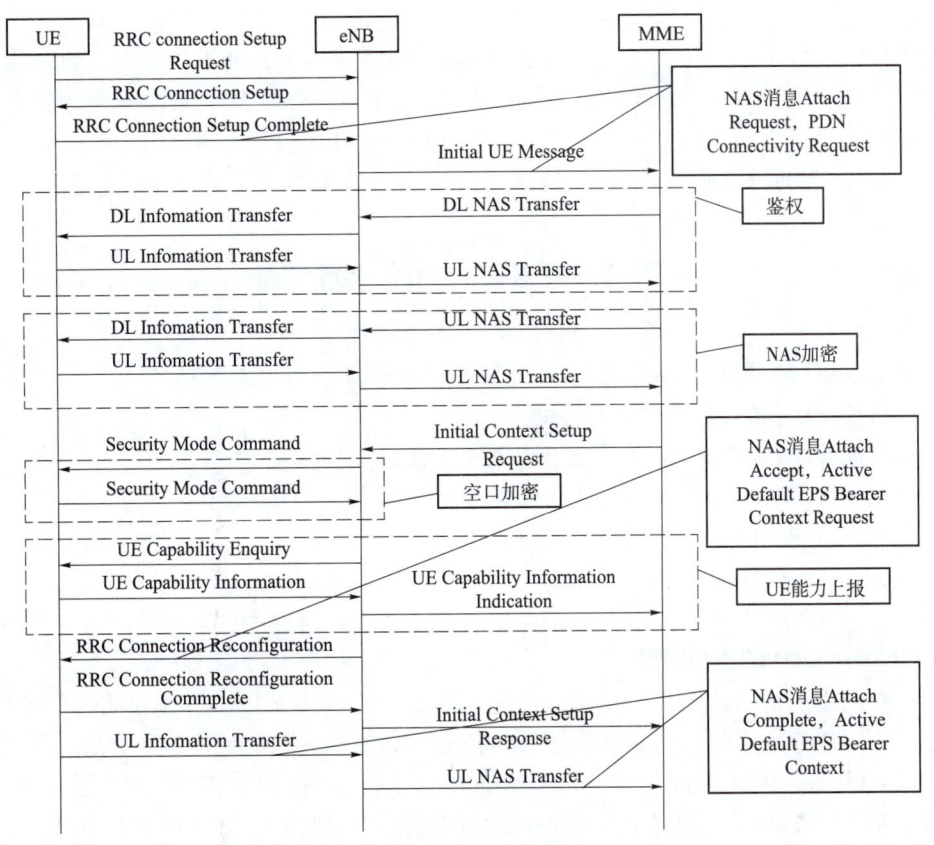

图 7-18 附着过程的整体信令流程

7.3 RRC 连接建立

1. RRC Connection Request

UE 上行发送一条 RRC Connection Request 消息给 eNB，请求建立一条 RRC 连接。建立 RRC 连接的原因主要包括 Mo-Data、Mo-Sig、mt-Access、highPriorityAccess concerns、emergency。

2. RRC Connection Setup

UE 接收到 ENodeB 的 RRC Connection Setup 信令，建立了 UE 与 ENodeB 之间的 SRB1，ENodeB 为 SRB1 配置 RLC 层和逻辑层信道的属性。

3. RRC Connection Setup Complete

UE 完成 SRB1 承载和无线资源的配置，向 eNB 发送 RRC Connection Setup Complete 消息，包含 NAS 层 Attach Request 信息。

S1 口初始直传消息 Initial UE Message：eNB 选择 MME，向 MME 发送 Initial UE Message 消息，包含 NAS 层 Attach Request 消息。

直传消息（鉴权加密）：鉴权就是通过网络对 UE 进行身份验证以及 UE 对网络进行身

份验证的过程，从而达到保护网络资源不被非法用户盗用的目的。什么叫完整性保护和加密呢？完整性保护保证了数据在传输过程中不被篡改。加密则是发送端根据参数修改了数据内容，使用的参数只有收发两端知道。

UE 能力上报：eNB 发送 UE Capability Enquiry 消息给 UE，请求传输 UE 的无线接入性能。eNB 向 MME 发送 UE Capability Information Indication，更新 MME 的 UE 能力信息。

RRC 连接重配置 RRC ConnectionReconfiguration：eNB 向 UE 发送 RRC ConnectionReconfiguration 消息，要求 UE 进行相关无线资源重配，这里主要是为了建立 SRB2 与 DRB1。

7.4　TAU 的信令流程

1. 发生 TAU 的场景（TAU 是 LTE 系统中非常重要的信令流程）

（1）当前 TA 不在 UE 的 TAI List 里。
（2）周期性 TAU 表明 UE Alive；网络配置，IDLE 或连接态均强制执行。
（3）从服务区外返回服务区时，且周期性 TAU 到期，立刻执行。
（4）MME 负载均衡时，可要求 UE 发起 TAU。
（5）ECM-IDLE 状态下 UE 的 GERAN 和 UTRAN Radio 能力发生变化。
（6）从 UTRAN PMM Connected 或 GPRS READY 状态通过小区重选进入 E-UTRAN 时。

2. LTE 中 TAU 的主要作用

（1）在网络登记新的用户位置信息：进入新的 TA，其 TAI 不在 UE 存储的 TAI List 内。
（2）给用户分配新的 GUTI：核心网在同一个 MME Pool 用 GUTI 唯一标识一个 UE。若 TAU 过程中更换了 MME Pool。则核心网会在 TAU Accept 消息中携带新 GUTI 分配给 UE。
（3）使 UE 和 MME 的状态由 EMM-DEREGISTERED 变为 EMM-REGISTERED：UE 短暂进入无服务区后回到覆盖区，信号恢复且周期性 TAU 到期。
（4）IDLE 态用户可通过 TAU 过程请求建立用户面资源：IDLE 下发起 TAU 过程时，如果有上行数据或者上行信令（与 TAU 无关的）发送，UE 可以在 TAU Request 消息中设置 an "active" 标识来请求建立用户面资源，而且在 TAU 完成后保持 NAS 信令连接态不可设置该标识。

在 LTE 系统中，TAU 依据 UE 状态不同可以分为空闲态 TAU 和连接态 TAU，依据更新内容不同，可以分为非联合 TAU 和联合 TAU，非联合 TAU 只更新 TAI List，联合 TAU 同时更新 TAI List 和 LAU。

图 7-19 所示为 TAU 的过程：请求位置更新、鉴权（可选）和 NAS 加密、接受位置更新和完成位置更新。

图 7-19　TAU 的过程

TAU 的过程的第一步是请求位置更新。位置更新的请求称为 TAU Request，是一种 NAS 信令。TAU Request 消息由 RRC Connection Setup Complete 消息来承载，如图 7-20 所示。

```
Uu                                          S1-MME              MME

   RRC Connection Setup Complete
   ─────────────────────────────▶
                                    Initial UE Message
                                  ─────────────────────▶
   1. TAU Request                    1. TAU Request
   +UE Capability                    +UE Capability
   +Old GUTI                         +Old GUTI
   +加密信息                          +加密信息
   +状态                              +状态
   +Old TAI                          +Old TAI
```

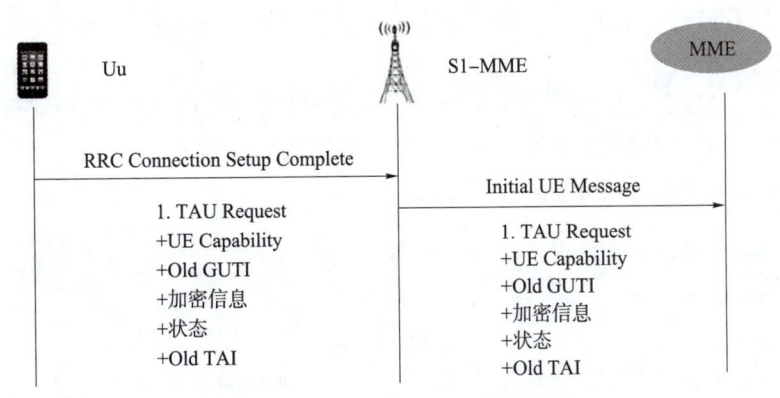

图 7-20 请求位置更新的信令流程

基站收到 RRC Connection Setup Complete 消息后，从中提取出 TAU Request 消息，不做处理，转发给 MME。转发时基站采用 S1-MME 接口上的 Initial UE Message 消息，用来承载 TAU Request 信令消息，如图 7-21 所示。

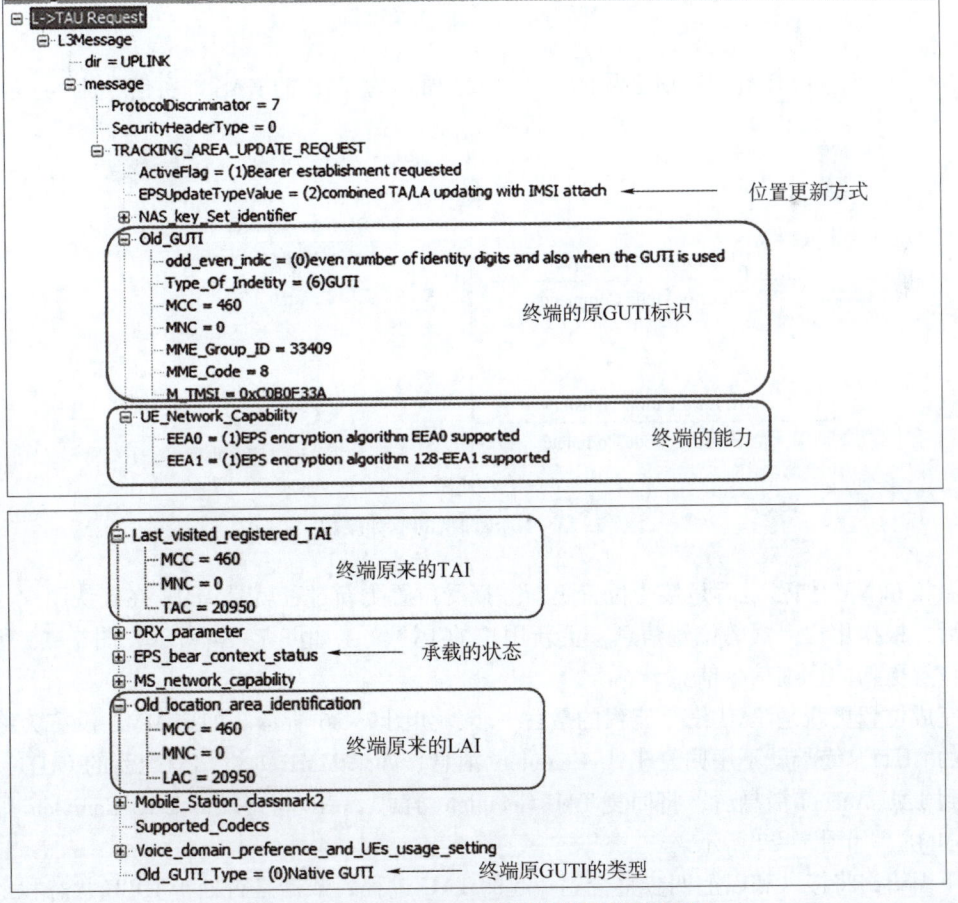

```
□ L->TAU Request
  □ L3Message
      dir = UPLINK
    □ message
        ProtocolDiscriminator = 7
        SecurityHeaderType = 0
      □ TRACKING_AREA_UPDATE_REQUEST
          ActiveFlag = (1)Bearer establishment requested
          EPSUpdateTypeValue = (2)combined TA/LA updating with IMSI attach  ◀── 位置更新方式
        ⊞ NAS_key_Set_identifier
        □ Old_GUTI ┌─────────────────────────────────────────────────┐
            odd_even_indic = (0)even number of identity digits and also when the GUTI is used
            Type_Of_Indetity = (6)GUTI
            MCC = 460
            MNC = 0                              终端的原GUTI标识
            MME_Group_ID = 33409
            MME_Code = 8
            M_TMSI = 0xC0B0F33A └─────────────────────────────────────┘
        □ UE_Network_Capability ┌────────────────────────────────────────┐
            EEA0 = (1)EPS encryption algorithm EEA0 supported          终端的能力
            EEA1 = (1)EPS encryption algorithm 128-EEA1 supported
                                └────────────────────────────────────────┘

      □ Last_visited_registered_TAI ┌────────────────┐
          MCC = 460
          MNC = 0                    终端原来的TAI
          TAC = 20950 └────────────────────────────┘
      ⊞ DRX_parameter
      ⊞ EPS_bear_context_status  ◀── 承载的状态
      ⊞ MS_network_capability
      □ Old_location_area_identification ┌────────────┐
          MCC = 460
          MNC = 0                        终端原来的LAI
          LAC = 20950 └──────────────────────────────┘
      ⊞ Mobile_Station_classmark2
        Supported_Codecs
      ⊞ Voice_domain_preference_and_UEs_usage_setting
        Old_GUTI_Type = (0)Native GUTI  ◀── 终端原GUTI的类型
```

图 7-21 TAU Request 消息的详细信令信息

TAU Request 之后是鉴权。MME 收到终端的 TAU 请求后，根据终端的安全信息，判断是否要对终端鉴权。如果终端的安全信息已经失效，那么 MME 必须要对终端进行鉴权。如果终端的安全信息依然有效的话，那么鉴权就不是必须的，在这种情况下，MME 将基于以下两种因素进行权衡。

（1）安全性：MME 可以设置为只要终端发起请求，就执行鉴权，这样安全性最高。

（2）性能：鉴权流程需要处理时间，不鉴权的处理时延最短。

图 7-22 所示为鉴权的信令流程。

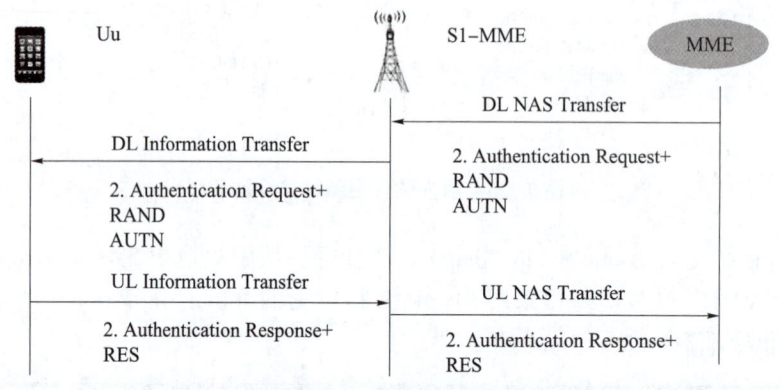

图 7-22 鉴权的信令流程

NAS 加密是 TAU 流程中所必须的，图 7-23 所示为 TAU 的 NAS 加密信令流程。

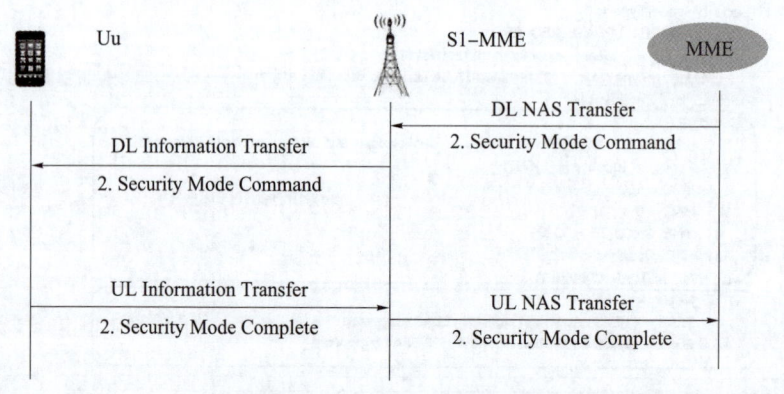

图 7-23 NAS 加密的信令流程

鉴权和 NAS 加密之后是接受位置更新。接受位置更新过程就是 MME 在确认用户是合法用户后，根据用户上报的位置信息，更新用户的上下文，如图 7-24 所示。图 7-25 所示为接受位置更新的详细信令信息。

完成位置更新是 TAU 信令流程的最后一步，如图 7-26 所示。如果 MME 没有为终端分配新的 GUTI，终端就不用回复 TAU Complete 消息。如果 MME 为终端分配新的 GUTI，终端在收到 TAU Accept 消息后，将回复 TAU Complete 消息，eNB 将终端的 TAU Complete 消息转发给 MME，如图 7-27 所示。

下面给出将接入和以上四步整合到一起的 TAU 过程。依据是否处于 IDLE 状态和是否包含 ACTIVE 标识，将 TAU 过程分为含 ACTIVE 标识的 IDLE TAU 流程、不含 ACTIVE 标识的

IDLE TAU 流程和连接态 TAU 流程三种。

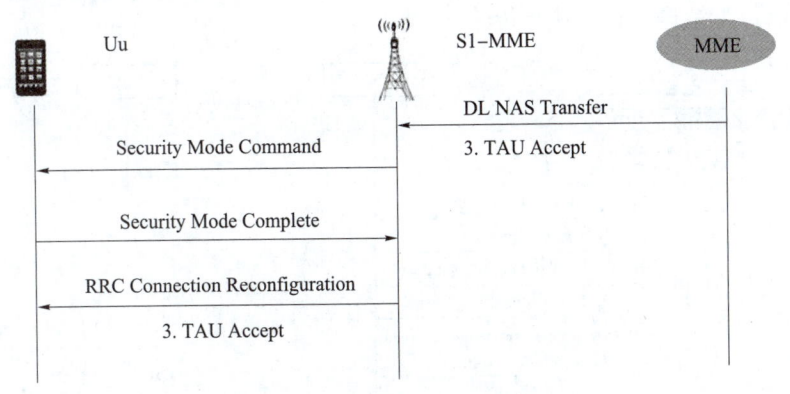

图 7-24 接受位置更新过程的信令流程

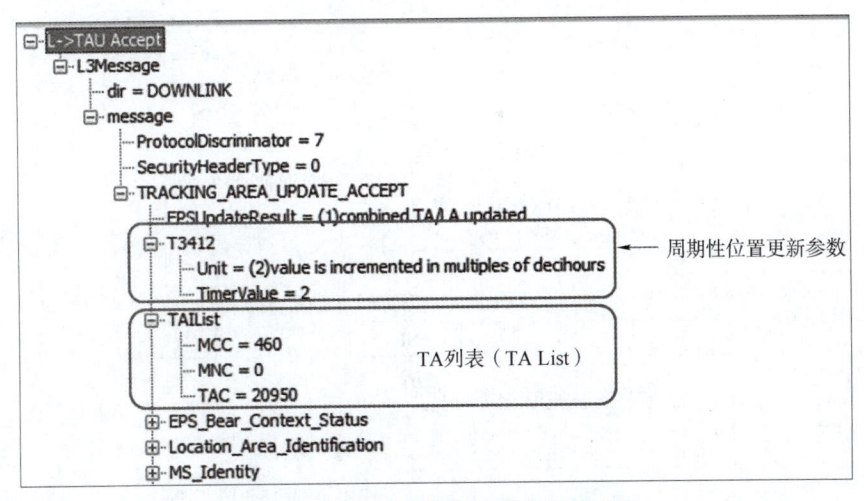

图 7-25 接受位置更新的详细信令信息

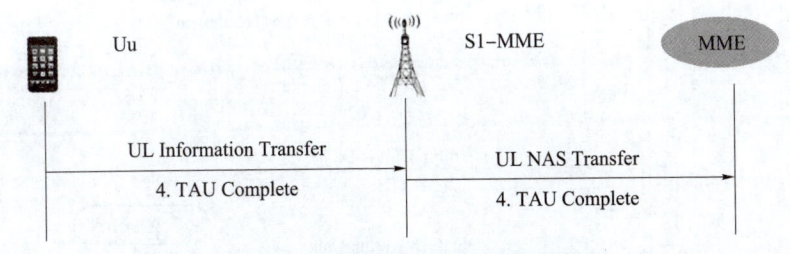

图 7-26 完成位置更新的信令流程

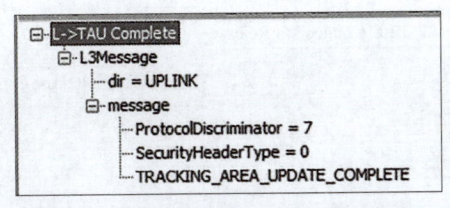

图 7-27 完成位置更新的详细信令信息

含 ACTIVE 标识的 IDLE TAU 流程如图 7-28 所示，TAU Request 中含 ACTIVE 标识，用户完成 TAU 后可继续进行数据业务传输。

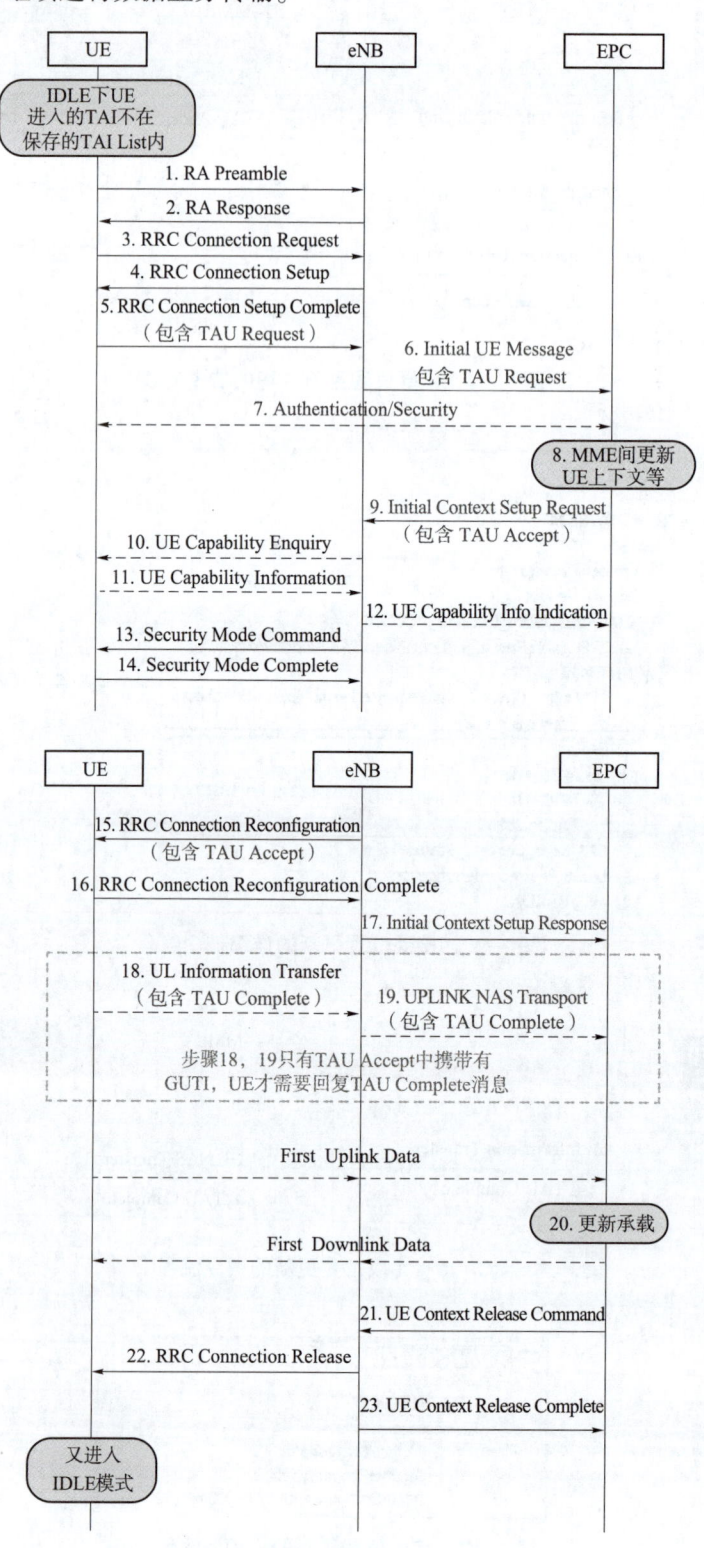

图 7-28　含 ACTIVE 标识的 IDLE TAU 流程

不含 ACTIVE 标识的 IDLE TAU 流程如图 7-29 所示，TAU Request 中不含 ACTIVE 标识，TAU 完成后释放连接。

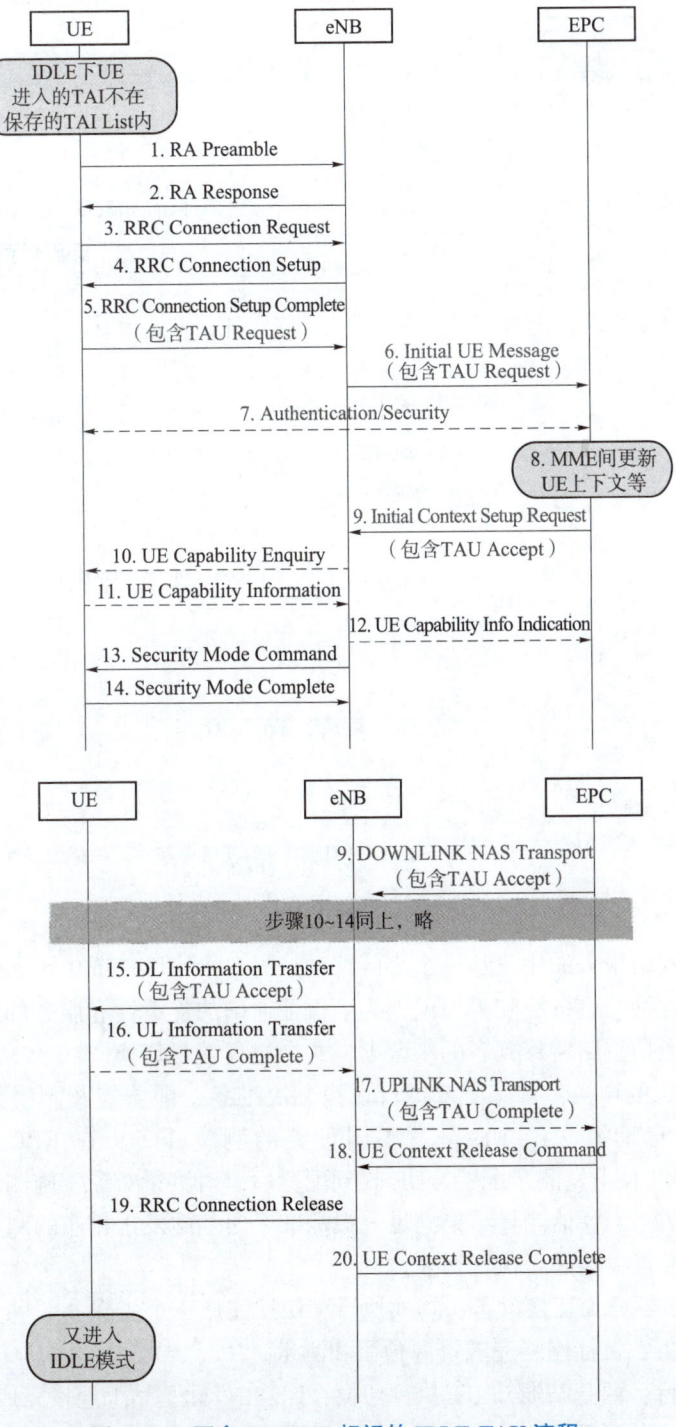

```
UE                           eNB                          EPC
 │ IDLE下UE                    │                            │
 │ 进入的TAI不在                │                            │
 │ 保存的TAI List内             │                            │
 │      1. RA Preamble         │                            │
 │────────────────────────────>│                            │
 │      2. RA Response         │                            │
 │<────────────────────────────│                            │
 │   3. RRC Connection Request │                            │
 │────────────────────────────>│                            │
 │   4. RRC Connection Setup   │                            │
 │<────────────────────────────│                            │
 │ 5. RRC Connection Setup Complete                         │
 │   （包含TAU Request）        │                            │
 │────────────────────────────>│  6. Initial UE Message     │
 │                             │   （包含TAU Request）       │
 │                             │───────────────────────────>│
 │            7. Authentication/Security                    │
 │<────────────────────────────────────────────────────────>│
 │                             │         8. MME间更新        │
 │                             │          UE上下文等         │
 │                             │  9. Initial Context Setup Request
 │                             │   （包含TAU Accept）         │
 │                             │<───────────────────────────│
 │   10. UE Capability Enquiry │                            │
 │<────────────────────────────│                            │
 │  11. UE Capability Information                           │
 │────────────────────────────>│  12. UE Capability Info Indication
 │                             │───────────────────────────>│
 │    13. Security Mode Command│                            │
 │<────────────────────────────│                            │
 │    14. Security Mode Complete│                           │
 │────────────────────────────>│                            │
```

```
UE                           eNB                          EPC
 │                             │  9. DOWNLINK NAS Transport │
 │                             │   （包含TAU Accept）         │
 │                             │<───────────────────────────│
 │        步骤10~14同上，略                                    │
 │  15. DL Information Transfer│                            │
 │    （包含TAU Accept）        │                            │
 │<────────────────────────────│                            │
 │  16. UL Information Transfer│                            │
 │    （包含TAU Complete）      │                            │
 │────────────────────────────>│  17. UPLINK NAS Transport  │
 │                             │   （包含TAU Complete）       │
 │                             │───────────────────────────>│
 │                             │  18. UE Context Release Command
 │                             │<───────────────────────────│
 │   19. RRC Connection Release│                            │
 │<────────────────────────────│                            │
 │                             │  20. UE Context Release Complete
 │                             │───────────────────────────>│
 │ 又进入                       │                            │
 │ IDLE模式                     │                            │
```

图 7-29　不含 ACTIVE 标识的 IDLE TAU 流程

连接态 TAU 流程如图 7-30 所示。若 TAU Accept 未分配新 GUTI，无过程 6、7，连接态

TAU 完成后，不释放 NAS 信令连接。

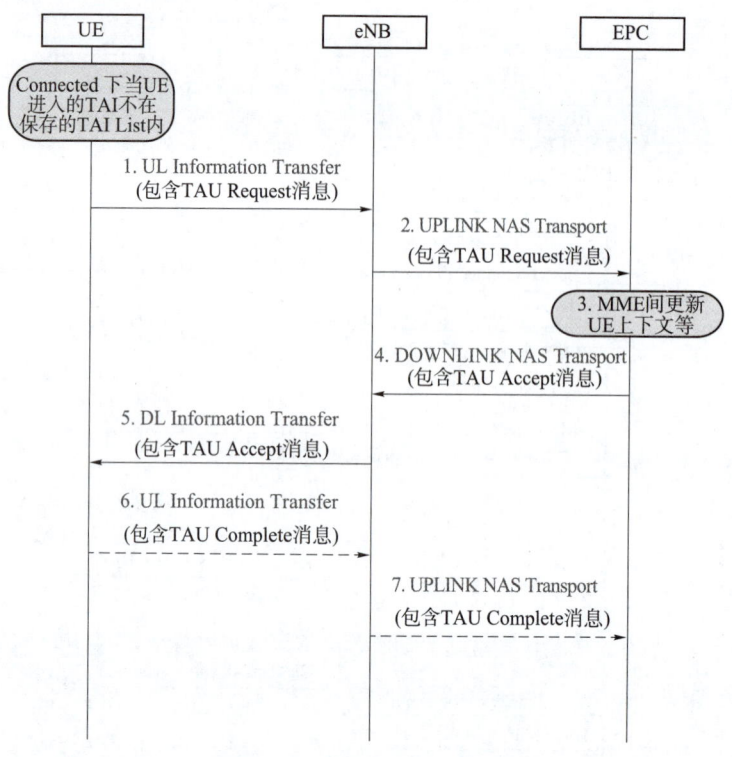

```
    UE              eNB             EPC
    │                │               │
┌─────────┐          │               │
│Connected下当UE│    │               │
│进入的TAI不在│      │               │
│保存的TAI List内│    │               │
└─────────┘          │               │
    │ 1. UL Information Transfer    │
    │   (包含TAU Request消息)        │
    │───────────────>│               │
    │                │ 2. UPLINK NAS Transport
    │                │   (包含TAU Request消息)
    │                │──────────────>│
    │                │               │┌─────────┐
    │                │               ││3. MME间更新│
    │                │               ││UE上下文等│
    │                │               │└─────────┘
    │                │ 4. DOWNLINK NAS Transport
    │                │   (包含TAU Accept消息)
    │                │<──────────────│
    │ 5. DL Information Transfer    │
    │   (包含TAU Accept消息)         │
    │<───────────────│               │
    │ 6. UL Information Transfer    │
    │   (包含TAU Complete消息)       │
    │───────────────>│               │
    │                │ 7. UPLINK NAS Transport
    │                │   (包含TAU Complete消息)
    │                │──────────────>│
```

图 7-30　连接态 TAU 流程

7.5　切换流程

当正在使用网络服务的用户从一个小区移动至另一个小区，或由于无线传输业务负荷量调整、激活操作维护、设备故障等原因，为了保证通信的连续性和服务的质量，系统要将该用户与原小区的通信链路转移到新的小区上，这个过程就是切换。

若要实现 LTE 的切换，首先需要进行切换判决准备，即测控及测报：基站根据不同的需要利用移动性管理算法给 UE 下发不同种类的测量任务，在 RRC 重配消息中携带 MeasConfig 信元给 UE 下发测量配置。UE 收到配置后，对测量对象实施测量，并用测量上报标准进行结果评估，当评估测量结果满足上报标准后向基站发送相应的测量报告。基站通过终端上报的测量报告决策是否执行切换。

LTE 的切换步骤分为切换准备、切换执行和切换完成三个步骤：

(1) 切换准备：目标网络完成资源预留和测量。

(2) 切换执行：源基站通知 UE 执行切换；UE 在目标基站上连接完成。

(3) 切换完成：源基站释放资源、链路，删除用户信息。

如图 7-31 所示，其中的测量属于切换准备，切换过程包括切换执行和切换完成。

测量包括测量配置、UE 测量过程和测量报告，如图 7-32 所示。

图 7-31 切换步骤

图 7-32 切换的测量

根据测量的结果会触发测量事件,LTE 的测量事件如表 7-2 所示。

依据接口的不同,LTE 的切换分为三类:同一个 eNB 内的切换、基于 X2 口的切换、基于 S1 口的切换。这里将给出基于 X2 口和基于 S1 口切换的信令流程。

表 7-2 LTE 的测量事件

事件	描述	规则	使用方法
A1	服务小区质量高于某个阈值	A1(触发):Ms−Hys>Thresh A1(职消):Ms+Hys<Thresh	停止异频/异系统测量
A2	服务小区质量低于某个阈值	A2(触发):Ms+Hys<Thresh A2(取消):Ms−Hys>Thresh	启动异频/异系统测量
A3	同频/异频邻区质量高于服务小区质量,且高于某个阈值	A3(触发): Mn+Ofn+Ocn−Hys>Ms+Ofs+Ocs+Off A3(取消): Mn+Ofn+Ocn+Hys<Ms+Ofs+Ocs+Off	启动同频/异频切换,启动 ICIC 决策
A4	异频邻区质量高于某个阈值	A4(触发):Mn+Ofn+Ocn−Hys> Thresh A4(取消):Mn+Ofn+Ocn+Hys<Thresh	启动异频切换
A5	异频邻区质量高于某个阈值 2,而服务小区质量低于某个阈值 1	A2+A4	启动异频切换
B1	异系统邻区质量高于某个阈值	B1(触发):Mn+Ofn−Hys>Thresh B1(职消):Mn+Ofn+Hys<Thresh	启动异系统切换
B2	异系统邻区质量高于某个阈值 2,而服务小区质量低于某个阈值 1	A2+B1	启动异系统切换

基于 X2 接口切换的整体过程如图 7-33 所示。切换启动是整个切换过程的第一步。在同频切换中，基站收到终端 A3 事件的测量报告后，将启动切换。源基站收到终端发出的 A3 事件的测量报告后，根据测量报告中的 PCI，得到目标基站的信息。切换启动的信令流程如图 7-34 所示。

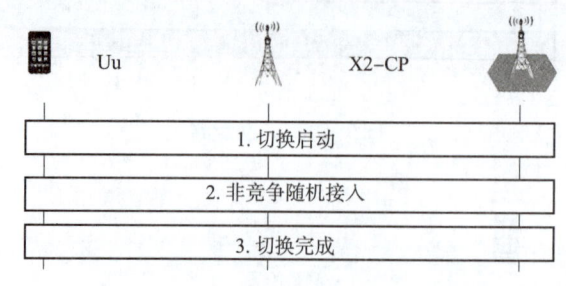

```
       Uu              X2-CP

   |———————————————————————————|
   |        1. 切换启动         |
   |———————————————————————————|
   |        2. 非竞争随机接入     |
   |———————————————————————————|
   |        3. 切换完成         |
   |———————————————————————————|
```

图 7-33 基于 X2 接口切换的整体过程

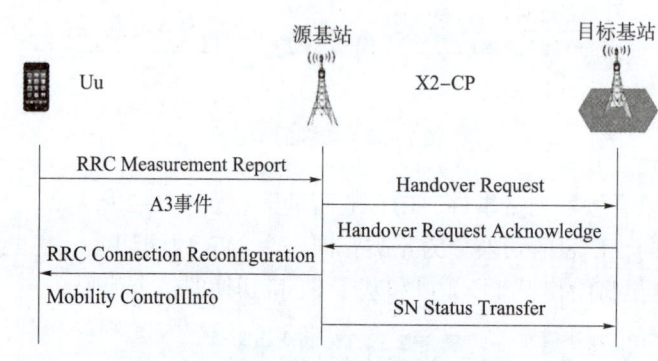

```
       Uu        源基站   X2-CP    目标基站

   RRC Measurement Report
   ─────────────────────▶
                          Handover Request
          A3 事件         ─────────────────▶
                          Handover Request Acknowledge
                          ◀─────────────────
   RRC Connection Reconfiguration
   ◀─────────────────────
   Mobility ControlInfo     SN Status Transfer
                          ─────────────────▶
```

图 7-34 切换启动的信令流程

第二步是非竞争性随机接入，如图 7-35 所示。

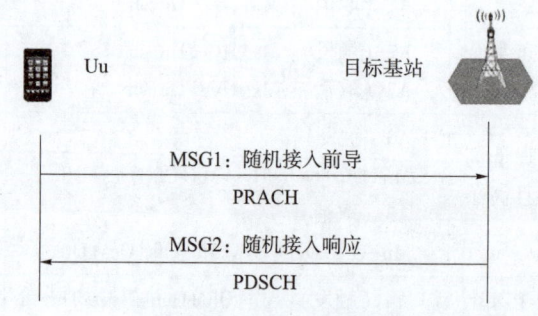

```
       Uu                    目标基站

   MSG1：随机接入前导
   ─────────────────────▶
          PRACH

   MSG2：随机接入响应
   ◀─────────────────────
          PDSCH
```

图 7-35 非竞争性随机接入

整个切换过程的最后一步是切换完成，其信令流程如图 7-36 所示。

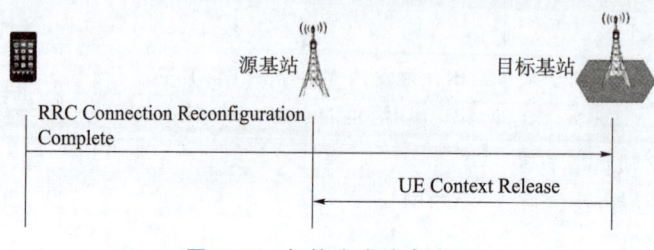

```
       Uu        源基站           目标基站

   RRC Connection Reconfiguration
   Complete
   ─────────────────────────────▶
                     UE Context Release
                     ◀──────────────────
```

图 7-36 切换完成信令流程

在源基站与目标基站之间没有建立 X2 接口时,才会发生基于 S1 接口的切换。假设两个基站连接在同一个 MME 下,在切换启动环节中,MME 相当于 X2 接口上的源基站,向目标基站转发信令;而在切换完成环节,MME 相当于 X2 接口上的目标基站,向源基站转发信令。基于 S1 接口切换的整体信令流程如图 7-37 所示。

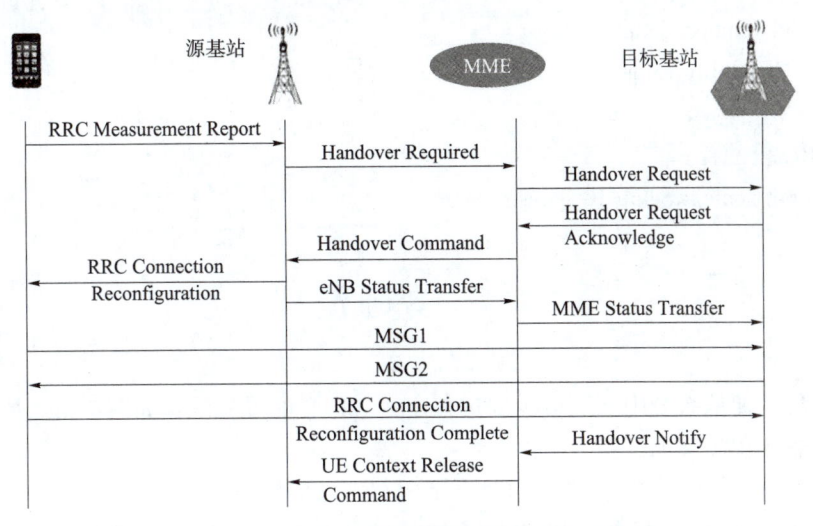

图 7-37 基于 S1 接口切换的整体信令流程

7.6 UE 发起的 Service Request 流程

UE 在 IDLE 模式下,需要发送或接收业务数据时,发起 Service Request 过程。Service Request 流程就是完成 Initial Context Setup,在 S1 接口上建立 S1 承载,在 Uu 接口上建立数据无线承载,打通 UE 到 EPC 之间的路由,为后面的数据传输做好准备。

Service Request 流程由下面 9 个步骤组成,如图 7-38 所示。

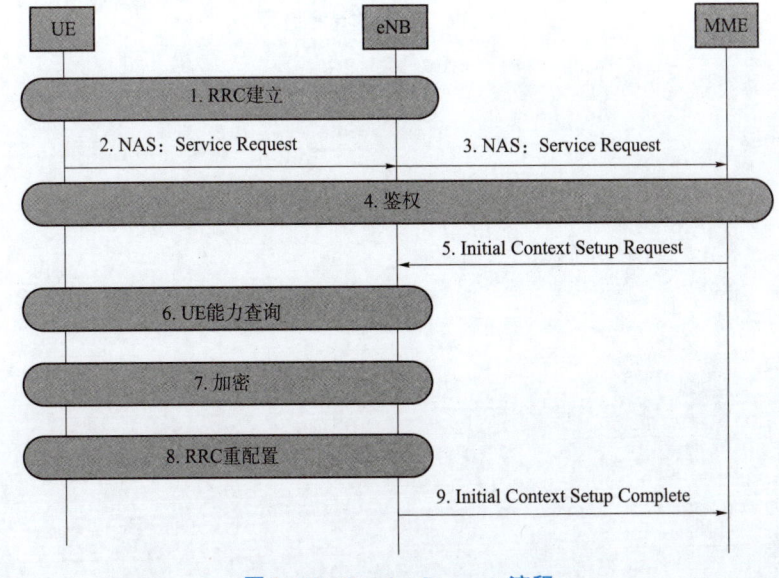

图 7-38 Service Request 流程

(1) RRC 建立流程。
(2) UE 发送 Service Request。
(3) eNB 转发 Service Request。
(4) 鉴权。
(5) Initial Context Setup Request。
(6) UE Capability Enquiry。
(7) 加密。
(8) RRC 重配置。
(9) Initial Context Setup Response。

7.7 寻呼流程

寻呼是移动通信系统中必不可少的过程之一。LTE 的寻呼流程如图 7-39 所示。
被叫寻呼流程步骤如下：
（1）当 EPC 需要给 UE 发送数据时，则向 eNB 发送 Paging 消息。
（2）eNB 根据 MME 发的寻呼消息中的 TA 列表信息，在属于该 TA 列表的小区发送 Paging 消息，UE 在自己的寻呼时机接收到 eNB 发送的寻呼消息。

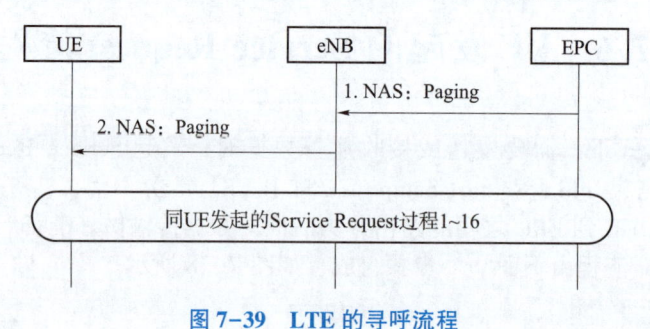

图 7-39 LTE 的寻呼流程

第 8 章

LTE 主要性能指标

8.1 覆盖类指标

1. 移动通信网络中涉及的覆盖问题

（1）覆盖空洞：UE 无法注册网络，不能为用户提供网络服务。
（2）覆盖弱区：接通率不高，掉线率高，用户感知差。
（3）越区覆盖：孤岛导致用户移动中掉话，用户感知差。
（4）导频污染：干扰导致信道质量差，接通率不高，下载速率低。
（5）邻区设定不合理：会导致用户发生乒乓切换，容易掉线，下载速率不稳。

上述问题的存在，使无线网络各项 KPI 无法满足要求，严重影响了用户感知。

覆盖问题产生的原因：无线网络规划结果和实际覆盖效果存在偏差；实际站点位置与规划中的理想的站点位置的偏差导致；覆盖区无线环境变化；工程参数和规划参数间的不一致；增加了新的覆盖需求。

2. 室外覆盖优化的内容

（1）覆盖优化主要消除网络中存在的四种问题：覆盖空洞、弱覆盖、越区覆盖和导频污染。

（2）覆盖空洞可以归入弱覆盖中，越区覆盖和导频污染都可以归为交叉覆盖，所以，从这个角度和现场可实施角度来讲，优化主要有两个内容：消除弱覆盖和交叉覆盖。覆盖优化目标的制定，就是结合实际网络建设，衡量最大限度地解决上述问题的标准。

下面是具体的指标：

① RSRP（Reference Signal Received Power，RS，信号接收功率）。
② RS 信号是均匀分布在 LTE 带宽范围内。
③ RSRP 在协议中的定义为在测量频宽内承载 RS 的所有 RE 功率的线性平均值。

其计算过程是把测量频带内涉及的所有承载 RS 的 RE 的功率（本小区的 RS 信号功率，不算干扰和噪声）相加，然后取平均。RSRP 是 RE 级别的功率，在频域上为 15 kHz，时域上为一个符号，其取值范围一般为 $-70 \sim 120$ dBm。

通过链路预算和仿真，对应在 20 Mb/s 带宽组网，单小区中的 10 个用户同时接入，小区边缘覆盖用户下行速率约 1 Mbit/s 的要求下,边缘覆盖要求是 RSRP > -105 dBm。如果边缘覆盖用户要求更高的承载速率,需要适当调整 RSRP 的边缘覆盖目标。

在优化道路时,优先考虑 RSRP 达到 -100 dBm 以上的要求,如果 -100 dBm 达不到,再考虑满足 -105 dBm 的要求。在密集城区、一般城区和重点交通干线上,-100 dBm 以上是必须的。其他地方 -105 dBm 以上是必须的(RSRP 值均是天线在车内测得)。

RSSI (Received Signal Strength Indicator,接收信号强度)。

有 RS 的那些 symbol 的平均功率,是指天线端口 port0 上包含参考信号的 OFDM 符号上的功率的线性平均。如果测量带宽为 20 Mb/s,那么在计算 RSSI 的时候,最多包括 100 个 RB 内对应 RS 所在符号位上 RE 的功率。其计算过程如下,首先将每个资源块上测量带宽内每个 RB 内的包含 RS 信号所在的符号位所有 RE 上的接收功率累加,包括有用信号、干扰、热噪声等。然后在时间上进行线性平均,就可以得到 RSSI。接收信号强度在频域上涉及多少子载波由 UE 自行决定(测量带宽)。接收信号强度不是 UE 需要上报的测量量,不过计算 RSRQ 需要先得到接收信号强度。

RSRQ (Reference Signal Received Quality,参考信号接收质量)。

计算公式如下:

用 dB 形式表示为

$$RSRQ(dB) = 10\lg N + RSRP(dBm) - RSSI(dBm)$$

其中,N 为 UE 测量系统频宽内 RB 的数目。参见 3GPP 36.214,给定 RSRP = -82 dBm, RSSI = -54 dBm,测量带宽 = 100RB,那么 RSRQ 代入上面的公式,计算结果为 -8 dB。

RSRQ 是随着网络负荷和干扰发生变化,网络负荷越大,干扰越大,RSRQ 测量值越小。

RS-SINR/SINR:Signal to Interference Noise Ratio (SINR) 信干噪比,UE 探测带宽内的参考信号功率与干扰噪声功率的比值,即为 $S/(I+N)$。

在资源图上,S 为 RS 所在 RE 上测到的本小区信号强度;$I+N$ 为参考信号位置上非服务小区、相邻信道干扰和系统内部热噪声功率总和。反映当前信道的链路质量,是衡量 UE 性能参数的一个重要指标。SINR 指示信道覆盖质量好坏的参数。

根据仿真结果和现场测试统计,RSRQ > -13.8 dB 与 RS-SINR > 0 dB 的统计比例基本一致。

按照中国移动的测试结果表明,其在 SINR > 0 dB 环境下,可以满足基本业务要求。

室外宏站覆盖的优化目标:

RSRP:在覆盖区域内,TD-LTE 无线网络覆盖率应满足 RSRP > -105 dBm 的概率大于 95%。

RSRQ:在覆盖区域内,TD-LTE 无线网络覆盖率应满足 RSRQ > -13.8 dB 的概率大于 95%。

SINR > 0 dB,采样概率大于 95%。

当测试天线放在车顶时,要求 RSRP > -95 dBm 的概率大于 95%。

无论天线放在车内还是车外,其他指标都要求符合上述要求。

根据中国移动的测试要求:

极好点:RSRP > -85 dBm;SINR > 25。

好点：RSRP = -85 ~ -95 dBm；SINR：16 ~ 25。
中点：RSRP = -95 ~ -105 dBm；SINR：11 ~ 15。
差点：RSRP = -105 ~ -115 dBm；SINR：3 ~ 10。
极差点：RSRP<-115 dB；SINR<3。

8.2 呼叫建立类指标

呼叫建立类指标包括以下内容：①RRC 连接建立成功率（业务相关）；②RRC 连接建立成功率；③E-RAB 建立成功率；④无线接通率。

RRC 建立原因：mt-Access 类型、mo-Signalling 类型、mo-Data 类型、high Priority Access 类型、emergency 类型

1. RRC 连接建立成功率（业务相关）

1) 指标定义

RRC 连接建立成功率是 RRC 连接建立成功次数和 RRC 连接建立尝试次数的比值。本指标用于了解该小区内 RRC 连接建立成功的概率，部分反映了该小区范围内用户接入网络的感受。对应的信令分别为：eNB 收到的 RRC Connection Setup Complete 次数和 eNB 收到的 RRC Connection REQ 次数。

指标流程如图 8-1 所示。

```
    UE                              EUTRAN
     |                                 |
     |------ RRC Connection Request -->|
     |                                 |
     |<----- RRC Connection Setup -----|
     |                                 |
     |-- RRC Connection Setup Complete>|
```

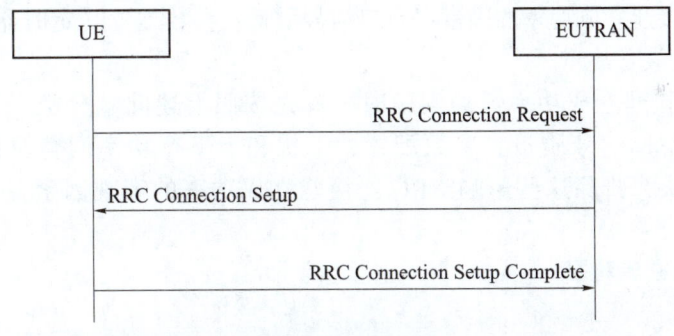

图 8-1 指标流程

2) 指标意义

反映 eNB 或者小区的 UE 接纳能力，RRC 连接建立成功意味着 UE 与网络建立了信令连接，这是与业务相关的 RRC 连接建立，是衡量呼叫接通率的一个重要指标。注意：该指标要求按不同业务类型分别进行统计。

3) 计算公式

$$\text{RRC 连接建立成功率（业务相关）} = \frac{\text{RRC 连接建立成功次数（业务相关）}}{\text{RRC 连接建立尝试次数（业务相关）}} \times 100\%$$

2. RRC 连接建立成功率（表 8-1）

1) 指标定义

eNB 收到 RRC 建立请求之后决定是否建立。

RRC 连接建立成功率用 RRC 连接建立成功次数和 RRC 连接建立尝试次数的比来表示。对应的信令分别为：eNB 收到的 RRC Connection Setup Complete 次数和 RNC 收到的 RRC Connection REQ 次数。

2）指标意义

是与业务无关（如紧急呼叫、系统间小区重选、注册等）的 RRC 连接建立。反映 eNB 或者小区的 UE 接纳能力，RRC 连接建立成功意味着 UE 与网络建立了信令连接，是进行其他业务的基础，用于考察系统负荷情况。

3）计算公式

$$RRC\ 连接建立成功率 = \frac{RRC\ 连接建立成功次数}{RRC\ 连接建立尝试次数} \times 100\%$$

表 8-1 RRC 连接建立成功率

指标	指标描述
RRC 连接请求次数	小区接收 UE 的 RRC Connection Request 消息次数（不包括重发）
RRC 连接建立完成次数	小区接收 UE 返回的 RRC Connection Setup Complete 消息次数
RRC 建立失败次数	资源分配失败而导致连接建立失败的次数
	UE 无应答而导致连接建立失败的次数
	小区发送 RRC Connection Reject 消息次数

影响 RRC 连接建立成功率的因素：空口信号质量；参数配置（定时器、功率控制等）；干扰；网络拥塞；设备故障。

出现 RRC 连接建立成功率低的问题时，首先按照上述问题分类，了解相关问题的范围，然后根据空口信号质量、参数配置、干扰和上下行功率调整及设备告警等方面入手逐一排查解决，排除这些影响 RRC 连接建立成功率的客观因素，逐步提升该指标的成功率。

3. E-RAB 建立成功率

1）指标意义

E-RAB 建立成功指 eNB 成功为 UE 分配了用户平面的连接，反映 eNB 或小区接纳业务的能力，可用于考虑系统负荷情况。E-RAB 建立流程如图 8-2 所示。

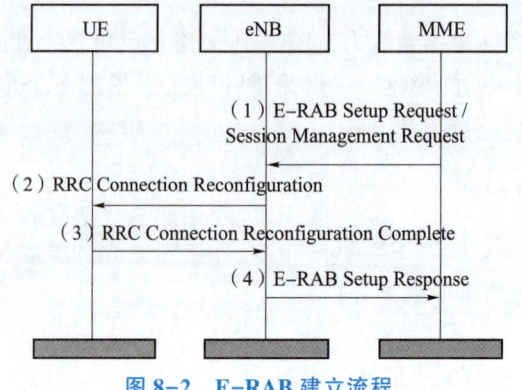

图 8-2 E-RAB 建立流程

2）指标定义

E-RAB 是指用户平面的承载，用于在 UE 和 CN 之间传送语音、数据及多媒体业务，如图 8-3 和图 8-4 所示。E-RAB 建立由 CN 发起。当 E-RAB 建立成功以后，一个基本业务即建立，UE 进入业务使用过程。

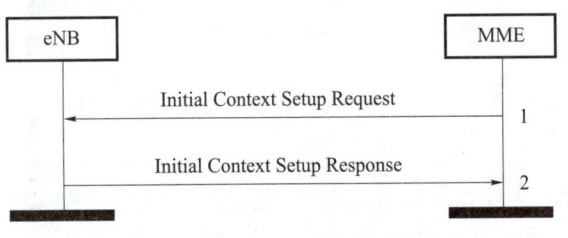

图 8-3　Initial Context Setup Request

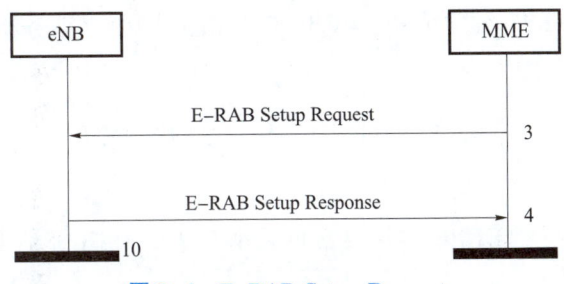

图 8-4　E-RAB Setup Request

E-RAB 建立成功率统计的三个过程：

（1）初始 Attach 过程，UE 附着网络过程 eNB 中收到的 UE 上下文可能会有 E-RAB 信息，eNB 要建立。

（2）Service Request 过程，UE 处于已附着到网络但 RRC 连接释放状态，这时 E-RAB 建立需要包含 RRC 连接建立过程。

（3）Bearer 建立过程，UE 处于已附着网络且 RRC 连接建立状态，这时 E-RAB 建立只包含 RRC 连接重配过程。

3）计算公式

E-RAB 建立成功率=(Attach 过程 E-RAB 建立成功数量+Service Request 过程 E-RAB 建立成功数量+承载建立过程 E-RAB 建立成功数量)/(Attach 过程 E-RAB 请求建立数量+Service Request 过程 E-RAB 请求建立数量+承载建立过程 E-RAB 请求建立数量)×100%。

4）指标流程

未收到 UE 响应：需排查覆盖、干扰、质差、eNodeB 参数设置错误、终端及用户行为异常等原因。

核心网问题：需跟踪信令，排查核心网问题（EPC 参数设置、TAC 码设置的一致性，对用户开卡限制，硬件故障方面排查）。

传输层问题：需查询传输是否有故障、高误码、闪断、传输侧参数设置等问题。

无线层问题：需排查覆盖、干扰、质差、eNodeB 参数设置错误、终端及用户行为异常等原因。

无线资源不足：排查 TOP 小区资源是否足够，是否故障引起，若存在资源不足问题，可考虑参数调整、流量均衡（小区选择，重选和切换类参数）；结合现场调整天馈、流量均衡；热点区域，增补基站等安全模式配置失败：需要排查覆盖、干扰、质差、eNodeB 参数设置错误，终端及用户行为异常等原因。

4. 无线接通率

1）指标意义

反映小区对 UE 呼叫的接纳能力，直接影响用户对网络使用的感受。

2）指标定义

由于通常一个呼叫建立首先需要触发 RRC 建立，所以综合考虑接通率，需要把 RRC 连接建立成功率和 E-RAB 建立成功率联合起来。

3）计算公式

线接通率 = E-RAB 建立成功率 × RRC 连接建立成功率（业务相关）× 100%

8.3 呼叫保持类指标

呼叫保持类指标包括：①RRC 连接异常掉话率；②E-RAB 掉话率；③E-RAB 拥塞率（无线资源不足）。

1. RRC 连接异常掉话率

1）指标意义

对处于 RRC 连接状态的用户，存在由于 eNB 异常释放 UE RRC 连接的情况，这种概率表示基站 RRC 连接保持性能，一定程度上反映用户对网络的感受。

2）计算公式

RRC 连接异常掉话率 = 异常原因导致的 RRC 连接释放次数 /（RRC 连接建立成功次数 + RRC 连接重建立成功次数）× 100%

2. E-RAB 掉话率

1）指标意义

反映系统的通信保持能力，是用户直接感受的重要性能指标之一。

2）指标定义

eNB 由于某些异常原因会向 CN 发起 E-RAB 释放请求，请求释放一个或多个无线接入承载（E-RAB）。当 UE 丢失、不激活或者 eNB 异常原因，eNB 会向 CN 发起 UE 上下文释放请求，这也会导致释放 UE 已建立的所有 E-RAB。

3）指标流程

E-RAB Release（by eNB）如图 8-5 所示。

4）计算公式

E-RAB 掉话率 =（因异常原因 eNB 请求释放的 E-RAB 数目 + 因异常原因 eNB 请求释放 UE 上下文中包含的 E-RAB 数目）/ E-RAB 建立成功数目 × 100%

```
    eNB                              MME
     │                                │
   1 │    E-RAB Release Indication    │
     ├───────────────────────────────▶│
     ▆                                ▆
```

图 8-5　E-RAB Release

3. E-RAB 拥塞率（无线资源不足）

计算公式：

$$\text{E-RAB 拥塞率(无线资源不足)} = \frac{\text{E-RAB 建立失败次数(无线资源不足)}}{\text{E-RAB 建立请求数}} \times 100\%$$

4. 掉话常见原因

（1）弱覆盖导致掉话。

（2）切换问题导致掉话。

（3）干扰导致掉话。

（4）设备异常导致的掉话。

5. 掉话排查基本步骤

（1）需要在话统侧获取全网的掉话率指标及趋势，掉话率趋势分析至少需要 1~2 周左右的数据，如果全网掉话率指标突然偏高，一般执行步骤如下：

（2）是否全网问题：对 MME 及 eNB 侧进行告警排查（传输、设备等告警），观察期间是否实施版本升级。

（3）是否存在 Top 小区：小区级的掉话率指标和掉话绝对次数按从高到低的顺序进行排序，优先分析掉话绝对次数多而且掉话率高的 Top 小区；对 Top 小区进行参数核查、告警检查等；对引起掉话的 Top 原因进行定位分析，若是共性问题，将优化结果复制到全网。

6. 掉话问题解决方法

（1）参数对比。

随机抽取部分站点的脚本与基线参数进行核对，对不一致的参数进行分析。

（2）告警核查。

是否存在传输告警：观察 S1 传输是否出现问题；

是否存在设备告警：观察 eNB 侧是否存在告警；

检查系统是否升级、打补丁等动作。

（3）Top 小区筛查。

将小区级的掉话率指标和掉话绝对次数按从高到低的顺序排序，优先分析掉话绝对次数多且掉话率高的 Top 小区；

通常取每天掉话率高于平均指标的 Top5 小区进行分析，确定掉话的主要原因。

8.4 移动性管理类指标

移动性管理类指标包括：eNB 内切换成功率；X2 口切换成功率；S1 口切换成功率；系统间切换成功率（LTE<->异系统）。

1. eNB 内切换成功率

eNB 内切换成功率：反映了 eNB 内小区间切换的成功情况，保证用户在移动过程中使用业务的连续性，与系统切换处理能力和网络规划有关，用户可以直接感受到，如图 8-6 所示。

eNB 内同频（异频）切换成功率＝eNB 内同频（异频）切换成功次数/ eNB 内同频（异频）切换请求次数×100%

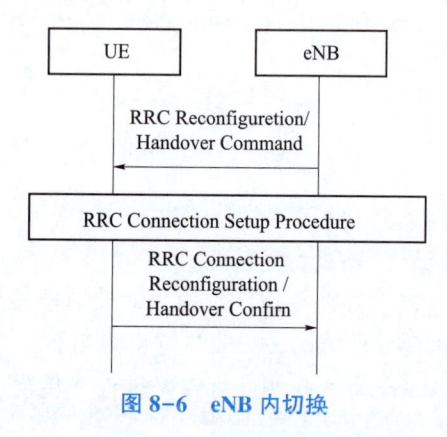

图 8-6 eNB 内切换

2. X2 口切换成功率

1）指标意义

反映了与其他 eNB 存在 X2 连接的情况下，UE 在基站间的切换成功情况。与系统切换处理能力和网络规划有关，是用户直接感受较为重要的指标之一。

2）指标定义

用 eNB 间 X2 切换成功次数和 eNB 间 X2 切换请求次数之比表示。此处统计仅包括 LTE 系统内切换。

3）计算公式

X2 口切换包含同频切换和异频切换两种情况，对于每种情况，需要统计切换出和切换入两个指标：

X2 口同频切换成功率(小区切换出)＝X2 口同频切换出成功次数/X2 口同频切换出尝试次数(本小区)×100%

X2 口同频切换成功率(小区切换入)＝X2 口同频切换入成功次数(本小区)/X2 口同频切换入尝试次数×100%

X2 口异频切换成功率(小区切换出)＝X2 口异频切换出成功次数/X2 口异频切换出尝试次数(本小区)×100%

X2 口异频切换成功率(小区切换入)＝X2 口异频切换入成功次数(本小区)/X2 口异频切

换入尝试次数×100%

3. S1口切换成功率

1）指标意义

当 eNB 根据 UE 测量上报决定 UE 要切换，且目标小区与 eNB 无 X2 连接，就进行通过核心网的 S1 切换。S1 切换成功率反映了 eNB 与其他 eNB 通过核心网参与的 UE 切换成功情况，与系统切换处理能力和网络规划有关，是用户直接感受较为重要的指标之一。

2）指标定义

用 eNB 间 S1 切换成功次数和 eNB 间 S1 切换请求次数之比表示。此处统计仅包括 LTE 系统内的 S1 切换。

3）计算公式

S1 口切换包含同频切换和异频切换两种情况，对于每种情况，需要统计切换出和切换入两个指标。

S1 口同频切换成功率（小区切换出）= S1 口同频切换出成功次数/S1 口同频切换出尝试次数（本小区）×100%

S1 口同频切换成功率（小区切换入）= S1 口同频切换入成功次数（本小区）/S1 口同频切换入尝试次数×100%

S1 口异频切换成功率（小区切换出）= S1 口异频切换出成功次数/S1 口异频切换出尝试次数（本小区）×100%

S1 口异频切换成功率（小区切换入）= S1 口异频切换入成功次数（本小区）/S1 口异频切换入尝试次数×100%

4）影响切换成功率的因素

（1）硬件传输故障（载频坏、合路天馈问题）。

（2）数据配置不合理。

（3）拥塞问题。

（4）时钟问题。

（5）干扰问题。

（6）覆盖问题及上下行不平衡。

4. 系统间切换成功率（LTE<->异系统）

以 LTE<->WCDMA 为例。

1）指标意义

反映了 LTE 系统与 WCDMA 系统之间切换的成功情况，对于网规网优有重要的参考价值，也是用户直接感受的性能指标。表征了无线系统网络间 C 切换（LTE<->WCDMA）的稳定性和可靠性，也一定程度反映出 LTE/WCDMA 组网的无线覆盖情况。

2）指标定义

系统间切换针对 LTE 网络来说分为切换出成功率和切换入成功率。

3）计算公式

系统间小区切换出成功率 LTE->WCDMA = 1-（LTE->WCDMA 系统间小区切换出失败次数/LTE->WCDMA 系统间小区切换出准备次数×100%）；

系统间小区切换入成功率 WCDMA->LTE = 1-（WCDMA->LTE 系统间小区切换入失败次数/WCDMA->LTE 系统间小区切换入准备次数×100%）；

第 9 章

无线网络优化概念

9.1 无线网络优化概述及目标

网络优化是通过有针对性的移动通信系统专业测试和分析，发现问题并解决问题。影响通信质量的因素包括客观因素和主观因素。其中，客观因素有无线传输环境的变化、无线设备的故障等，主观因素有网管工作人员参数设置不准确、参数核查不详细、某些人员非法破坏通信设施等。网络质量受上述因素的影响会出现信号差、掉话、不入网等故障。因此，进行网络优化是保证网络正常运行、确保通信质量的必要保障。网络优化通常分为核心网络优化和无线网络优化，我们这里只讨论无线网络优化。无线网络优化又分为工程网络优化和日常运维网络优化。

工程网络优化是在网络建设阶段开展的网络优化。工程网络优化包括：新建网络以及扩展容量网络工程的优化；在工程建设完成后、运营商投入运营之前开展工程优化，并通过调测和优化使网络达到验收标准，最终可以正常开通。

日常运维网络优化则从网络开始商用到淘汰的整个运营过程需一直进行。日常运维网络优化获取反馈的途径主要是网络性能日常监测、用户投诉等。日常运维网络优化处理的问题主要集中在故障性或系统性问题；此类问题的发现和解决需要分析大量的测试数据；有些故障在优化处理后还有待以后的日常运营中加以重点关注。日常运维网络优化关注点集中在：网络性能监控、指标统计、故障处理、投诉处理、KPI 指标提升。

网络优化的基本目标是确保网络质量，提高企业运营效率。从网络的角度看，网络优化的主要目的包括提高网络语音、数据业务等的质量；提高网络覆盖率和接通率；减少设备、线路的投资成本；提高设备利用率；增加网络容量。从运营商的角度来看，其目的是：降低掉话率；降低拥塞率；提高小区覆盖率；提高切换成功率；提高接通率；提高上网速率；减少用户投诉。

9.2　无线网络优化的主要内容

无线网络优化受无线环境影响较大，存在着诸多的不确定性。网络优化在确保运行参数和设计参数相符的前提下，对无线参数和 RF 参数进行优化。LTE 无线网络优化的主要内容如下：

（1）设备排障。由设备故障引起的网络问题有：设备老化导致的隐性故障、扩容频繁引起的质量问题、设备在运行过程中出现的人为损坏。

（2）网络规划。合理规划初期网络能减轻后期网络优化的工作量；合理规划频率能有效减少系统干扰，提高网络质量，降低客户投诉率；合理分布站址能有效降低干扰、节约网络成本；合理预算链路能有效避免盲区的产生。

（3）网络测试。采用 DT、CQT 对网络覆盖、天馈系统等进行测试；根据测试结果分析网络问题。

（4）数据统计分析。设备生产厂家借助大量的计数器对网络运行统计，定期将计数结果向 OMCR（Operation & Maintenance Center Radio，无线子系统的操作维护中心）报告。对 OMCR 各计数值进行观测和分析有助于进行网络质量的跟踪和故障分析。

（5）均衡网络中不同小区间的话务量，减小网络拥塞发生的概率。

（6）覆盖优化。采用相应的优化方式对网络覆盖进行优化，减小网络覆盖问题。

9.3　无线网络优化方法的基本原则

无线网络优化是通过排除硬件故障、调整覆盖、信号干扰排查、调整参数等手段使得网络覆盖和质量提高，资源使用效率提升。在此基础上再针对依旧不理想的指标进行专项提升，来达到无线网络优化的目的。

（1）系统干扰最小化。

干扰分为两类：系统外干扰与系统内干扰。系统外干扰主要是指干扰器、大功率发射台、异常系统干扰等。系统内干扰通常指的是小区间干扰或小区内干扰，如覆盖不合理、互调干扰、RRU 故障等；这两类干扰均会影响网络性能以及网络质量。

（2）最佳覆盖。

覆盖优化是非常重要的一个环节。在系统的覆盖区域内，通过调整功率、天线等一系列手段使得更多地方的信号满足业务所需的最低电力，由于系统弱覆盖或交叉覆盖带来的用户无法接入、掉话、切换失败、干扰等问题，尽量利用有限的功率实现最优的覆盖来解决。

覆盖优化时，维护人员根据不同的测试数据对小区天线方位角、倾角等进行精细化调整，必要时可以采取更换特种天线等方式进行优化和改善网络覆盖，从而避免弱覆盖或交叉覆盖导致网络性能下降。

（3）容量均衡。

通过调整基站的覆盖范围、接入参数优化，合理控制基站的负载，使各个网元之间的负荷保持均匀。

9.4 无线网络优化的主要方法

无线网络受环境影响较为严重，存在许多不确定因素，为保障无线网络的稳定运行，必须采取相应的方法去进行无线网络的优化，无线网络优化的方法如下：

1. DT 测试法

DT 测试法是指汽车在以一定速度行驶的过程中，借助测试仪表、测试手机等测试设备，对车内信号强度是否满足正常通话要求，是否存在干扰、堵塞、掉话等现象进行测试。通常在 DT 汽车测试中根据需要设定每次呼叫的时长，分为短时间呼叫（一般为 60 s 左右）和长时间呼叫（时长不限，直到掉话为止）两种，为保证测试的真实性，一般车速不应超过 60 km/h。通过 DT 测试，可以了解：覆盖情况、基站分布，是否存在盲区；切换关系、切换次数、切换电平是否正常；下行链路是否有同频、邻频干扰；是否有小岛效应；扇区是否错位；天线下倾角、方位角及天线高度是否合理；分析呼叫接通情况，找出呼叫不通及掉话的原因，为制定网络优化方案和实施网络优化提供依据。

2. 话务统计分析法

OMC 话务统计是了解网络性能指标的重要途径，它反映了无线网络的实际运行状态。通过对采集到的参数进行处理，形成网络质量报告。通过对各指标（呼叫成功率、掉话率、切换成功率、每时隙话务量、无线信道可用性、信令信道可用性、掉话率、阻塞率）的话务统计报表，了解基站话务分布及变化情况，找出问题所在。接下来，结合其他手段找出网络逻辑和物理参数设置不合理、网络结构、频率干扰、流量不均、硬件故障等问题。同时，还可以针对不同的环境开发统一的标准模板，以便更快地发现问题。调整小区或整个网络的参数有利于优化小区在系统中的各项指标，从而提高整个网络的系统性能。

3. 呼叫质量测试或定点网络质量测试 CQT

在服务区内选择多个测试点进行一定次数的呼叫，从用户角度反映网络质量。测点一般选择在通信密集的场合，如大学、宾馆、机场、车站、办公楼、人群密集场所等，是 DT 测试的重要补充手段。它还可以完成 DT 无法测试的室内覆盖和高层建筑等无线信号复杂区域的测试，是一种场强测试方法。

4. 用户投诉

通过不同的用户投诉了解网络质量。特别是当网络优化达到一定阶段后，通过 DT 测试或数据分析很难发现网络中存在的问题。此时，通过不同用户通话中发现的问题，可以进一步了解网络服务状况。结合场强测试和 CQT 测试，可以找到问题的根源。该方法具有较强的时效性和方向性。

5. 自动路测分析方法

安装在移动车辆上的自动路测终端可以全程监控道路覆盖和通信质量。由于终端能够自动向监控中心发送大量的信令报文和测量报告，能够及时发现问题并分析问题所在位置，具有很强的时效性。

9.5　无线网络优化的流程

无线网络优化的工作流程分为网络优化、日常运维优化和专网优化的具体情况不同，其优化方法也有所区别。以日常网络优化为例介绍其工作流程。日常网络化主要从三部分来开展：评估网络质量；定位网络问题；实施优化。运维优化流程如图 9-1 所示。

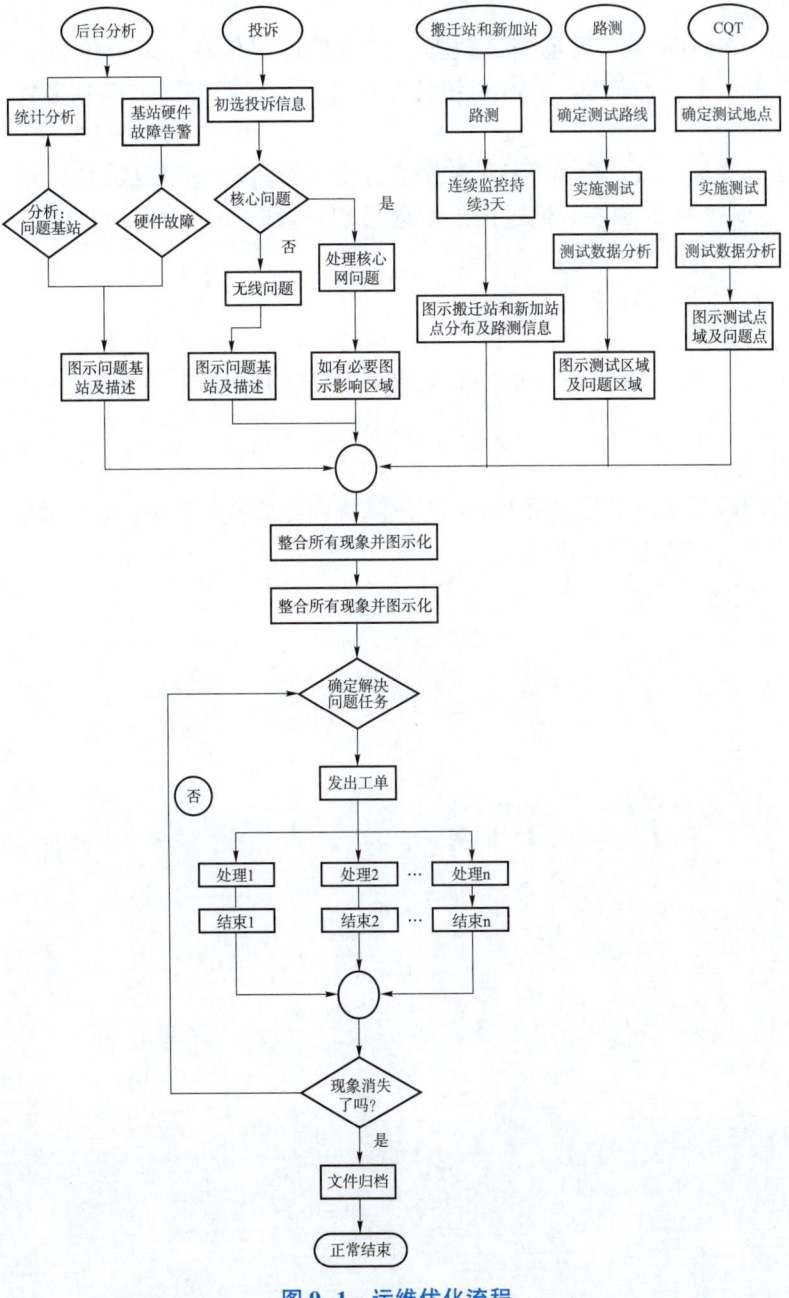

图 9-1　运维优化流程

1. 评估网络质量

在 LTE 中，通常以现场测试、用户感受度、OMCR 测试等来判断网络质量。OMCR 性能指标包括：数据和话音两方面的网络质量监控指标。现场测试包括：定期进行 DT 和 CQT 测试，指定现场测试方案；通过测试结果来监控网络质量并采取相应的措施予以解决。用户投诉直接反映用户对网络质量的感受。各地可以根据当地实际情况设定相应的投诉率阈值，投诉率可直接反馈用户对网络质量的满意度。

2. 定位网络问题

1）信息整合

通过综合分析 OMCR、现场测试数据、客户投诉等信息，来定位影响网络质量的原因。利用 MapInfo 平台的信息、OMCR 统计分析结果，以及图层上颜色来判定网络质量的情况。

将 OMCR、现场测试、投诉等各种数据进行相应的处理。先将数据记录在表格中，然后到 MapInfo 平台映射生成图层。通过图层映射反映一段时间内的用户投诉分布情况。CQT、DT 测试数据也按同样的方法处理。

2）综合分析和问题定位

定期整理现场测试、OMCR、投诉、测试表格等数据，形成 MapInfo 图层；对网络的整体情况进行标示并编号。综合分析能直观化地展现网络情况，使网络问题定位更迅速、精准。

3. 实施优化

处理网络问题时从以下几方面入手：①故障排查；②覆盖调整；③参数调整；④资源调整；⑤干扰排除；⑥网络结构优化。

第 10 章

LTE 无线网络专题分析与优化

LTE 无线网络优化中主要分为：覆盖优化、干扰优化、信令参数问题优化和资源问题优化。本章将分别讲解这四个专项优化在 LTE 无线网络优化中的作用。

10.1 网络优化问题分类

在 LTE 无线网络优化中，需要解决的问题主要是覆盖问题、干扰问题、信令参数问题和资源问题四大类，每一类还可以进行细化。

1. 覆盖问题

覆盖问题可以进一步划分为覆盖空洞、弱覆盖、越区覆盖和导频污染四类问题。

（1）覆盖空洞。
（2）弱覆盖。
（3）越区覆盖。
（4）导频污染。

2. 干扰问题

干扰问题分为系统内干扰和系统间干扰，而系统内干扰的问题可以归纳为以下四种。

（1）设备问题。
（2）覆盖问题。
（3）参数问题。
（4）远端干扰问题。

系统间干扰通常为异频干扰，发射机在指定信道发射的同时将泄漏部分功率到其他频率，接收机在指定信道接收时也会收到其他频率上的功率，也就产生了系统间干扰。系统间干扰可以分为阻塞干扰、杂散干扰、谐波干扰和互调干扰等类型。

3. 信令参数问题

这类问题主要涉及随机接入参数、小区选择和小区重选参数，以及切换相关参数。这些参数设置得是否合理，会直接影响无线网络的相应性能。

4. 资源问题

在 LTE 中，资源的调度是与网络性能紧密相关的，相关参数设置不合理，就会导致资源问题的发生。

10.2　覆盖优化

良好的无线覆盖是保障移动通信网络质量和指标的前提，结合合理的参数配置才能得到一个高性能的无线网络。LTE 网络中涉及的覆盖问题主要表现为：

（1）覆盖空洞：UE 无法注册网络，不能为用户提供网络服务。

（2）覆盖弱区：接通率不高，掉线率高，用户感知差。

（3）越区覆盖：孤岛导致用户移动中掉话，用户感知差。

（4）导频污染：干扰导致信道质量差，接通率不高，下载速率低。

覆盖优化的任务是通过测试 RSRP 值、SINR 值等数据来发现网络中存在的这四种问题：覆盖空洞、弱覆盖、越区覆盖和导频污染。覆盖空洞可以归入弱覆盖中，越区覆盖和导频污染都可以归为交叉覆盖，所以，从这个角度和现场可实施角度来讲，优化主要有两个内容：消除弱覆盖和交叉覆盖。

覆盖问题产生的原因主要有：无线网络规划结果和实际覆盖效果存在偏差、实际站点位置与规划中的理想站点位置的偏差导致、覆盖区无线环境变化、工程参数和规划参数间的不一致、增加了新的覆盖需求。

怎样的网络覆盖才算是优良的？如何衡量网络覆盖质量呢？这就需要看网络的覆盖是否达到所要求的优化目标。通常，室外宏站覆盖的优化目标为：

（1）RSRP：在覆盖区域内，TD-LTE 无线网络覆盖率应满足 RSRP>-105 dBm 的概率大于 95%。

（2）RSRQ：在覆盖区域内，TD-LTE 无线网络覆盖率应满足 RSRQ>-13.8 dB 的概率大于 95%。

（3）SINR：在覆盖区域内，TD-LTE 无线网络覆盖率应满足 SINR>-3 dB 的概率大于 95%。

当测试天线放在车顶时，要求 RSRP>-95 dBm 的概率大于 95%，其他指标无论天线放在车内还是车外都要求符合上述要求。

RSRP、RSRQ 和 SINR 等指标的统计需要通过测量和分析得到，这就需要用到覆盖优化的工具。覆盖优化的工具通常分为覆盖测试工具、分析工具和优化调整工具。

（1）覆盖测试工具：在单站、簇覆盖优化时，采用 Pioneer+UE 在 IDLE 或业务状态下进行覆盖测试；在开展片区覆盖优化时，测试的工具优先采用反向覆盖测试系统，其次可以选择 Scanner，并且要将天线放在车内。

（2）分析工具：Pioneer 分析软件。

（3）优化调整工具：调整工程参数时，使用坡度仪测量天线下倾角，使用罗盘测量天线的方位角。

解决覆盖的四种问题时可以使用以下几种手段。

（1）调整天线下倾角。

（2）调整天线方位角。

（3）调整 RS 的功率。

（4）升高或降低天线挂高。

（5）站点搬迁。

（6）新增站点或 RRU。

1. 覆盖优化的原则

在进行覆盖优化时，需要遵循以下几个原则。

（1）原则 1：先优化 RSRP，后优化 SINR。

（2）原则 2：覆盖优化的两大关键任务，消除弱覆盖（保证 RSRP 覆盖）；净化切换带、消除交叉覆盖（保证 SINR，切换带要尽量清楚，尽量使两个相邻小区间只发生一次切换）。

（3）原则 3：优先优化弱覆盖、越区覆盖，再优化导频污染。

（4）原则 4：优先调整天线的下倾角、方位角、天线挂高和迁站及加站，最后考虑调整 RS 的发射功率和波瓣宽度。

2. 覆盖优化流程

一般来说，覆盖优化按照以下流程进行。

1）覆盖路测的准备

（1）确定测试路线。

（2）准备好站点信息。

（3）准备所需要的电子地图。

（4）确定路测设备和软件运行正常。

（5）确认覆盖测试区域内没有故障站点。

（6）后台核查测试区域站点的邻区配置、功率参数、切换参数、重选参数无误。

（7）添加所有可能的邻区关系。

2）覆盖路测

（1）尽量同时使用 UE（UE 可以处于话音长保状态）和 Scanner，便于找出遗漏的邻区和分析时定位问题确定测试路线。

（2）遍历簇内所有能走车的道路。

（3）测试天线尽量放置车内。

3）路测数据分析

（1）统计 RSRP 和 PDCCH SINR 是否满足指标要求。若不满足指标要求，按照优先级，根据前面覆盖问题的定义和判断方法找出弱覆盖（即覆盖空洞和弱覆盖）、交叉覆盖（即包含越区覆盖和导频污染）的区域并逐点编号，逐点给出初步解决方案；同时，输出《路测日志与参数调整记录》。

（2）逐点按照预定方案测试解决。

（3）问题点解决以后，进行覆盖复测，若 KPI 不满足，继续对问题进行分析编号、路测调整，直到覆盖指标满足要求后，才进入业务测试优化。

4）路测优化

（1）在路测优化时，重点借助小区服务范围图（PCI 显示图和服务小区全网拉线图），优先解决弱覆盖的问题点。

（2）对于导频污染点、越区覆盖和 SINR 差的区域通过规划每个小区的服务范围，控制和消除交叉覆盖区域来完成。

（3）弱覆盖点和交叉覆盖区域解决完之后，返回优化流程步骤 1，按照相同的路线进行测试对比。

图 10-1 所示为 TD-LTE 覆盖优化的流程。

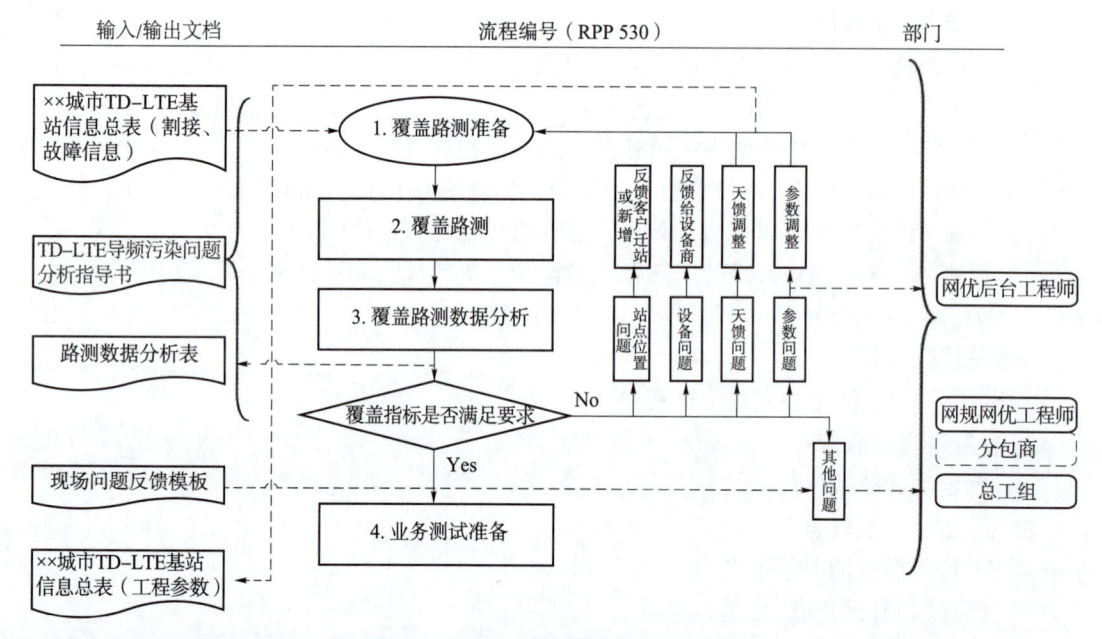

图 10-1 TD-LTE 覆盖优化的流程

3. 覆盖空洞的判断与优化

覆盖空洞是指在连片站点中间出现的完全没有 TD-LTE 信号的区域。UE 终端的灵敏度一般为 -124 dBm，考虑部分商用终端与测试终端灵敏度的差异，预留 5 dB 余量，覆盖空洞定义为 RSRP<-119 dBm 的区域。

覆盖空洞的判断方法主要有三种：

（1）利用测试 UE 测试数据：UE 显示无网络或 RSRP 低于 -119 dBm，呼通率几乎为 0，UE 采集的 RSRP 数据，在 Pioneer 的导航栏 Map 中，地理化显示 RSRP 路测场强分布情况，根据 RSRP 的色标查看覆盖空洞的区域。

（2）利用覆盖测试数据：在导航栏，选择 RSRP 参数，可以进行 RSRP 的整体分段统计，确定整个数据的覆盖质量。

（3）利用 Scanner 测试数据：根据 RSRP 的色标查看覆盖空洞的区域弱覆盖点和交叉覆盖区域解决完之后，返回优化流程步骤 1，按照相同的路线进行测试对比。

一般的覆盖空洞都是由于规划的站点未开通、站点布局不合理或新建建筑导致。最佳解决方案是增加站点或使用 RRU，其次是调整周边基站的工程参数和功率来尽量解决覆盖空洞问题。

4. 弱覆盖的判断与优化

弱覆盖一般是指有信号，但信号强度不能够保证网络能够稳定的达到要求的 KPI 的情况。天线在车外测得的 RSRP<=95 dBm 的区域定义为弱覆盖区域,天线在车内测得的 RSRP<-105 dBm 的区域定义为弱覆盖区域。

1) 弱覆盖的判断方法

(1) 利用测试 UE 测试数据:UE 显示有网络且 RSRP<-105 dBm,但定点呼通率达不到 90%,在分析软件中根据 RSRP 的图标查看覆盖弱场的区域,弱覆盖区域一般伴随有 UE 的呼叫失败、掉话、乒乓切换以及切换失败。

(2) 利用 Scanner 测试数据:根据 RSRP 的色标查看覆盖弱场的区域。

2) 弱覆盖的优化方法

(1) 优先考虑降低距离弱覆盖区域最近基站的天线下倾角,调整天线方位角,增加站点或 RRU,提高 RS 的发射功率。

(2) 对于隧道区域,考虑优先使用 RRU。

5. 越区覆盖的判断与优化

当一个小区的信号出现在其周围一圈邻区及以外的区域时,并且能够成为主服务小区,称为越区覆盖,如图 10-2 中的 Cell 1 孤岛信号。

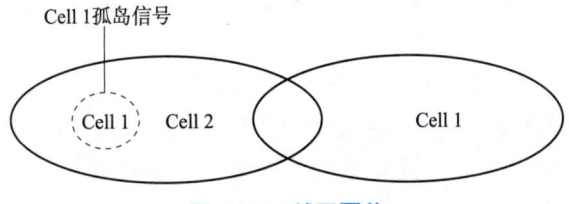

图 10-2 越区覆盖

1) 越区覆盖的判断方法

在 map 窗口利用小区拉线功能,将全网小区进行拉线,通过拉线交叠位置,可以快速确定越区覆盖位置,如图 10-3 所示。

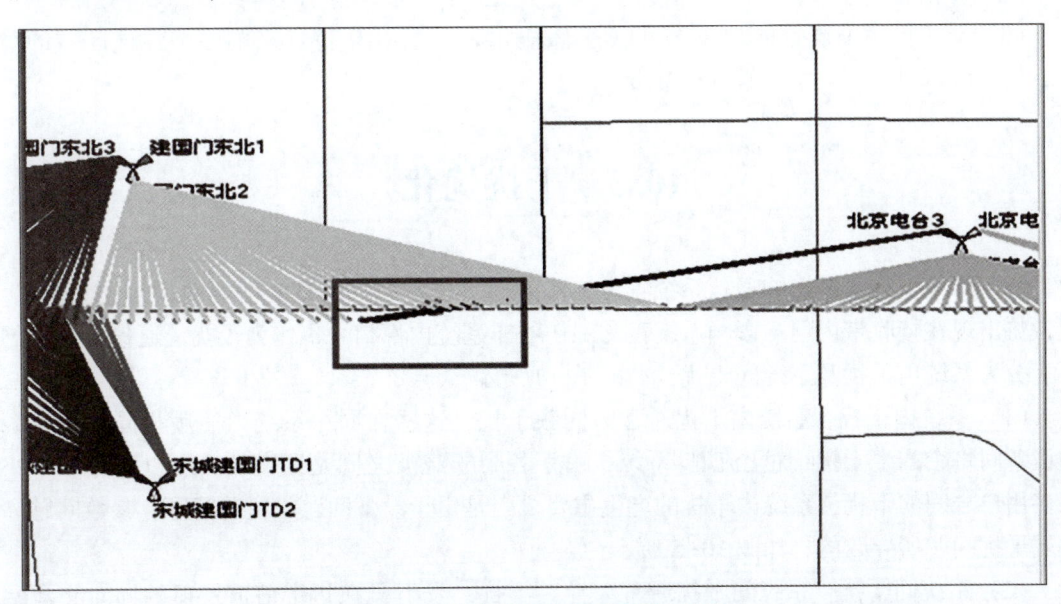

图 10-3 拉线功能确定越区覆盖位置

2）越区覆盖优化方法

（1）首先，考虑降低越区信号的信号强度，可以通过增大下倾角、调整方位角、降低发射功率等方式进行。其次，降低越区信号时，需要注意测试该小区与其他小区切换带和覆盖的变化情况，避免影响其他位置的切换和覆盖性能。

（2）在覆盖不能缩小时，考虑增强该点距离最近小区的信号并使其成为主导小区。

（3）在上述两种方法都不行时，再考虑规避方法：单边邻区、互配邻区。

6. 导频污染的判断与优化

存在足够多个强导频，但却没有足够强主导频的区域，由于导频的干扰较强，会出现 SINR 较低且数据速率较低的现象，一般认为是出现了导频污染。强导频是指 RSRP>−95 dBm（天线放在车顶，车内要求是−100 dBm）。导频过多是指 RSRP_number>=N，设定 N=4。无足够强主导频是指：最强导频信号和第 N 个强导频信号强度的差值如果小于某一门限值 D，即定义为该地点没有足够强主导频，即 RSRP（fist）−RSRP（N）<=D，设定 D= 6 dB。

判断 LTE 网络中的某点存在导频污染的条件是：RSRP>−95 dB 的小区个数大于等于 4 个；RSRP（fist）−RSRP（4）<=6 dB。当上述两个条件都满足时，即为导频污染。

使用分析软件定位导频污染位置：

（1）利用测试 UE 测试数据：用邻区窗口的主服小区显示功能，显示测试点的每个 PCI 来判断。乒乓切换、切换失败事件以及掉话事件图标一般都存在导频污染。

（2）利用重叠覆盖分析功能，设置重叠条件进行重叠覆盖分析，根据分析结果在 map 窗口快速定位问题区域。

对导频污染进行优化前，需要事先明确主服小区，理顺切换关系，再采用下面的适当方法进行优化：

（1）调整下倾角、方位角、功率，使主服务小区在该区域实现 RSCP>−95 dBm。

（2）降低其他小区在该区域的覆盖场强。

（3）对于频污染严重的地方，可以考虑采用双通道 RRU 拉远来单独增强该区域的覆盖，使该区域只出现一个足够强的导频。

10.3 干扰优化

所有网络上存在的影响通信系统正常工作的信号、不是通信系统需要的信号均为干扰。通常将出现在接收带内但不影响系统正常工作的非系统内部信号也作为干扰。通信系统中的干扰分为系统内干扰和系统间干扰，如图 10-4 所示。

（1）系统内干扰：系统内干扰通常为同频干扰，这些在同一系统内使用相同频率资源的设备间将会产生干扰。对于 LTE 系统，由于各个子载波之间是正交的，所以不存在本小区多用户之间的干扰，系统内干扰的产生主要原因是由于设备问题、覆盖问题、参数问题和远端干扰问题所导致的，如图 10-5 所示。

（2）系统间干扰：系统间干扰通常为异频干扰，发射机在指定信道发射的同时将泄漏部分功率到其他频率，接收机在指定信道接收时也会收到其他频率上的功率，也就产生了系

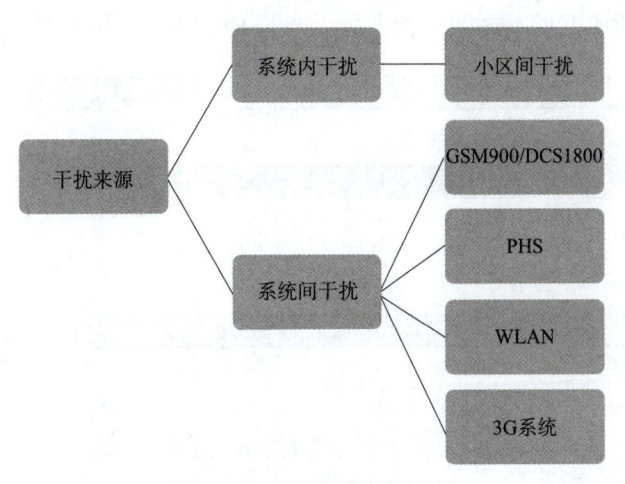

图 10-4　干扰按照来源分类

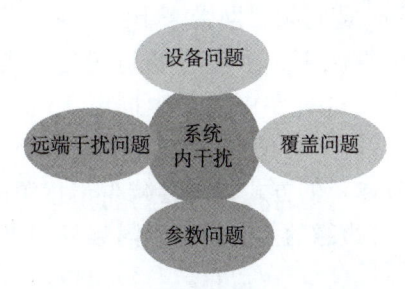

图 10-5　系统内干扰产生主要原因

统间干扰。系统间干扰可以分为阻塞干扰、杂散干扰、谐波干扰和互调干扰等类型，产生上述干扰的主要因素包括频率因素、设备因素和工程因素等。导致各种类型干扰的原因如图 10-6 所示。对于系统间干扰的问题，本书不做讨论。

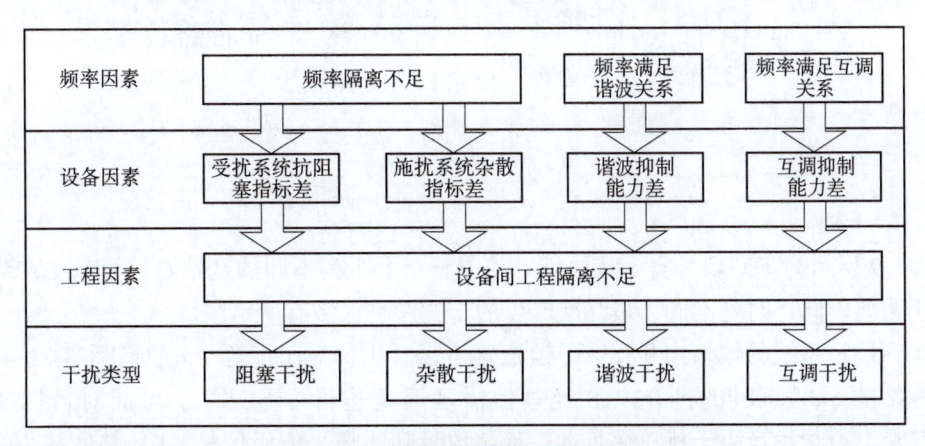

图 10-6　导致各种类型干扰的原因

1. 设备问题

由于设备问题所导致的系统内部干扰主要是指同一基站中的各种设备之间会存在干扰，

以及 GPS 设备跑偏所引起的基站间子帧干扰，如图 10-7 所示。

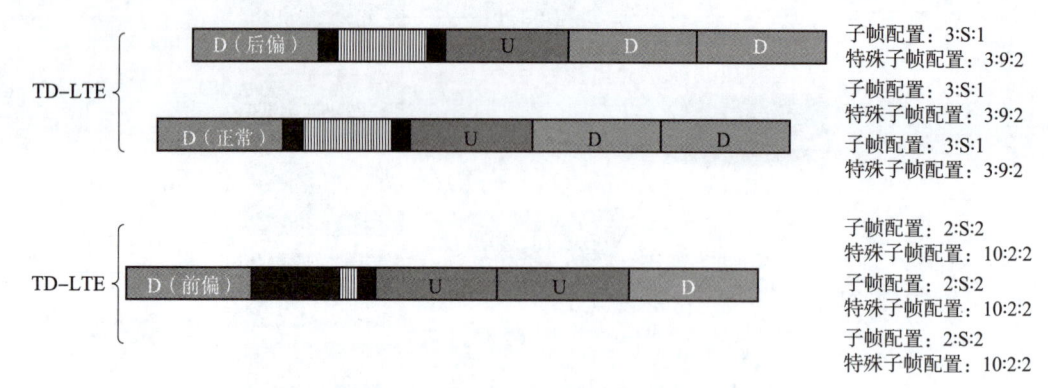

```
TD-LTE  D（后偏）  U  D  D  D     子帧配置：3:S:1
                                  特殊子帧配置：3:9:2
        D（正常）  U  D  D  D     子帧配置：3:S:1
                                  特殊子帧配置：3:9:2
                                  子帧配置：3:S:1
                                  特殊子帧配置：3:9:2

TD-LTE  D（前偏）  U  U  D        子帧配置：2:S:2
                                  特殊子帧配置：10:2:2
                                  子帧配置：2:S:2
                                  特殊子帧配置：10:2:2
                                  子帧配置：2:S:2
                                  特殊子帧配置：10:2:2
```

图 10-7　GPS 跑偏引起基站间子帧干扰

2. 覆盖问题

覆盖问题所导致的干扰主要是同频组网带来干扰、越区覆盖带来的干扰和无主覆盖带来的干扰。采用同频组网的情况下，虽然已经扇区化，实际上依然受到周边 6 个小区的同频干扰（正对面的两个小区只在中线产生同时干扰，其余地点只各干扰半个主小区）。

若采用多频点组网（图 10-8）的方式，则会减少干扰源的数量，干扰源减少为 3 个且都是距离较远的，因此在小区边缘的 C/I 相比于同频复用大幅提升，能使增益提升 8～10 dB。

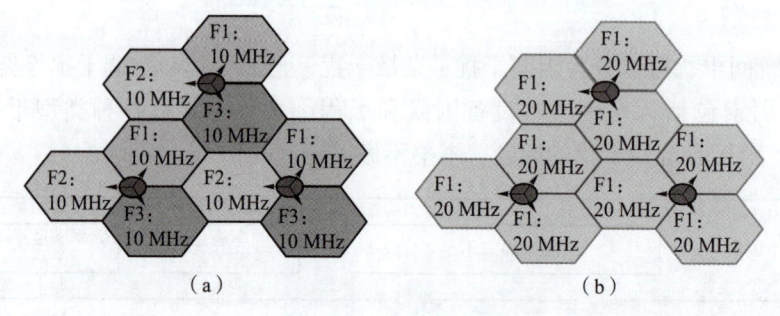

图 10-8　多频点组网

（a）Increased SINR；（b）Increased channel bandwidth

3. 远端干扰

图 10-9 所示为 TD-LTE 自干扰原理，其中有三个距离不同的基站对目标基站产生了干扰。由于距离不同、时延不同，最终所产生的干扰影响区域有所不同。

从 TD-LTE 系统的帧结构和特殊子帧配置可以看出，对于配置 7，如果距离 21.406 km 以外的基站的 Subframe#0 和 DwPTS 经过传播延迟到达目标基站后，可能对目标基站的 UpPTS 甚至上行子帧产生干扰。而且远端基站数量随距离平方级增长，GP 长度越小，其可能产生的远端干扰就越大，在这些情况下干扰不能忽略。

对于 TD-LTE 的远端干扰，可以根据应用场景来进行特殊子帧的对应配置，从而避免此类干扰；具体如何配置需要仿真提供各场景下的建议配置。

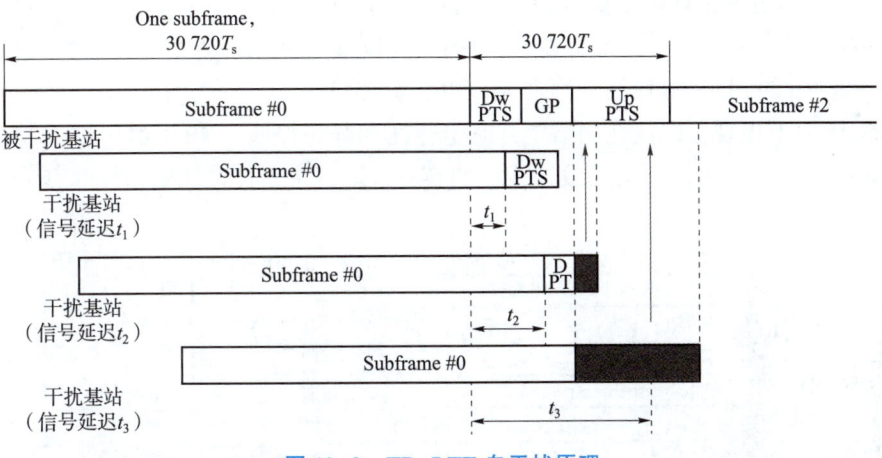

图 10-9 TD-LTE 自干扰原理

LTE 系统中规避远端干扰采用的一种方案：将 DwPTS 携带的 PSC/SSC 和 UpPTS 中的短 PRACH 在频域上错开进行传输。由于 PRACH 是单边频带边缘进行映射，RACH 负荷不是很大的小区，于是 PSC/SSC 就不会对短 RACH 产生干扰。

4. 参数问题

参数问题导致的干扰主要是指同频小区间交叉时隙配比不一致和 PCI 规划不合理带来的小区间干扰，如图 10-10 所示。

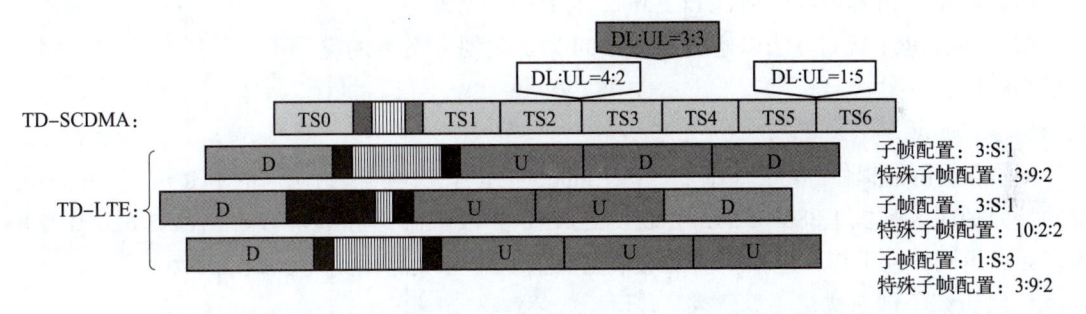

图 10-10 同频小区间交叉时隙配比不一致导致干扰

为了避免 PCI 规划不合理带来的小区间干扰，PCI 优化需要遵循以下三大原则。

(1) PCI 复用至少间隔 4 层以上小区，大于 5 倍的小区半径。

(2) 同一个小区的所有邻区列表中不能有相同的 PCI。

(3) 邻区导频位置尽量错开，即相邻小区模 3 后的余数不同。

在实际的 LTE 网络中，绝大部分干扰是 PCI 规划不合理而引起的 PCI 模 3 干扰问题。

5. PCI Mod3 干扰

物理小区标识 PCI＝SSS 码序列 ID×3＋PSS 码序列 ID，其中，PSS 码序列有 3 个，SSS 码序列有 168 个，因此 PCI 取值范围为 [0, 503]，共 504 个值。PCI 值映射到 PSS、SSS 的组合是唯一的，其中，PSS 序列 ID 决定 RS 的分布位置。因此，在同频组网、2X2MIMO 的配置下，eNodeB 间时间同步、PCI Mod3 相等，意味着 PSS 码序列相同，因此 RS 的分布位置和发射时间完全一致。

LTE 对下行信道的估计都是通过测量参考信号的强度和信噪比来完成的，因此当两个小区的 PCI Mod3 相等时，若信号强度接近，由于 RS 位置的叠加，会产生较大的系统内干扰，导致终端测量 RS 的 SINR 值较低，称之为"PCI Mod3 干扰"。

PCI Mod3 典型表现：即使在网络空载时也存在"强场强低 SINR"的区域，通常导致用户的下行速率降低，严重的还会导致掉线、切换失败等异常事件，如图 10-11 所示。

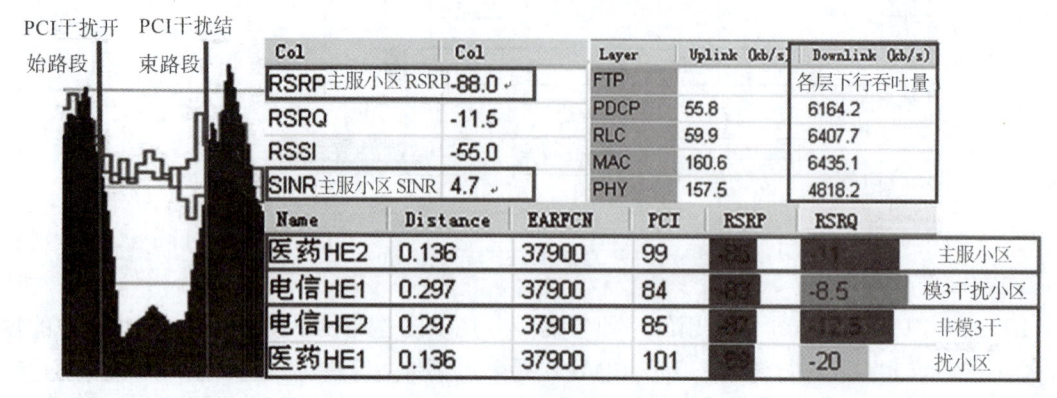

图 10-11 PCI Mod3 干扰

PCI Mod 3 干扰优化手段：

1. PCI 规划研究

（1）在规划仿真过程中结合 PCI Mod3 干扰进行评估。

（2）研究 PCI 规划算法以遍历评估不同 PCI 规划方案下的整网干扰情况，选出整网干扰最小的最优方案。

2. 多频点组网

N 频点组网能提供 $3N$ 个（频点，PCI Mod3）组合，比同频组网下的 PCI 规划有更大的空间，分别在 F 频段 1 880～1 915 MHz（受 RRU 频段限制）和 D 频段 2 570～2 620 MHz开展多频点组网研究工作，包括不同系统带宽设置下的多频点组网。

3. 共天馈下创新优化手段研究

（1）研究创新型天线在 TDS/TDL 共天馈下的应用，包括双通道一体化天线、双系统独立电调天线等。

（2）研究 TDS 广播波束赋形软调整（权值调整）在共天馈下的应用。

4. 严格控制覆盖

通过调整天馈、小区间不同功率配置以严格控制覆盖，减少信号重叠区域和重叠小区数目，但本方法容易导致"覆盖-干扰"的跷跷板效应。

解决 PCI Mod3 干扰的问题，是一项很艰难、耗时的工作。因为一个簇内站点较多，每个站有三个 PCI，每个站的 PCI 除以 3 的余数都是 0、1、2 这三个数字。只要邻区之间有 PCI Mod3 干扰，就会导致 SINR 值较差，从而影响性能指标。然而，在调整 PCI Mod3 干扰时就需要一个站一个站的调整，调整的同时还需要考虑周围基站的影响，经常会出现新的 PCI Mod3干扰。因此，PCI Mod3 干扰的优化需要我们不断积累实践经验，最终才能使得网络达到最优。

10.4　信令参数优化

小区选择和重选、接入信令、附着、切换等过程中涉及各种信令参数，很多参数是需要根据实际无线环境进行设置的，由于这些参数设置不合理，会导致诸如重选不及时、接入困难、频繁切换等方面的问题。如参考信号功率默认设置过低、非竞争前导码配置过少、重选同频测量启动门限过低、异频切换起测门限不合理等，都属于信令参数的问题。

信令参数优化需要在实际工作中不断实践，找到影响性能的主要因素，调整其参数，从而实现优化。

10.5　资源问题优化

从本质上来讲，数据业务优化就当前基本空载的网络，覆盖是最大的影响因素，将基础的 RF 优化解决之后，就可以解决 70%以上的问题。那么在基础覆盖无问题并且干扰问题也可以忽略的情况下，仍然出现业务速率较低的情况，我们就可以排查是否存在资源受限的问题。资源问题的排查需要只存在测试 UE 并且 UE 处于非边缘区域的环境下来进行，如果达不到速率上限，就需要排查调度相关参数是否受限。资源问题的优化主要通过调整参数来解决，实践经验积累得越多，优化这类问题时才能更加得心应手。

第 2 部分

实践操作

任务 1

Pilot Pioneer 软件的认识和安装

1.1 任务概述

在无线网络测试系统中,测试软件的作用和意义十分重要,测试类型的定义、测试模板的配置、测试数据的保存和测试数据的回放分析都离不开它,它是采集和分析测试数据的核心工具。本任务将介绍鼎利无线网络测试软件 Pilot Pioneer 的安装过程,并初步认识该软件。

本任务的具体要求是:
(1)学会安装和配置鼎利测试软件。
(2)了解鼎利测试软件的功能特点。
(3)熟悉鼎利测试软件的操作界面。

本任务将采用 10.1.100.618(Alpha)版本的 Pilot Pioneer 软件,支持全部移动网络的三星 S7 G9300 测试手机,环天 GPS 和满足配置要求的工程笔记本等硬件,还需要电子地图和基站信息。

Pilot Pioneer 是一款支持全网络制式、多频段及多业务测试的新一代无线网络测试及分析软件。Pilot Pioneer 基于 PC 和 Windows10/8/7/XP 平台,其结合鼎利公司长期无线网络优化经验和最新的研究成果,除了具备完善的 GSM、CDMA、EVDO、WCDMA、TD-SCDMA、LTE 网络测试和 Scanner 测试功能外,还支持数据后统计、分析功能,如各类指标统计报表、各种专题数据分析等。Pilot Pioneer 软件界面如图 1 所示。

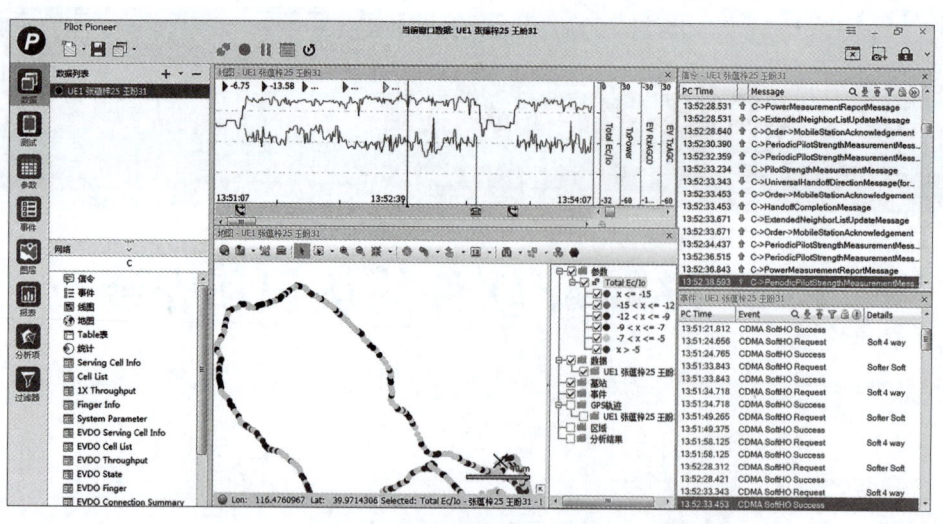

图 1 Pilot Pioneer 软件界面

1.2　任务实施步骤和操作流程

1.2.1　Pilot Pioneer 软件的安装

1. Pilot Pioneer 软件的运行环境

（1）操作系统：Windows 7（32/64 位）/Windows 8（32/64 位）/Windows 10（32/64 位）。

（2）最低配置：CPU：Intel i3 2.0 GHz，内存：2.00 GB，显卡：VGA，显示分辨率：1 366×768，硬盘空间：50 GB 或以上。

（3）建议配置：CPU：Intel i5，内存：4.00 GB，显卡：SVGA，16 位彩色以上显示模式。

（4）显示分辨率：1 366×768，硬盘空间：240 GB 或以上。

（5）CA 测试配置：CPU：Intel I7 5 500，内存：8 GB，硬盘：500 GB 7 200 r/min 或者 256 GB SSD。

Pilot Pioneer 运行所需内存的大小与用户运行的系统以及分析的测试数据大小有密切关系，内存越大，测试和分析的速度越快。因此，建议用户最好能够配置稍大的内存空间。

计算机安装的杀毒软件可能会导致本软件无法正常安装或引发软件在运行过程中出现异常，如软件安装或使用时出现异常请关闭杀毒软件重新安装或把该软件添加到杀毒软件"信任列表"中。

2. 安装 Pilot Pioneer 软件

运行 PioneerSetup.exe 进行安装，如图 2 所示。

第一步：首先进入安装向导页面，如图 3 所示，单击"Next"按钮则继续安装，单击"Cancel"按钮则退出安装。

第二步：选择安装路径，如图 4 所示。单击"Browse"按钮

图 2　Pioneer 主程序安装包

任务 1 Pilot Pioneer 软件的认识和安装

图 3 Pilot Pioneer 安装向导

更改安装路径，单击"Install"按钮开始进行 Pilot Pioneer 的安装，如图 5 所示。单击"Back"按钮安装程序返回上一级操作，单击"Cancel"按钮则退出安装。

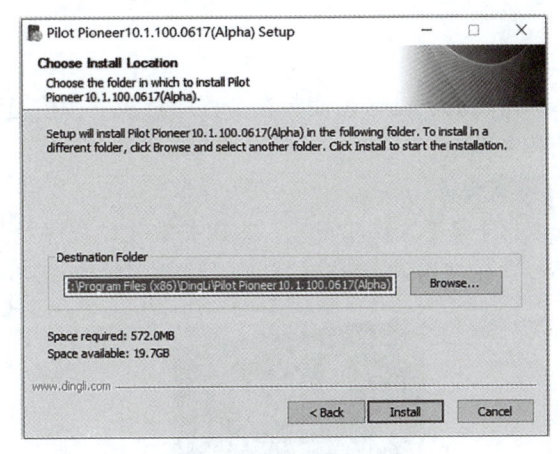

图 4 指定安装路径

图 5 Pilot Pioneer 安装过程

第三步：安装成功后，给出安装成功的提示信息，其安装成功界面如图 6 所示。单击"Finish"按钮完成安装。

图 6　Pilot Pioneer 安装成功界面

3. 加密狗驱动的安装

运行加密狗驱动。加密狗的驱动必须安装在主程序目录下，按提示进行安装。安装此部分时，需要将加密狗插在电脑上。

4. 驱动程序及运行环境安装

首次使用 Pilot Pioneer 时需要为软件安装一些相关的驱动程序及基本的运行环境，这些驱动程序和运行环境都包含在"PioneerDriversSetup. exe"中，如图 7 所示。

图 7　Pioneer 基础库安装包

第一步：首先进入驱动安装向导页面，如图 8 所示。单击"Next"按钮则继续安装，单击"Cancel"按钮则退出安装。

第二步：选择安装路径，如图 9 所示。单击"Browse"按钮更改安装路径，单击"Install"按钮开始进行驱动的安装，如图 10 所示。单击"Back"按钮安装程序返回上一级操作，单击"Cancel"按钮则退出安装。

任务 1　Pilot Pioneer 软件的认识和安装

图 8　驱动安装向导

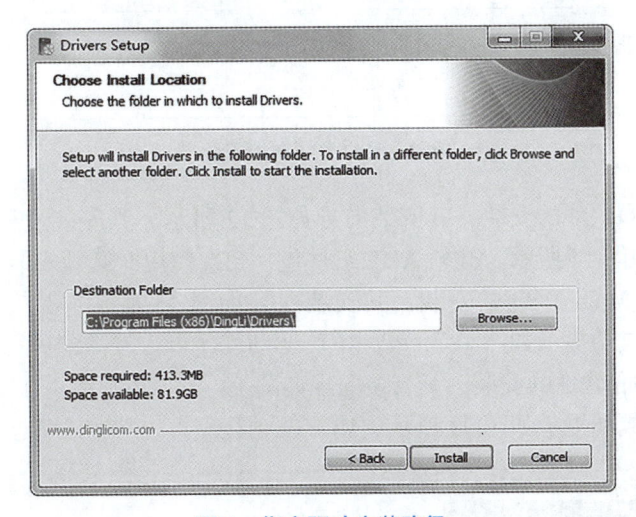

图 9　指定驱动安装路径

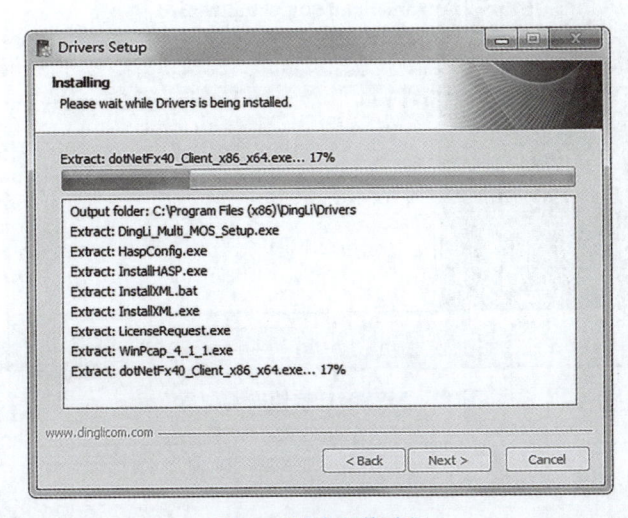

图 10　驱动安装过程

第三步：HASP 环境的安装，如图 11 所示，单击"确定"即可。HASP Run-time Environment 为 Piolt Pioneer 硬件加密锁驱动程序，初次使用时必须安装。

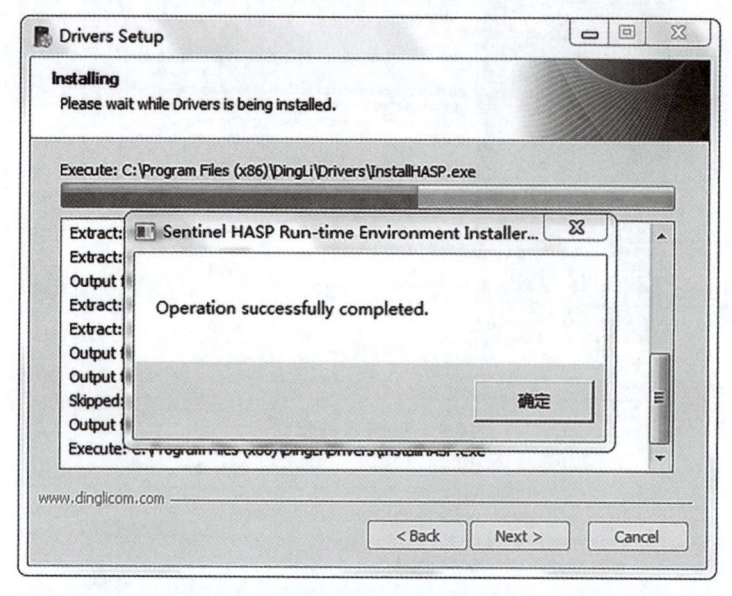

图 11　HASP 环境的安装

第四步：MSXML 软件的安装，其安装向导如图 12 所示，其安装过程如图 13 所示，其安装成功提示信息如图 14 所示。微软 XML 组件包，初次使用时必须安装。

第五步：DingLi Multi MOS 的安装，其安装向导如图 15 所示，其安装过程如图 16 和图 17 所示，其安装成功提示如图 18 所示。MOS 驱动程序可以按需求进行安装。

第六步：WinPcap 软件的安装，其安装向导如图 19、图 20 所示，其安装过程如图 21 和图 22 所示，其安装成功提示如图 23 所示。MOS 驱动程序可以按需求安装。

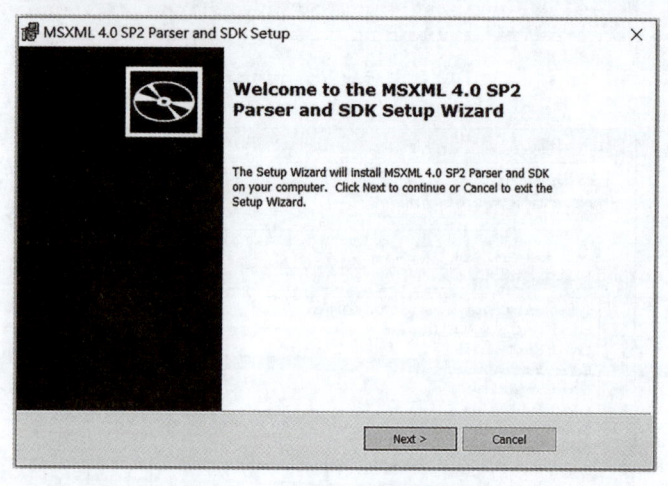

图 12　MSXML 软件安装向导

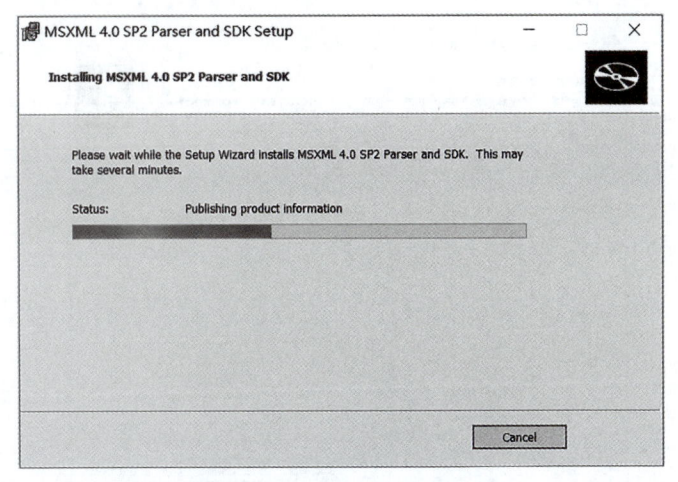

图 13　MSXML 软件安装过程

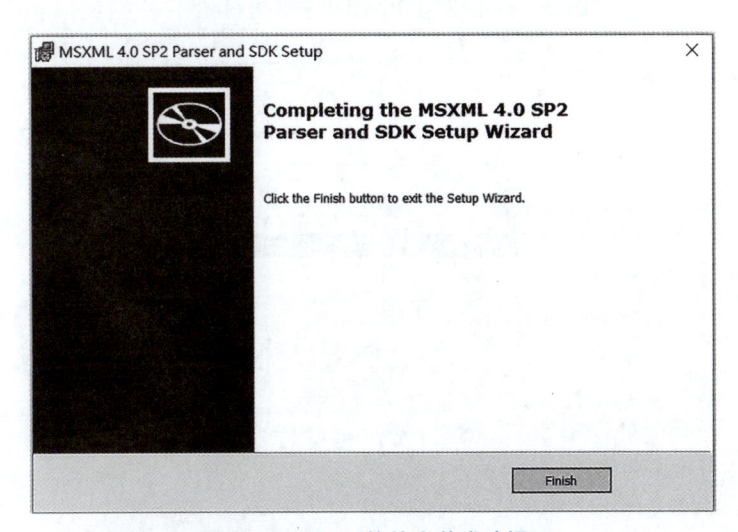

图 14　MSXML 软件安装成功提示

图 15　DingLi Multi MOS 安装向导

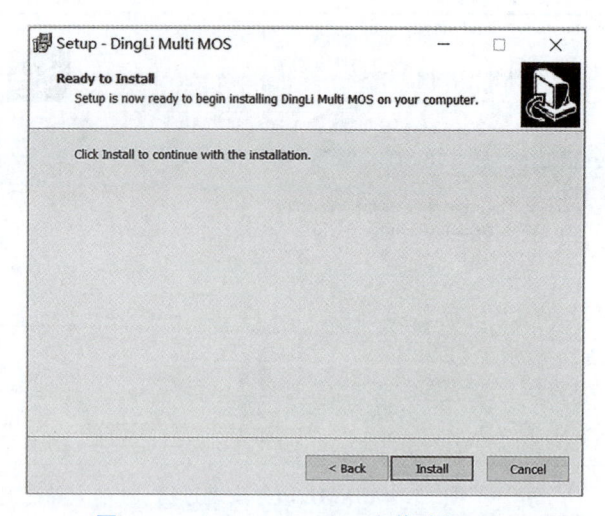

图 16 DingLi Multi MOS 安装过程（1）

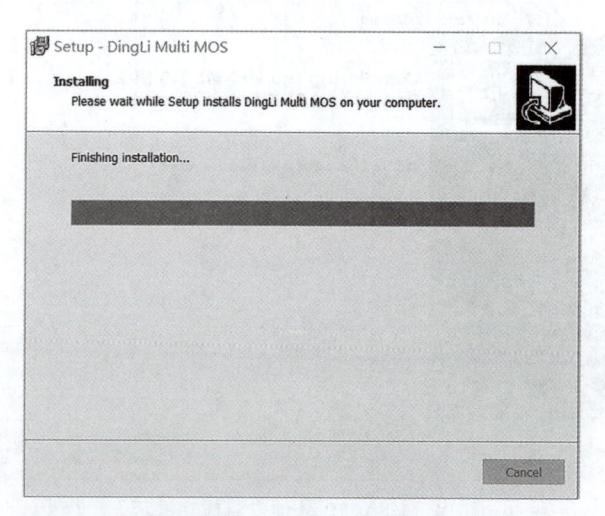

图 17 DingLi Multi MOS 安装过程（2）

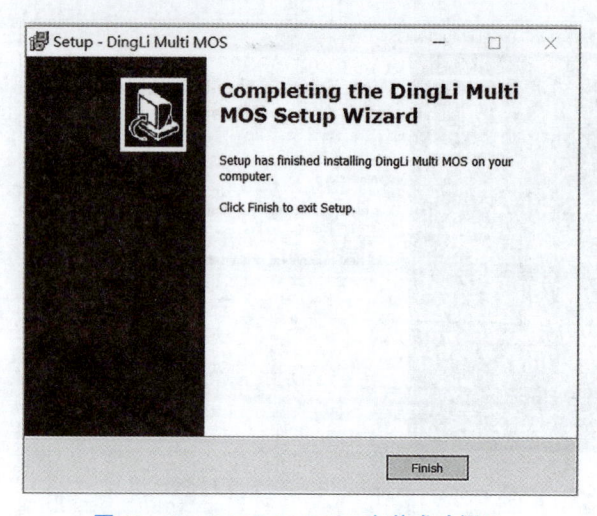

图 18 DingLi Multi MOS 安装成功提示

任务 1　Pilot Pioneer 软件的认识和安装

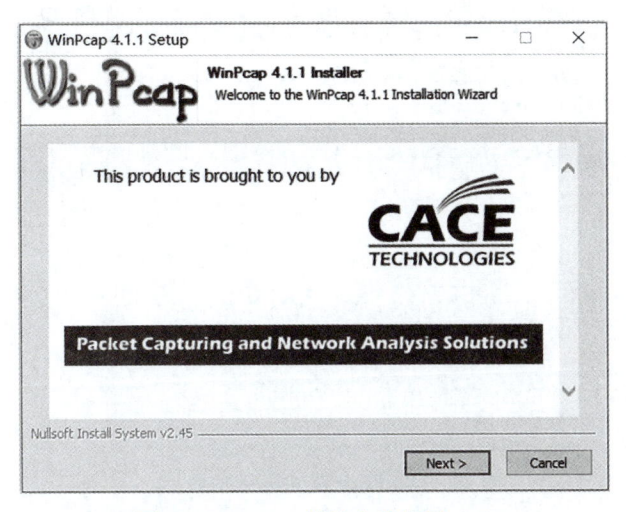

图 19　WinPcap 软件安装向导（1）

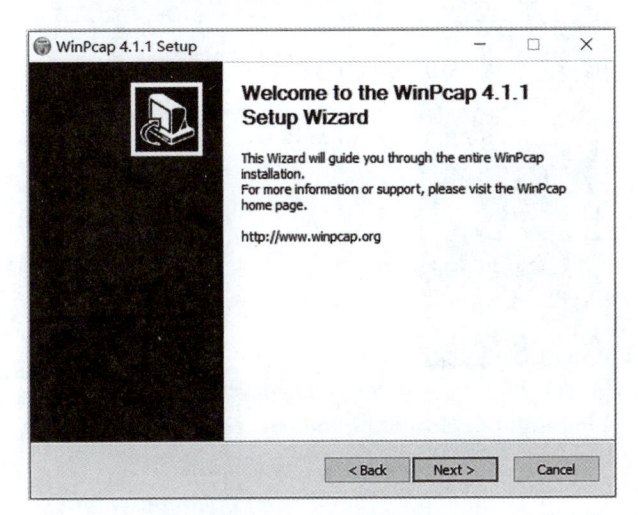

图 20　WinPcap 软件安装向导（2）

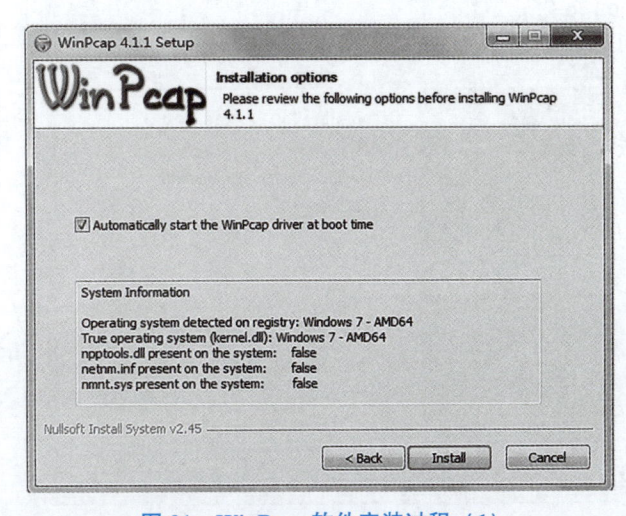

图 21　WinPcap 软件安装过程（1）

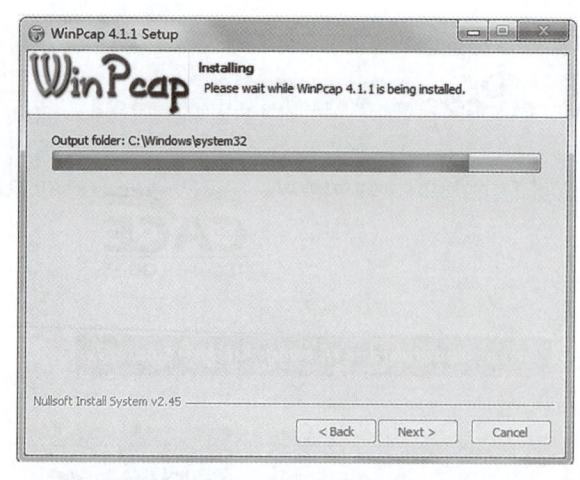

图 22　WinPcap 软件安装过程（2）

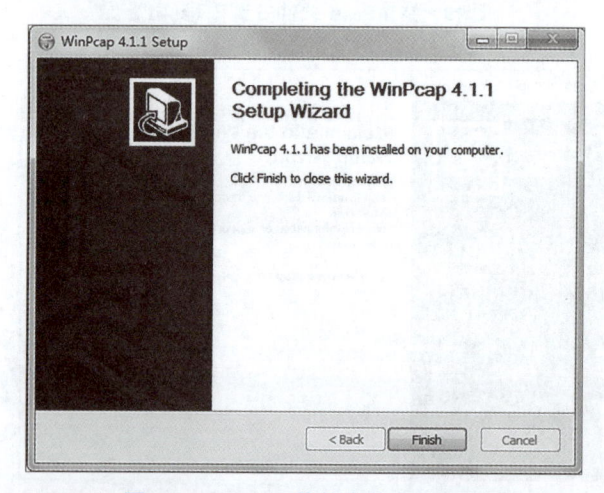

图 23　WinPcap 软件安装成功提示

第七步：驱动软件安装完成。在驱动软件安装成功提示窗口单击"Finish"按钮即可。其安装成功提示如图 24 所示。

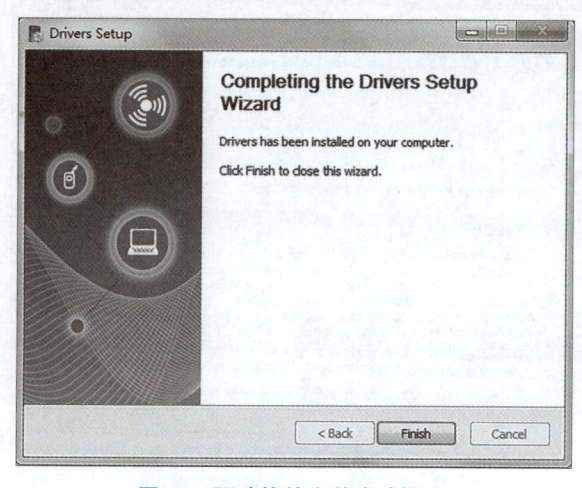

图 24　驱动软件安装成功提示

任务 1　Pilot Pioneer 软件的认识和安装

安装成功后把加密狗插到计算机的 USB 上即可运行 Pilot Pioneer 软件。若未插入加密狗就运行软件，软件只允许简单的信息查看，大部分功能将不能使用。

1.2.2　设备的连接

1. 设备识别

在设备已安装相应驱动前提下，数据采集测试前需先进行设备端口、网络适配器等配置，否则便无法正常采集数据及对设备进行有效控制。设备配置有自动检测和手动配置两种方式。对于终端和 GPS 一般使用一键自动检测即可，但对于某些特殊情况（如自动检测不成功或某些特殊终端）或扫频仪需要使用手动配置的方式。

在保证设备已正确安装驱动前提下，无论是哪一种方式设备配置前都需确认设备已被计算机正常识别端口并被 Pilot Pioneer 软件检测到，如何确认这两方面信息呢？

1）确认设备端口信息正常

右击"我的电脑"→"管理"→"设备管理器"中，应能在"端口""调制解调器"及"网络适配器"三个分项中正常看到设备端口信息，如图 25 所示。

图 25　设备端口信息

2）确认设备被软件正常检测到

Pilot Pioneer 导航栏切换到"测试"分页，如果设备被软件检测到会有相应提示，如图 26 所示（图中按钮上的数字 2 表示有 2 个设备被检测到并且未被配置）。

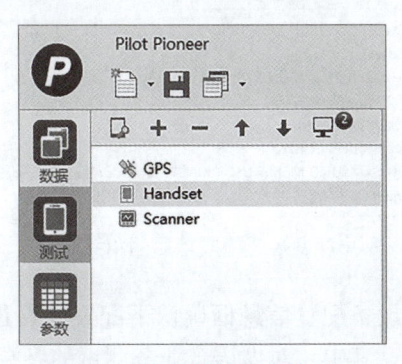

图 26　设备被软件正常检测到

2. 自动检测

自动检测方式对 GPS 及绝大部分 Handset 设备生效，Scanner 暂不支持。设备驱动正常前提下，单击导航栏"测试"分页中" "按钮（快捷键<F5>）可进行设备自动检测，如图 27 所示。下面以 Handset 为例说明自动检测的过程。单击自动检测后，出现"正在检查设备"窗口，如图 28 所示。检查成功后会出现提示窗口，并询问是否连接，如图 29 所示。选择"是"，进行设备连接，连接完成后在 Handset 下显示了设备连接成功后的相关信息，如图 30 所示。

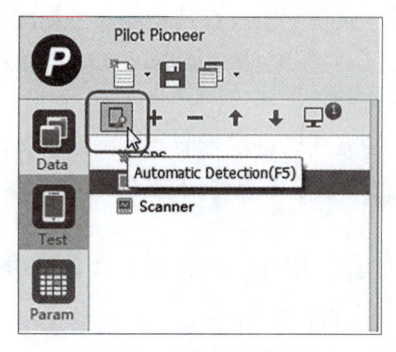

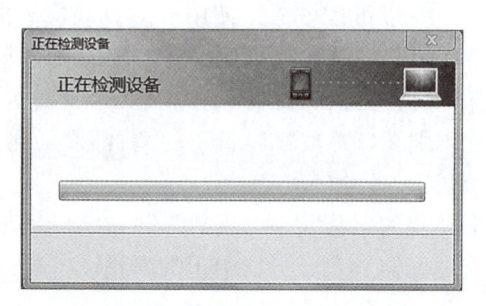

图 27 设备自动检测　　　　　　　　　　图 28 设备自动检测过程

图 29 设备自动检测成功提示

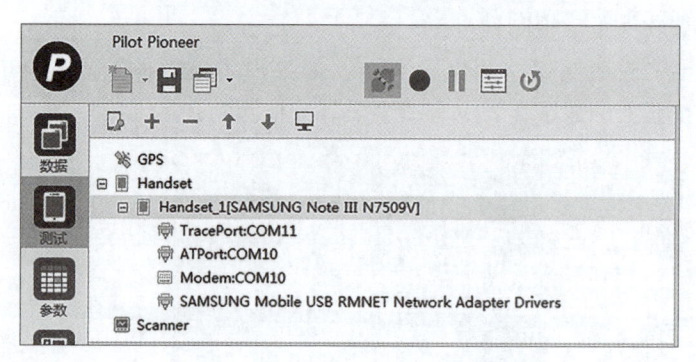

图 30 设备连接成功后的相关信息

也可以双击设备名称打开设备配置信息框确认下配置是否正确，如图 31 所示，如果配置不正确各配置项目将是空白。其中，对做语音业务测试的终端只需要配置选择终端信令端口（Trace 口）。对数据业务测试的终端，还需要同时配置 AT 口（Modem 口）。

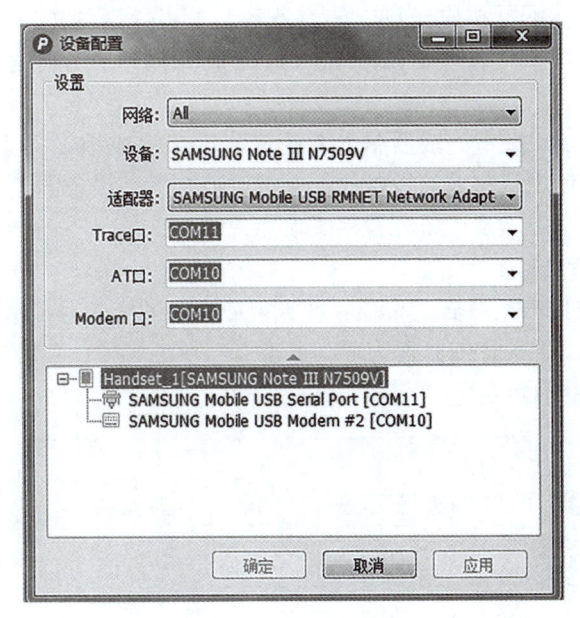

图 31　设备配置信息

3. 手动配置

手动配置是指用户连接好外接设备后,用户根据设备信息自行完成设备的名称、端口号及网络适配器等信息的配置。该方式一般在自动检测未成功时使用。还是以 Handset 举例,手动配置方式使用方法如下(其他设备类型方法雷同):

(1) 右击导航栏"测试"分页下的 Handset,选择"编辑",打开 Handset 手动配置设备界面,如图 32 所示。

图 32　Handset 手动配置设备界面

（2）根据设备实际配置相应信息，如设备名、采集数据的 Trace 口，以及用于控制的 AT 和 Modem 口，其中"网络"是指终端支持的最高网络，用于过滤终端方便"设备"选择的。

（3）设备名及各端口配置完成后单击"确定"按钮完成该设备添加并退出设备配置操作，单击"应用"按钮表示完成该设备添加并继续进行下一设备的配置操作。

4. 设备异常时信息提示及设备配置相关功能说明

1）设备异常时信息提示

如果设备端口出现异常，Pilot Pioneer 会有表征异常的感叹号提示，如图 33 所示，出现异常时可进入 Windows 设备管理器查看端口是否真出现了问题，一般出现问题可通过插拔设备、重启终端或重装驱动解决。

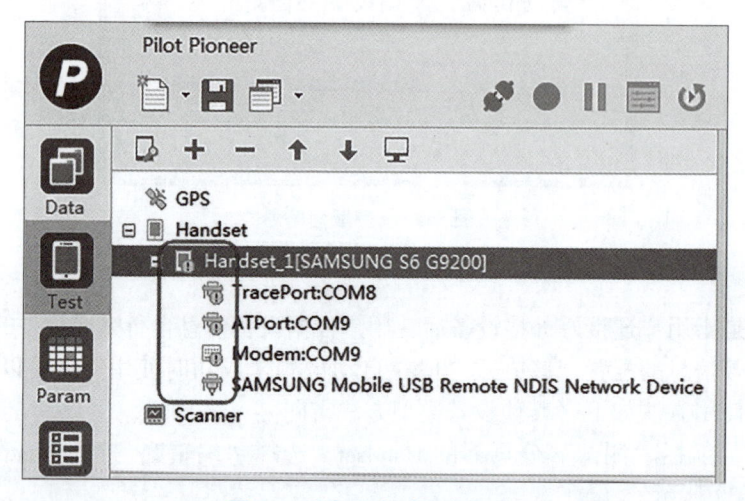

图 33　设备异常时信息提示

2）设备配置相关功能说明

Pilot Pioneer 导航栏"Test"分页设备配置区域提供了一些跟设备配置相关的功能，如图 34 所示，各功能作用列举如表 1 所示，用户可根据实际需要使用。

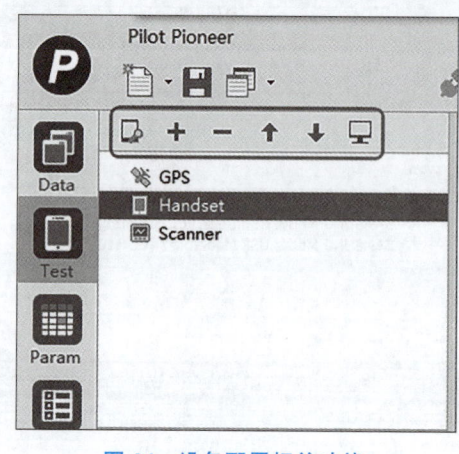

图 34　设备配置相关功能

表 1　设备配置相关功能说明

功能图标	功能作用
	设备自动检测功能
＋	添加设备功能，选中某设备类型后单击该按钮可进行该类型设备手动配置操作
－	删除设备功能，选中某设备类型节点或选中某设备后单击该按钮可删该节点或选中的设备
↑	设备上移
↓	设备下移
	"快速打开 Windows 设备管理器"按钮

1.2.3　Pilot Pioneer 软件界面的认识

软件主界面是承载 Pilot Pioneer 软件所有操作的基础平台，通过主界面可以方便地调出各种功能窗口。主界面分为导航栏、菜单栏、工具栏、标题栏、状态栏和工作区几部分。Pilot Pioneer 软件主界面如图 35 所示。

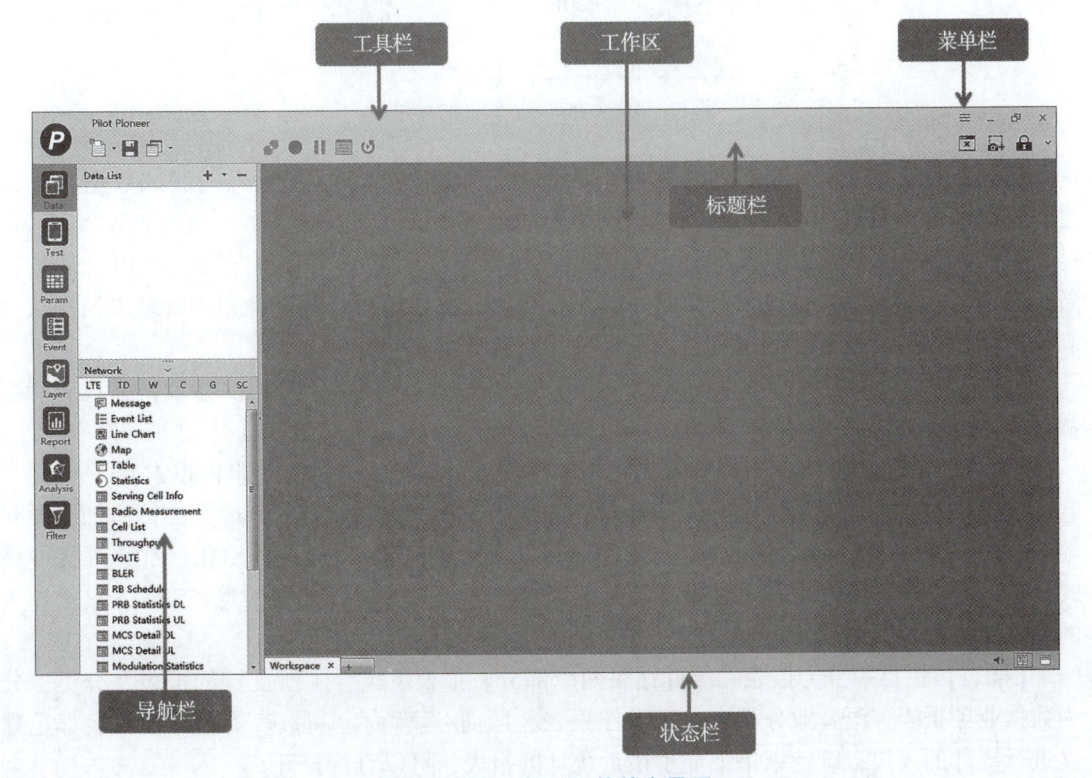

图 35　Pilot Pioneer 软件主界面

1. 导航栏

主界面左侧导航栏包含数据、测试、参数、事件、图层、报表、分析项和过滤器分栏，如图36所示。导航栏主要是对界面呈现、测试数据、设备、基站数据库、测试模板与测试计划、地图、基站数据库、参数、事件、工作区窗口、统计报表、分析项、过滤器等软件常用功能进行操作管理。

图 36　Pilot Pioneer 软件的导航栏

【数据】栏目中分为数据列表和网络两部分。数据列表下显示导入的测试数据相关信息，网络下显示所选的数据对应支持的网络下的窗口。

【测试】栏目中分为设备配置、测试模板和业务控制部分。设备配置主要用于加载设备，支持添加、删除、修改设备信息，测试模板支持测试模板与测试计划的管理以及测试计划间的循环设置，业务控制下支持当前所使用设备的强制功能。

【参数】栏目中输出所选择的数据对应支持的网络和该网络下常用的参数，并且支持参数搜索。

【事件】栏目中输出所选择的数据记录的事件或者业务，并且支持事件搜索。

【图层】栏目中分为 Geo Map、Indoor Map 和 Site 三个部分；Geo Map 下支持添加、删除地图文件，支持 Mapinfo、图片、Terrain、Auto CAD、USGS、ArcInfo、KML、ZDF 等文件格式；Indoor Map 下支持导入、增加或者更新室内测试相关的楼层数据信息，Site 下显示导入的基站数据库相关信息。

【报表】栏目中分为报表、统计结果两个部分。报表下集合了所支持的报表及分类，分为数据业务报表、语音业务报表、互操作报表、厂商/运营商定制报表等；每个报表都是独立进行统计的入口；统计结果下显示最近统计的报表，可以直接打开。

【分析项】栏目中集合了所支持的分析项功能，分析的结果也在对应节点下输出。

【过滤器】栏目中分为过滤器、栅格模板两个部分。过滤器下集合了所支持 Filter 功能，每个都是独立的分析项入口，可以配置保存多个不同过滤条件；栅格模板可以配置保存 BIN 的模板。

2. 菜单栏

主界面的菜单栏都集中在软件右上角，它是多种功能窗口的集合，如图 37 所示。菜单栏包含有【文件】、【语言】、【配置】、【工具】和【帮助】菜单。

图 37 Pilot Pioneer 软件菜单栏

1) 【文件】菜单

【File】菜单主要包含工程的新建保存、测试数据的导入导出选项，具体如表 2 所示。

表 2 文件菜单

功能名称	功能名称（英文）	快捷键	功能描述
新建工程	New Project	Ctrl+N	重新建立一个工程
打开工程	Open Project		打开已保存的工程
保存工程	Save Project	Ctrl+S	保存当前工程
工程另存为	Save Project As		当前工程另存为
导入数据	Import Logfile	Ctrl+O	通过常规导入、高级导入和按文件夹几种方式导入测试数据
导出数据	Export Logfile		导出软件中的测试数据

2) 【语言】菜单

【语言】菜单是针对软件界面语言的设置，可以设置为中文或者英文。

3) 【配置】菜单

【配置】菜单主要包含了软件中窗口的配置和管理选项，具体如表 3 所示。

表 3 配置菜单

功能名称	功能名称（英文）	功能描述
参数设置	Parameter Settings	支持软件中所有参数以及 Map 窗口中阈值分段设置
信令设置	Message Settings	支持软件中所有消息的相关设置
事件设置	Event Settings	支持软件中所有事件的相关设置

续表

功能名称	功能名称（英文）	功能描述
界面管理	Interface Manager	支持各网络的线图、条图、状态窗口和特殊窗口设置
保存窗口位置和大小	Save Position As Default	支持手机各网络和扫频仪的参数在导航栏显示的设置
自定义参数管理	Custom Parameter Manager	支持用户根据参数、事件、信令添加自定义参数的相关设置
自定义事件管理	Custom Event Manager	支持用户根据参数、事件、信令添加自定义事件的相关设置
MOS 设置	MOS Settings	该设置会影响各语音评估测试数据在"MOS"窗口的波形及 MOS 分值
配置管理	Options	支持测试记录设置和数据进程的相关控制

4)【工具】菜单

【工具】菜单主要包含 Pilot Pioneer 软件中工具的相关选项，具体如表 4 所示。

表 4 工具菜单

功能名称	功能名称（英文）	功能描述
ATU/BTU	ATU/BTU	对 ATU/BTU 平台配置和连接测试窗口
合并/分割数据	Merge/Partition Logfiles	对测试数据合并或分割的设置窗口
图形地理化	Adjust Image	支持对加载图片创建坐标信息并能生成 TAB 格式的文件
GPS 轨迹补偿	GPSTrajectory Compensation	GPS 轨迹补偿功能，对 GPS 轨迹缺失的数据进行轨迹修复
室内测试管理	Indoor Test Manager	对室内测试数据的管理：主要有导入、导出和删除等操作
报表后台任务监控	Report Task Monitor	对加载的数据按照模板设置的条件进行分析
Fleet 文件下载	Download From Fleet Server	支持 Fleet 平台文件下载
关键字搜索	Search Keyword	输入信令、信令详情、事件、基站或者参数所需查找的关键字或者参数范围搜索相关信息
ATU 文件下载	Download From ATU Server	支持 ATU 平台文件下载

5)【帮助】菜单

【帮助】菜单主要有 BUG 在线反馈、版本更新提醒和 Pilot Pioneer 软件信息等选项，具体如表 5 所示。

任务 1　Pilot Pioneer 软件的认识和安装

表 5　帮助菜单

功能名称	功能名称（英文）	功能描述
信息反馈	Feedback	支持用户将使用过程中发现的 BUG 通过该功能进行反馈
检查新版本	Check Version	支持在线更新查询最新发布的版本信息
关于 Pioneer	About Pioneer	展示了有关本次软件的发布信息，如版本号、支持网络、加密狗等信息

3. 工具栏

菜单栏中常用功能的快捷按钮按照一定的规则或顺序排列在一起并显示出来形成了工具栏。默认将常用的功能显示出来，部分功能隐藏在下拉菜单中，如图 38 所示。

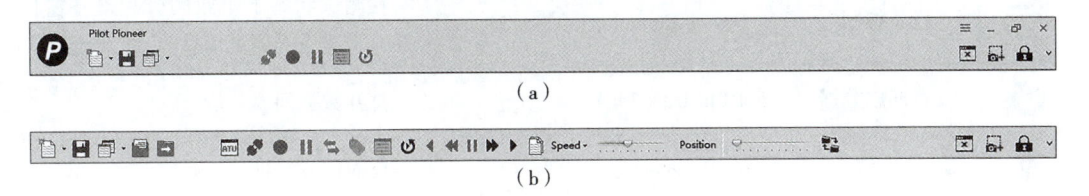

（a）

（b）

图 38　工具栏

（a）默认工具栏；（b）工具栏全部功能

工具栏上各图标功能详细信息如表 6 所示。

表 6　工具栏详细信息

图标	功能名称	功能名称（英文）	快捷键	功能描述
	新建工程	New Project	Ctrl+N	重新建立一个工程
	打开工程	Open Project		打开一个工程
	保存工程	Save Project	Ctrl+S	保存当前工程
	场景管理	Scene		场景管理
	打开场景	Scene		打开保存的场景
	导入数据	Import Logfile		通过常规导入的方式导入测试数据
	导出数据	Export Logfile		导出软件中的测试数据
	ATU/BTU	ATU/BTU		打开 ATU/BTU 操作窗口
	连接	Connect	F6	外接设备与软件的连接
	断开连接	Disconnect	F6	外接设备与软件的断开

续表

图标	功能名称	功能名称（英文）	快捷键	功能描述
	停止记录	Stop Recording	F7	停止记录测试数据
	开始记录	Start Recording	F7	记录测试数据
	暂停记录	Pause Recording		暂停/恢复记录测试数据
	切换数据	Change Data		停止当前测试数据记录，同时重新开始记录一个新的测试数据
	标签	Label		标记的当前测试状态下的所有设备
	设备控制	Device Control	F8	在测试状态下生效的管理设备窗口，并显示相应的测试信息
	设置回放数据	Set Playback Data		打开数据回放功能
	反向回放	Reverse		反向回放数据
	后退	Previous Point		反向步进
	暂停	Pause		停止回放
	向前	Next Point		正向步进
	正向回放	Forward		正向回放数据
	复制数据	Copy Data		选择起点和终点复制一段测试数据
	关闭所有窗口	Close All Windows	ALT+X	关闭所有关口
	截屏	Screen Shot	ALT+P	截屏功能
	冻结所有窗口	Freeze All		冻结所有窗口

4. 标题栏

标题栏是指示数据操作的提示区域。当用户选中 Data 栏目里面导入的数据时，标题栏就会显示当前选中的数据，之后，新开的窗口都会输出当前选择的数据，如图 39 所示。

图 39　标题栏

5. 工作区

工作区是承载各种窗口显示的平台。当用户新建工程时，缺省状态下显示一个工作区，当用户打开已保存的工程时，该工程便去显示保存的工作区。

单击"连接"按钮时：

若工作区内无窗口或显示窗口的数据序号与将要连接的终端序号不一致，则工作区的创建个数与连接设备终端的个数相同，工作区的名称自动对应设备名称。

若工作区中显示的窗口数据序号与将要连接的终端序号一致，则对应的数据信息会附载到相应的窗口上，不在未对应上的设备信息中创建工作区。

6. 状态栏

主界面底部状态栏显示与当前操作状态有关的信息，如图 40 所示。其目前的主要作用是显示数据解码、报表统计的进度，以及当前进行中的任务数。解码时，单击进度条可以打开进度窗口，统计报表时单击进度条可以打开 Report Task Monitor。

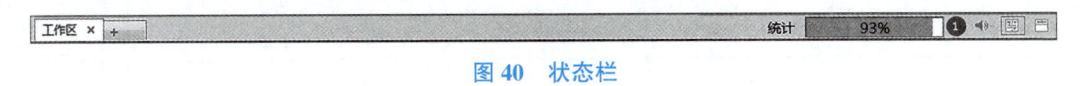

图 40　状态栏

1.3　任务实践与考核

本任务由教师讲解或者用视频演示，再由学生进行实践练习，从而完成该任务的目标。

要求学生了解 Pilot pioneer 软件安装时注意事项，考察学生对安装过程中出现的问题能够进行认真思考，给出解决方案。在对软件的认识方面，学生一定熟练掌握，可以设计一定的题目（如能够给出特定的界面）来让学生对该软件有初步认识，也可以通过互动让学生掌握本任务的操作内容，且要尽量在课堂上完成。

在进行本任务的练习和考核时最好能够每人一台设备。如果设备不是很充裕，可以两人一组进行练习与考核。考核时，教师在两人中随机选取一人进行。考核期间，另一位学生不可以提示（如果提示则会被扣分），然后将最终考核成绩作为这一组两位同学的共同成绩。也可以设计其他考核方式，由任课教师根据学生的特点灵活设计。

任务评分表

课程名称：移动接入网优化与测试　　　　　　　　学号：
任务 1：Pilot Pioneer 软件的安装　　　　　　　　姓名：

评价条目	描述	占分值	评分标准	得分
1	成功安装 Pilot Pioneer 软件	10	独立完成得满分，在教师的提示下完成得 60%，否则得 0 分	
2	成功安装加密狗驱动	10	独立完成得满分，在教师的提示下完成得 60%，否则得 0 分	

续表

评价条目	描述	占分值	评分标准	得分
3	成功安装基础软件包（MSXML、WinPcap）	20	独立完成得满分，在教师的提示下完成得60%，否则得0分	
4	成功配置GPS端口、成功配置测试手机端口	10	独立完成得满分，在教师的提示下完成得60%，否则得0分	
5	成功安装GPS和测试手机驱动	20	独立完成得满分，在教师的提示下完成得60%，否则得0分	
6	成功安装电子地图和基站信息	20	独立完成得满分，在教师的提示下完成得60%，否则得0分	
7	路测软件成功运行	10	独立完成得满分，在教师的提示下完成得60%，否则得0分	
总分		100		

任务 2

话音业务呼叫测试

2.1 任务概述

在网络优化过程中，语音呼叫测试是其中必不可少的一项业务。在本任务中，将介绍语音测试及相关优化的基本步骤。Call 业务是对语音通话过程进行的测试，常用来验证网络语音业务的接入和保持性能。

学习完该任务，将掌握以下操作技能：
（1）正确配置话音业务模板。
（2）实现话音业务的拨打测试。
（3）产生话音业务拨打测试的数据文件。

本任务需要事先学习测试的流程、测试模板中各个参数的具体含义、各个运营商的网络制式等内容。

本任务所使用的软件仍然是 10.1.100.618（Alpha）版本的 Pilot Pioneer 软件，要求的硬件设备主要有工程用笔记本电脑、软件加密狗、GPS、测试手机，还需要电子地图和基站信息。

2.2 任务实践步骤和操作流程

第一步：插入软件加密狗，运行软件，创建测试工程，如图 1 所示。

图 1　新建工程

第二步：保存创建的测试工程，如图 2 所示。选择测试工程的存储路径，如图 3 所示。

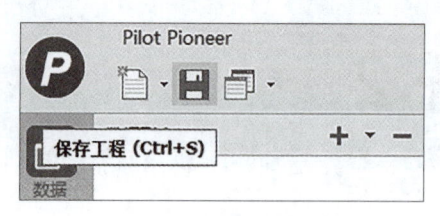

图 2　保存工程

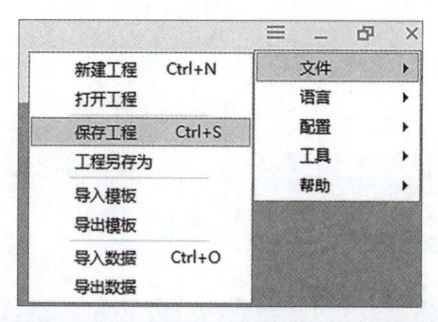

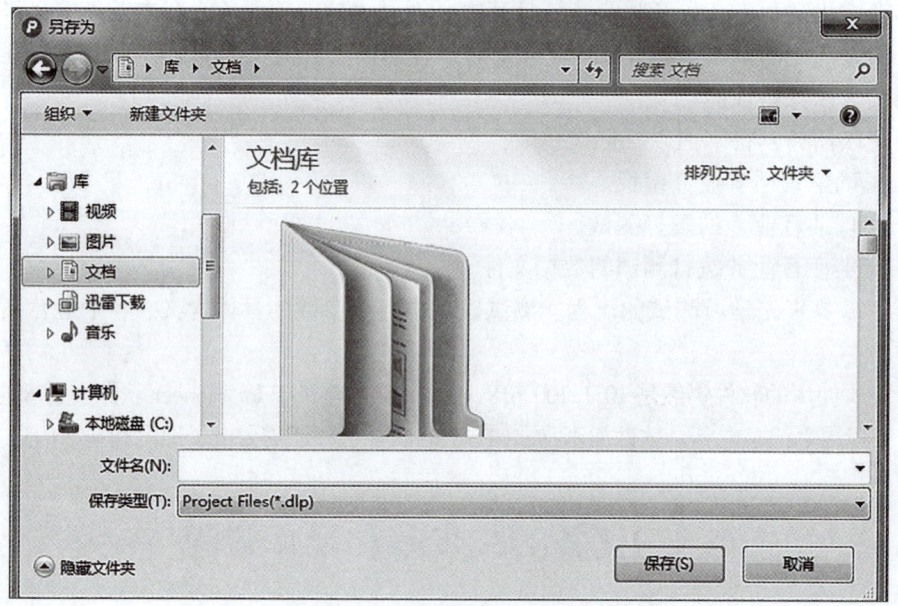

图 3　选择测试工程的存储路径

第三步：连接设备。本任务中的语音测试在室内进行。在配置设备之前，需要确保各个硬件设备的驱动已经正确安装，并且各个需要使用的硬件设备（GPS 和测试手机）已经连接到计算机的正确端口上。单击软件的设备管理器，打开设备管理器窗口，如图 4 所示，本例中使用的终端设备是三星 SM-G9300 测试手机，可以看出，计算机监测到的调制解调器、网络适配器及其使用的端口号信息。单击"自动检测"按钮进行设备连接，待连接完成后的设备配置信息如图 5 所示。

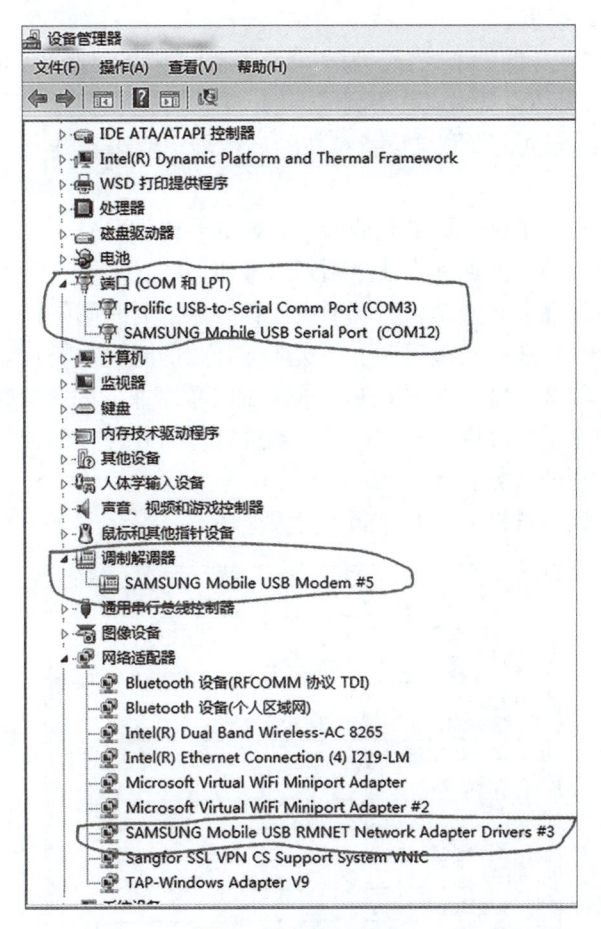

图 4　设备端口信息

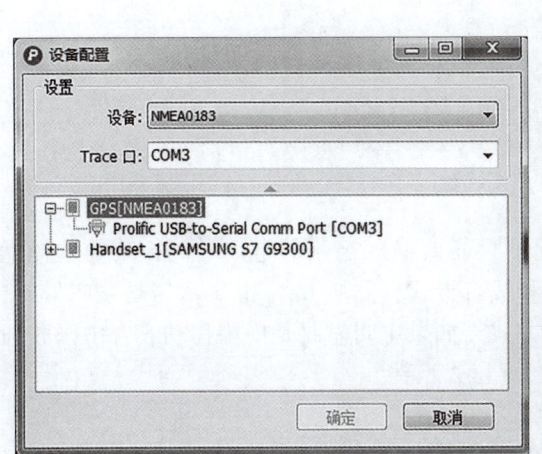

图 5　设备配置信息

第四步：配置测试模板。

测试计划是各测试业务的一个组合，为某个设备制订测试计划可以包含一个或多个测试业务。如果测试业务没有具体设备对应称为测试模板；有具体的设备对应称为测试计划。

在导航栏中的测试分页选择测试设备，在测试计划中双击打开 Call 测试，如图 6 所示。模板参数说明如下：

① 被叫号码：拨打的电话号码，是能够拨打通的号码即可；
② 连接时长：超过该时间通话未建立则判为呼叫失败；
③ 空闲间隔：单次业务正常结束后至下次业务开始的时间间隔；
④ 失败间隔：上一次业务失败后至下一次业务开始的时间间隔；
⑤ 通话时长：不勾选长呼情况下 Call 方式测试时单次业务的通话时长；
⑥ 长呼：如果勾选了长呼则表示软件不主动进行挂断处理，一直保持通话状态；
⑦ 循环次数：循环的次数；
⑧ 无线循环：如果勾选则表示业务测试无限循环。

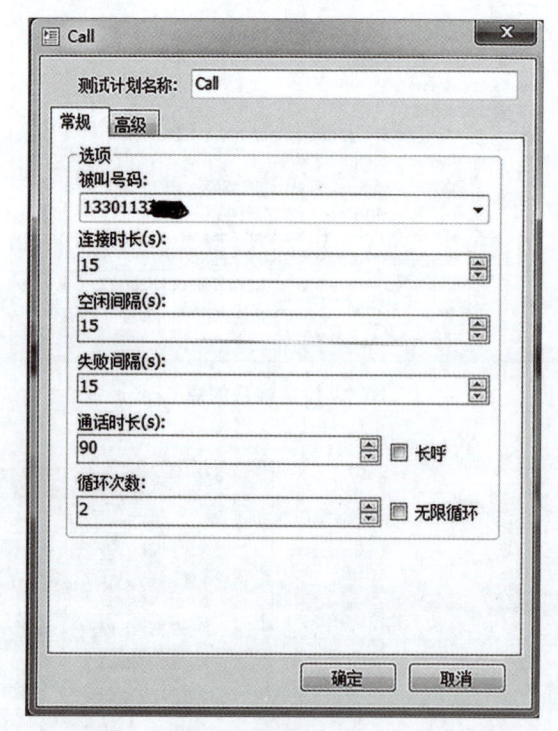

图 6 Call 测试计划

这些就是 Call 测试业务的配置，通常情况下只需要输入被叫的电话号码，其他选择默认值即可。在高级选项卡中需要设置拨打网络和拨打方式，图 7（a）中显示的是主叫号码，是中国电信的用户需要设置的拨打网络和拨打方式。如果主叫号码是中国移动或者中国联通的号码，需要设置的拨打网络和拨打方式如图 7（b）所示。

第五步：测试。

（1）在设备控制中，单击测试计划，如图 8 所示。打开测试计划管理（图 9），选择 Call 测试，单击"确定"按钮。

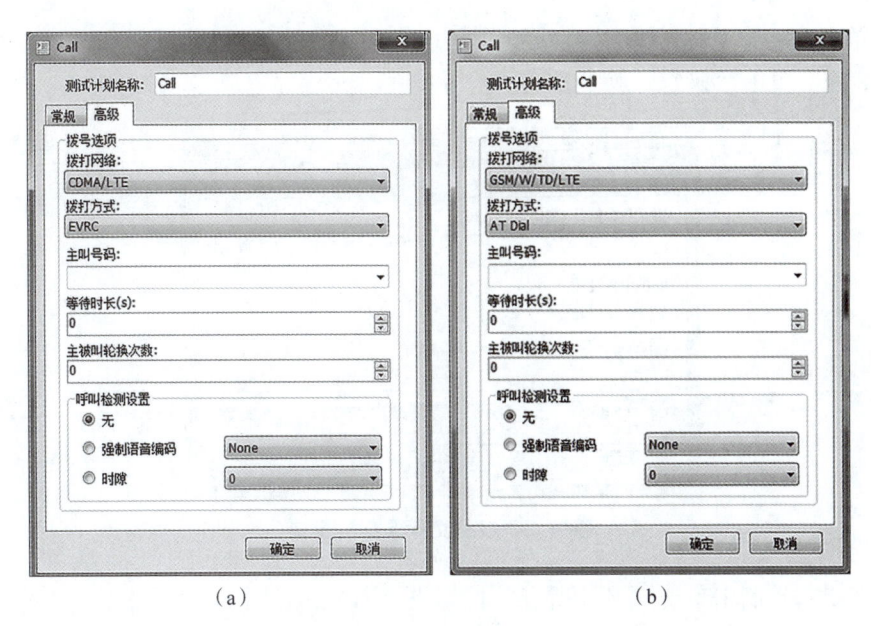

图 7 拨打网络和拨打方式
（a）中国电信；（b）中国移动或中国联通

图 8 "设备控制"窗口

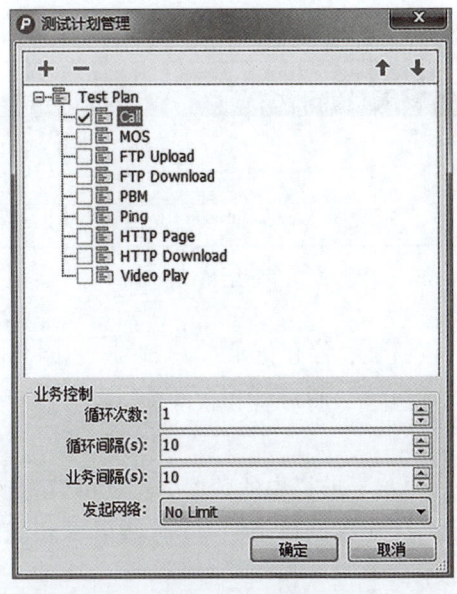

图 9 "测试计划管理"窗口

（2）单击开始记录按钮●，打开保存数据文件（图10），选择数据的保存路径及文件名和测试时间，单击"确定"按钮即可。

图10 "数据文件保存"窗口

（3）在设备控制中单击"开始所有"按钮进行测试，如图11所示。

图11 "开始测试"窗口

第六步：结束测试。
（1）在设备控制中单击"停止所有"按钮，如图12所示。

图12 "停止测试"窗口

（2）单击"停止记录"按钮●，停止记录。
（3）单击"断开连接"按钮，将设备和软件进行断开。
整个测试过程结束。

第七步：查看测试数据。单击导航栏中的数据分页，可以看到数据列表中有刚刚测试的数据名称，单击右键，选择"打开数据目录"，此时便可看到测试的数据，如图13所示。显示出的测试数据如图14所示。

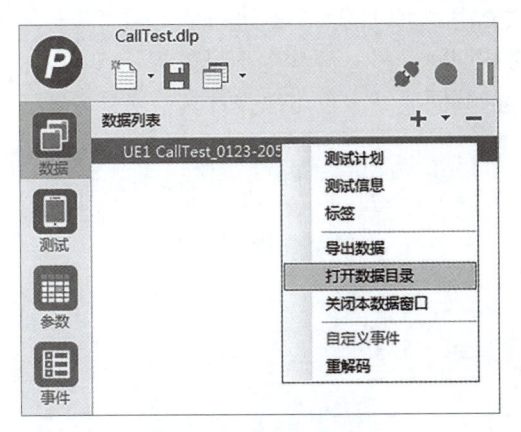

图 13　打开数据目录

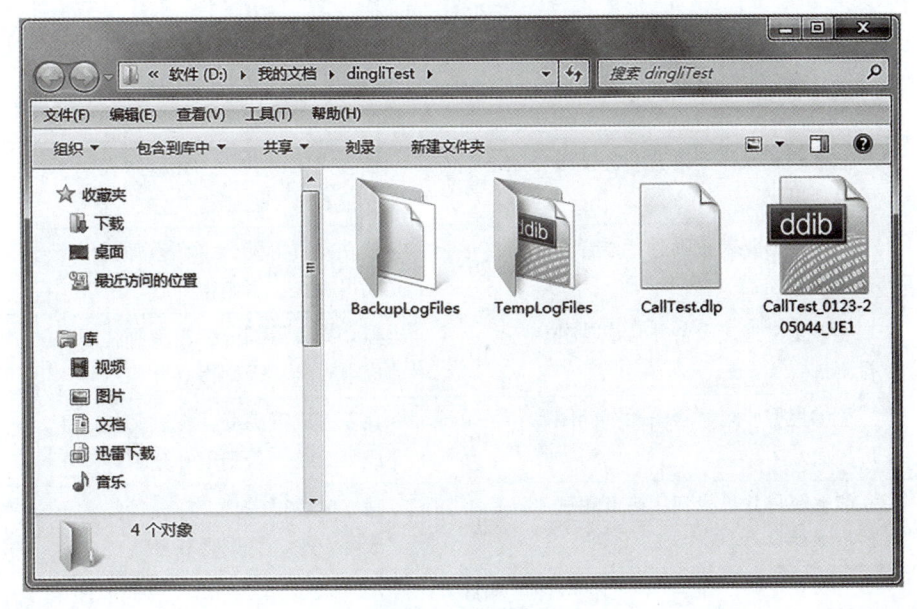

图 14　测试数据

2.3　任务实践与考核

本任务先由老师讲解或者播放视频演示，再让学生进行实践练习然后完成该任务的目标。

本任务涉及的实践练习和考核，如果条件允许最好每人一台设备，确保任务顺利完成。如果设备不是很充裕，可以两人一组进行合作，一人进行操作，一人观摩、熟悉操作流程，然后两人互换角色，完成练习。

本任务的考核和验收可以使用下面的"项目评分表"进行现场打分考核。教师演示讲解、学生充分练习之后，开始进行任务考核。考核时，如果每人一台设备，可以实现独立进行考核。如果设备不是很充裕，可以两人一组进行练习和考核，考核时，教师在两人中随机选取一人进行考核，在考核期间，另一位学生不可以提示（如果提示就要扣分），最终考核成绩作为这一组两位同学的共同成绩。也可以设计其他考核方式，由任课教师根据学生的特点进行灵活设计。

任务评分表

课程名称：移动接入网优化与测试　　　　　　学号：
任务 2：话音业务拨测　　　　　　　　　　　姓名：

评价条目	描述	占分值	评分标准	得分
1	成功配置 GPS 端口、成功配置测试手机端口	20	独立完成得满分，在教师提示下完成得 60%，否则得 0 分	
2	成功安装电子地图和基站信息	10	独立完成得满分，在教师提示下完成得 60%，否则得 0 分	
3	能够顺利操作到语音业务模板的对话界面	10	独立完成得满分，在教师提示下完成得 60%，否则得 0 分	
4	能够根据要求正确进行语音业务模板的配置	20	独立完成得满分，在教师提示下完成得 60%，否则得 0 分	
5	能够正常连接设备并且成功进行测试	10	独立完成得满分，在教师提示下完成得 60%，否则得 0 分	
6	能够根据要求显示出测试的图形界面	10	独立完成得满分，在教师提示下完成得 60%，否则得 0 分	
7	能够获得并且找到、拷贝测试数据文件	20	独立完成得满分，在教师提示下完成得 60%，否则得 0 分	
总分		100		

话音业务呼叫测试是室内测试和室外测试的基础，学生需要熟练掌握操作技能。在熟练掌握了所要求的内容之后，可以进行扩展练习，如：

（1）将长呼改为短呼进行练习。
（2）改用其他运营商的网络进行练习。

任务 3

室内打点测试

3.1 任务概述

室内覆盖测试是网络优化数据采集过程中非常重要的部分。在实际生活中需要进行室内覆盖测试的地区也很多,如新修的图书馆、宿舍楼这种新建大型建筑,以及停车场、办公楼、公寓、酒店这些容易产生室内盲区的地方;还有话务量高的大型室内场所,如商场、体育馆、机场、火车站。这些地方都需要定期进行室内覆盖测试,以保障通信畅通。频繁切换的室内场所也要进行这项工作。

本任务是通过室内覆盖业务打点测试,掌握室内手动打点测试的方法和操作技能。测试过程中,最重要的是按照手动打点的测试规则来进行,以便获得有效的测试数据。室内打点测试一般是在地图窗口中加载室内平面图,点打在平面图中的相应位置。

3.2 任务实施步骤和操作流程

第一步:运行软件,创建测试工程,如图 1 所示。

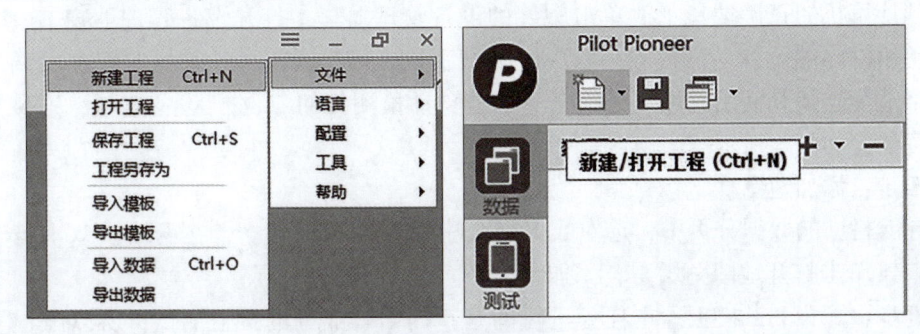

图 1 新建工程

第二步：保存创建的测试工程，如图 2 所示。选择测试工程的存储路径，如图 3 所示。

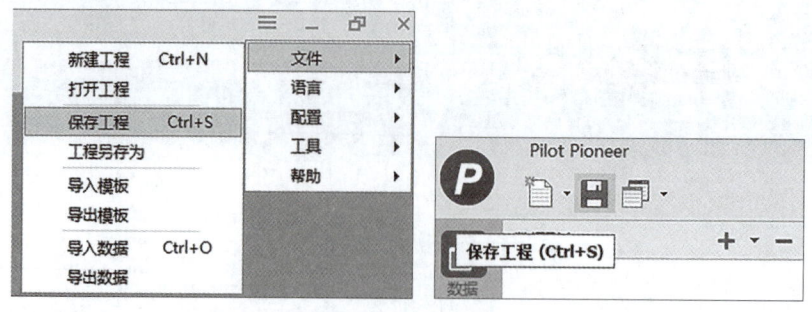

图 2　保存工程

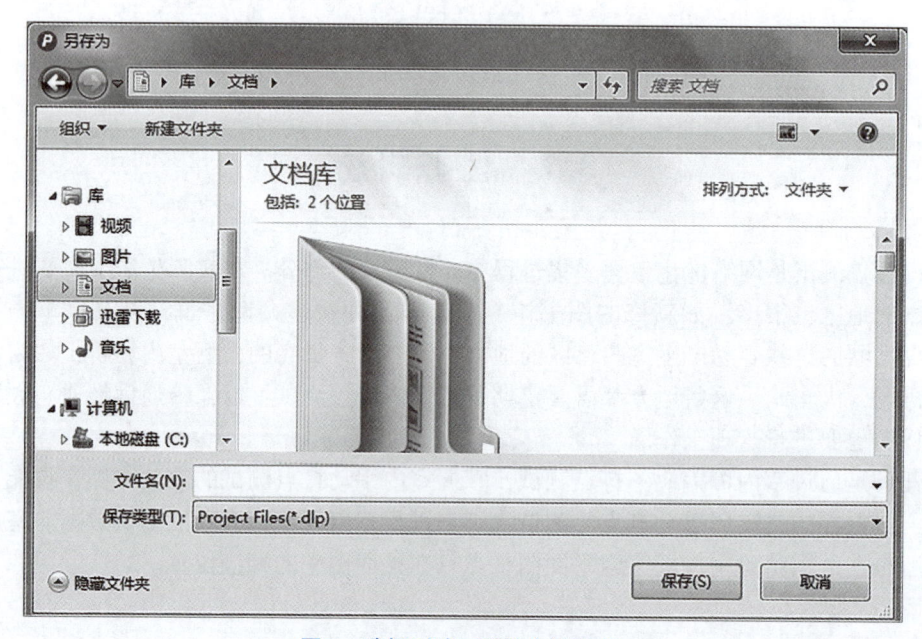

图 3　选择测试工程的存储路径

第三步：连接设备。本任务中的语音测试在室内进行，只需要进行 Handset 连接。在配置设备之前，需要确保各个硬件设备的驱动已经正确安装，并且各个需要使用的硬件设备已经连接到计算机的正确端口上。单击软件的设备管理器，打开设备管理器窗口（图 4），本例中使用的终端设备是三星 SM-G9300 测试手机，可以看出，计算机监测到的调制解调器、网络适配器及其使用的端口号信息。单击自动检测按钮进行设备连接，连接完成后设备配置信息如图 5 所示。

第四步：添加地图。

在导航栏中的数据分页中，选中数据列表中此时的测试数据，在网络中双击打开"地图"窗口。单击打开地图图层，添加室内平面图，如图 6 所示。

第五步：配置测试模板。本任务进行的是室内语音业务的覆盖测试，所以配置 Call 测试模板时需要配置成长呼模式。在导航栏中的测试分页中选择测试设备，在测试计划中双击打开 Call 测试，配置测试模板中的各个参数，如图 7 所示。

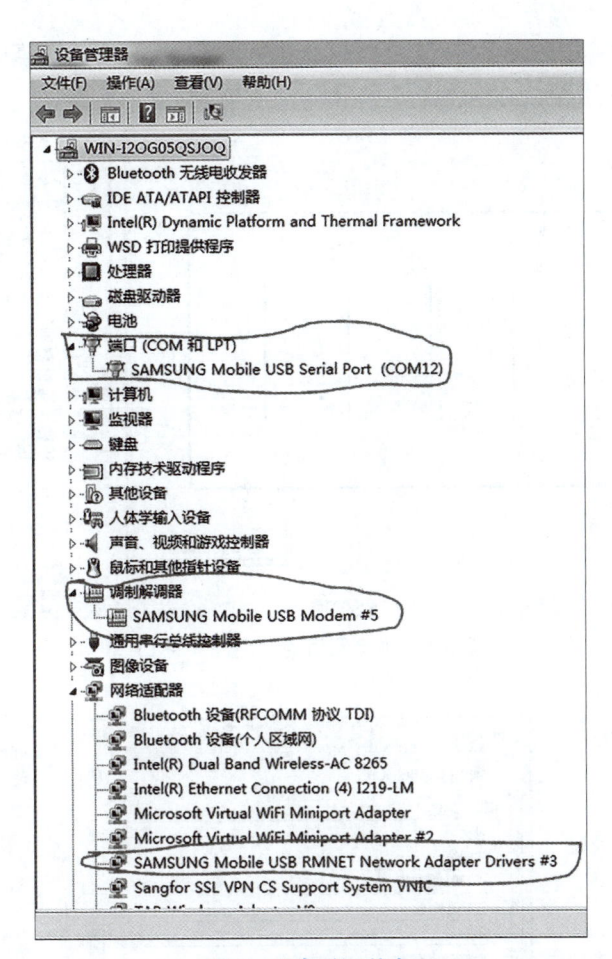

图 4　设备端口信息

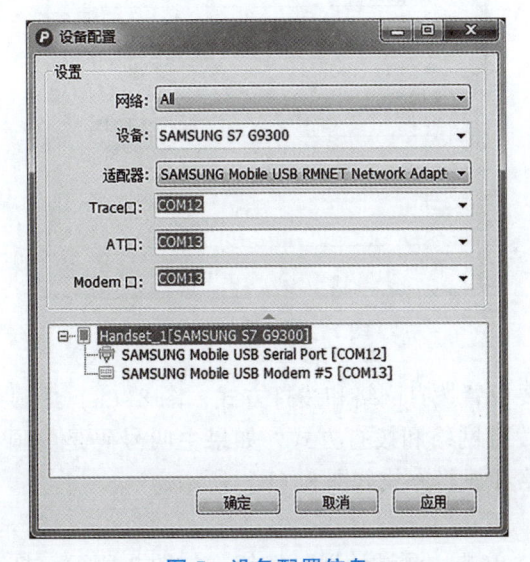

图 5　设备配置信息

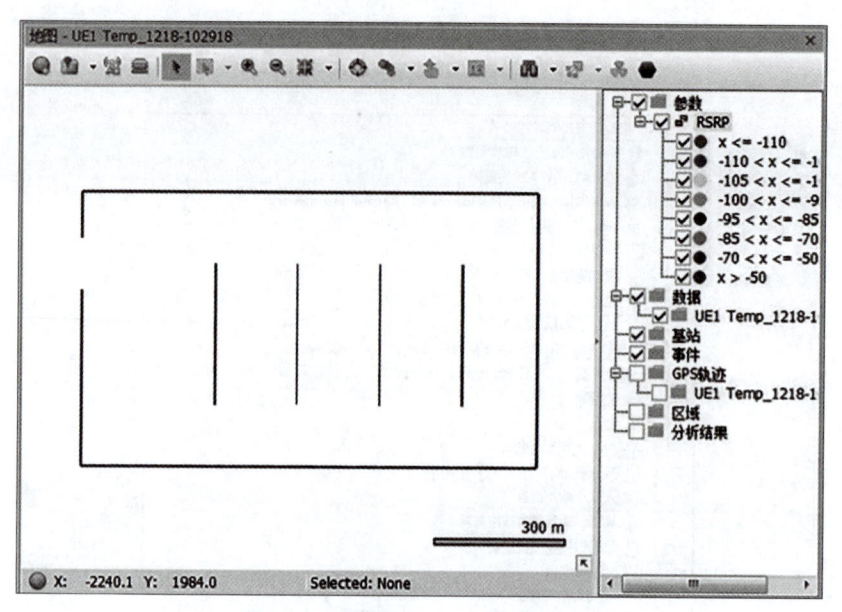

图 6 添加地图后的"地图"窗口

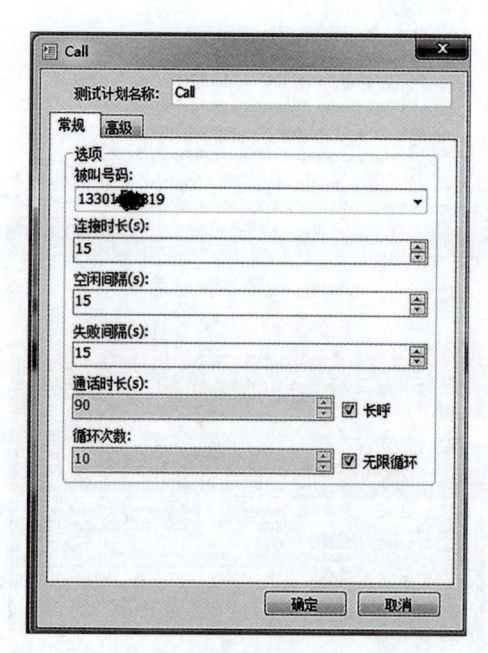

图 7 测试模板配置

在高级选项卡中需要设置拨打网络和拨打方式,图 8(a)中显示的是主叫号码是中国电信的用户需要设置的拨打网络和拨打方式。如果主叫号码是中国移动或者中国联通的号码,需要设置的拨打网络和拨打方式如图 8(b)所示。

第六步:测试。

(1)在设备控制中,单击"测试计划"按钮,如图 9 所示。打开"测试计划管理"窗口,如图 10 所示,选择 Call 测试,单击"确定"按钮。

(a)　　　　　　　　　　　　　　　(b)

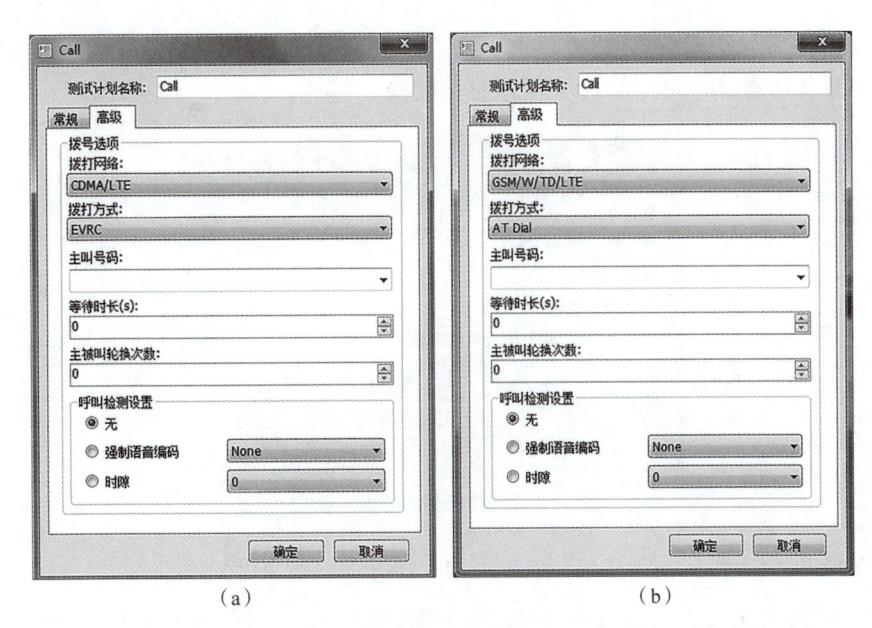

图 8　拨打网络和拨打方式

(a) 中国电信；(b) 中国移动或中国联通

图 9　"设备控制"窗口

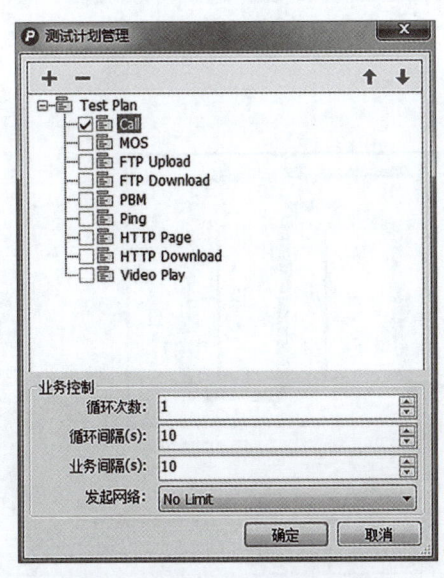

图 10　"测试计划管理"窗口

(2)单击"开始记录"按钮●,打开"保存数据文件",如图 11 所示,选择数据的保存路径及文件名和测试时间,勾选"保存原始数据",单击"确定"按钮即可。

图 11 "保存数据文件"窗口

(3)在设备控制中单击"开始所有"按钮,进行测试,如图 12 所示。

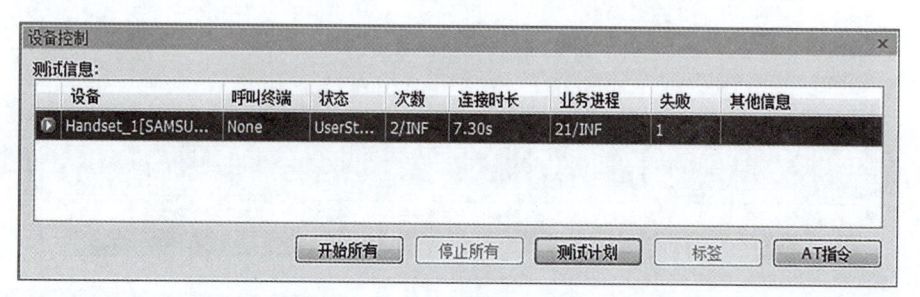

图 12 "开始测试"窗口

(4)在"地图"窗口中选择"打点标记"◎,开始打点测试,如图 13 所示。

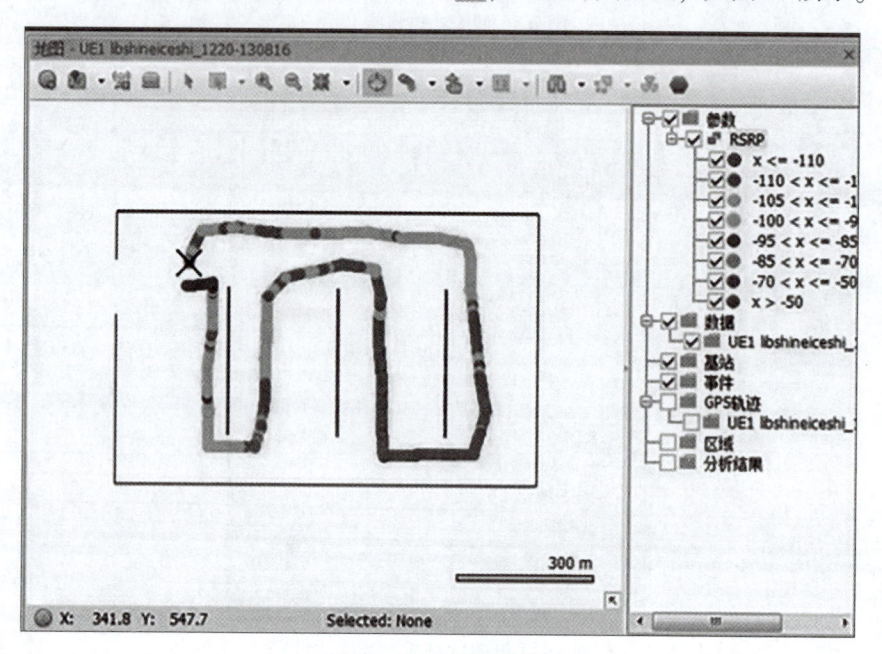

图 13 打点测试过程

注意，在测试过程中要匀速前进，均匀打点，并在起点、终点、拐角等特殊区域必须进行打点标记，测试路线要做到覆盖整个区域，并且尽量不重复。

第七步：结束测试。

（1）在设备控制中，单击"停止所有"，如图 14 所示。

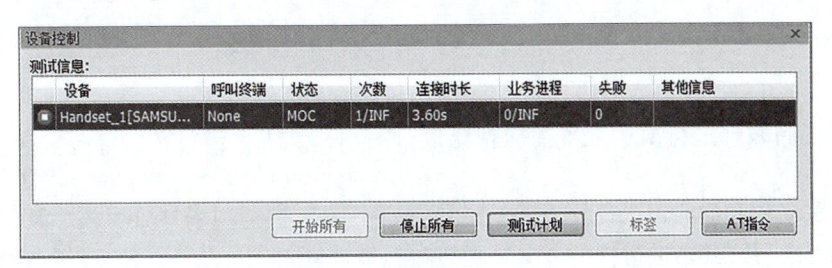

图 14 "停止测试"窗口

（2）单击"停止记录"按钮●，停止记录。
（3）单击"断开连接"，将设备和软件进行断开。
整个测试过程结束。

第八步：查看测试数据。单击导航栏中的数据分页，可以看到在数据列表中有刚刚测试的数据名称，单击右键，选择打开数据目录，即可看到测试的数据，如图 15 所示。测试数据如图 16 所示。

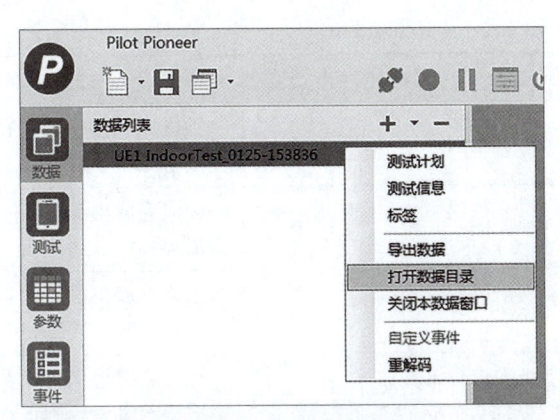

图 15 打开测试数据

图 16 测试数据

第九步：测试数据回放。

在导航栏数据分页数据列表中选择测试的数据，在工具栏中单击"设置回放数据"按钮 ⟲，选择"速度和位置"，单击"正向回放"按钮 ▶，即可进行测试数据的回放。

3.3 任务实践与考核

本任务先由教师进行演示或者播放视频进行演示，学生再进行实践练习，完成该任务的目标。

本任务的考核和验收可以使用下面的"任务评分表"进行现场打分考核。教师演示讲解、学生充分练习之后，开始进行任务考核。考核时，最好每人一台设备，独立进行考核。如果设备不是很充裕，可以两人一组进行练习和考核，考核时，教师在两人中随机选取一人进行考核，考核期间，另一位学生不可以提示（如果提示要进行扣分），最终考核成绩作为这一组两位同学的共同成绩。也可以采用其他考核方式，由教师根据学生的特点进行灵活设计。

任务评分表

课程名称：移动接入网优化与测试　　　　　　　　　　学号：
任务 3：使用路测软件进行室内话音业务覆盖测试　　　姓名：

评价条目	描述	占分值	评分标准	得分
1	成功配置测试手机端口	10	独立完成得满分，在教师提示下完成得 60%，否则得 0 分	
2	成功安装室内平面图	10	独立完成得满分，在教师提示下完成得 60%，否则得 0 分	
3	能够顺利操作到语音业务模板的对话界面	10	独立完成得满分，在教师提示下完成得 60%，否则得 0 分	
4	能够根据要求正确进行语音业务模板的配置	15	独立完成得满分，在教师提示下完成得 60%，否则得 0 分	
5	能够正常连接设备并且成功进行测试	10	独立完成得满分，在教师提示下完成得 60%，否则得 0 分	
6	能够根据要求显示出测试的图形界面	10	独立完成得满分，在教师提示下完成得 60%，否则得 0 分	
7	能够按照正确地进行打点测试	15	独立完成得满分，在教师提示下完成得 60%，否则得 0 分	
8	能够回放测试数据，能够结束测试	10	独立完成得满分，在教师提示下完成得 60%，否则得 0 分	
9	能够获得并且找到、拷贝测试数据文件	10	独立完成得满分，在教师提示下完成得 60%，否则得 0 分	
总分		100		

在操作练习时，如果条件允许，最好每人一台设备，也可以两人一组进行合作，一人进行操作，一人观摩、熟悉操作流程，然后两人互换角色，完成练习。学生可以先按照工作步骤和操作流程进行练习，熟练掌握之后，换一个楼层进行室内打点练习或者改用其他运营商的网络进行打点练习。

任务 4

室外话音业务覆盖测试

4.1 任务概述

使用 Pilot Pioneer 软件进行室外测试，可以获取无线网络信号覆盖、FTP 下载速率、定位网络存用在的问题，可以说，使用 Pilot Pioneer 软件进行室外测试是 LTE 无线网络优化中一项基本的技能。与室内测试不同的是，使用 Pilot Pioneer 软件进行室外测试，需要使用 GPS，还需要测试区域的电子地图，有时还会用到扫频仪。本任务的操作与任务 2 基本相同，只是本任务是在真实的室外环境下进行的数据测试。

学习完该任务，将能够：
(1) 掌握 LTE 无线网络室外路测的测试流程。
(2) 掌握测试软件的基本操作。
(3) 学会对语音业务进行室外路测的操作。

本任务所使用的软件仍然是 10.1.100.618（Alpha）版本的 Pilot Pioneer 软件，要求的硬件设备主要有工程用笔记本电脑、软件加密狗、GPS、测试手机，还需要电子地图和测试区域内的基站信息。

4.2 任务实施步骤和操作流程

第一步：运行软件，创建测试工程，如图 1 所示。

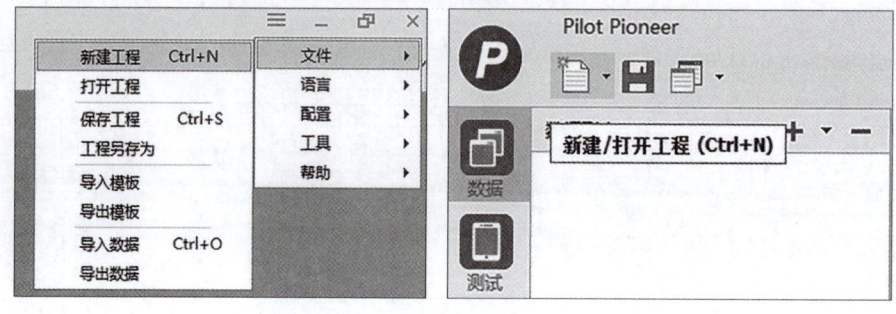

图 1 新建工程

第二步：保存创建的测试工程，如图 2 所示。选择测试工程的存储路径，如图 3 所示。

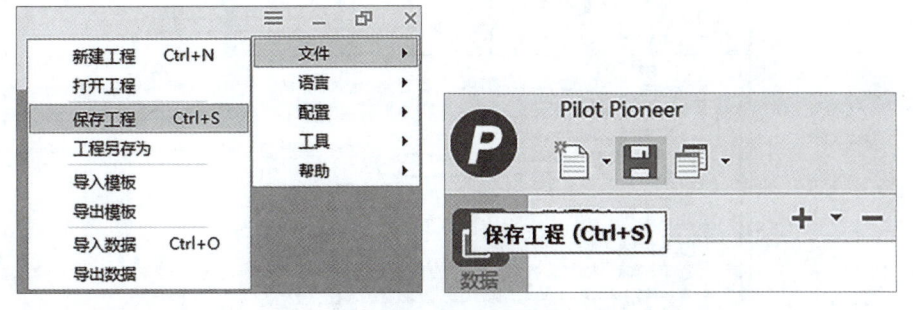

图 2　保存工程

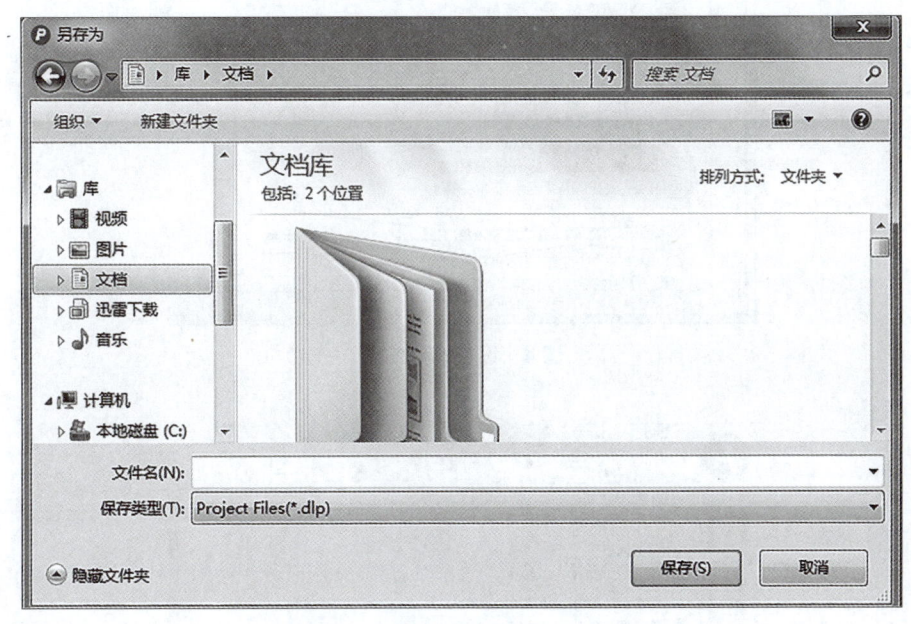

图 3　选择测试工程的存储路径

第三步：连接设备。

本任务是在室外进行，需要 GPS 自动打点，因此需要进行 Handset 的连接和 GPS 的连接。在配置设备之前，需要确保各个硬件设备的驱动已经正确安装，并且各个需要使用的硬件设备已经连接到计算机的正确端口上。单击软件的设备管理器 ，打开设备管理器窗口，如图 4 所示，本例中使用的终端设备是三星 Galaxy S7 SM-G9300 测试手机，可以看出，计算机监测到的调制解调器、网络适配器及其使用的端口号信息。单击"自动检测"按钮 ，进行设备连接，连接完成后设备配置信息如图 5 所示。注意，相同的设备，每次端口号不一定相同。

第四步：添加地图。

在导航栏中的数据分页中，选中数据列表中此时的测试数据，然后根据所属的移动通信网络制式来确定网络，在选择的网络中双击打开地图窗口。单击"打开地图图层" ，添加电子地图（以 Tab 为后缀的图层文件）。

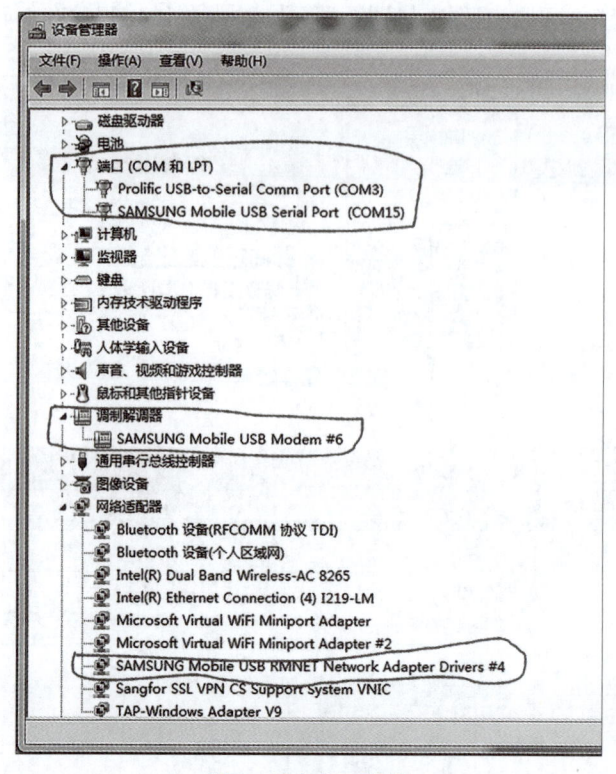

图 4　设备端口信息

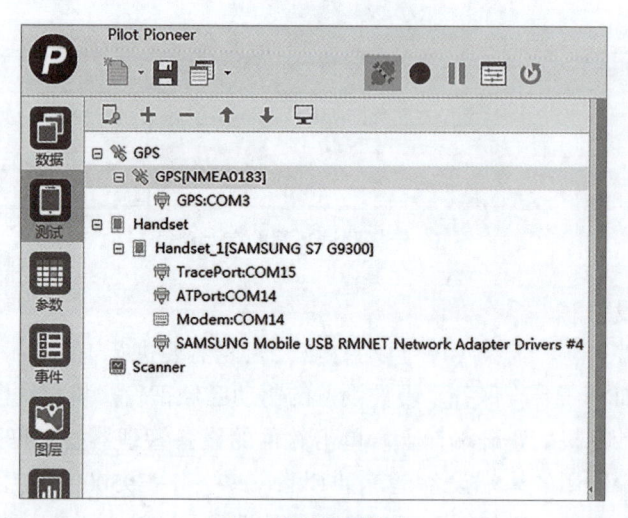

图 5　设备配置信息

第五步：添加基站信息（如果没有基站信息这一步省略）。

在导航栏中的图层分页中，根据被测网络所属的移动通信网络制式，选中图层管理列表中 Site 下所对应的移动通信系统，单击右键，选择导入选项，在弹出的打开窗口中找到基站信息文件（一般是文本文件（.txt）），选中，单击"打开"按钮，基站信息就加载到图层管理列表中，如图 6 所示。

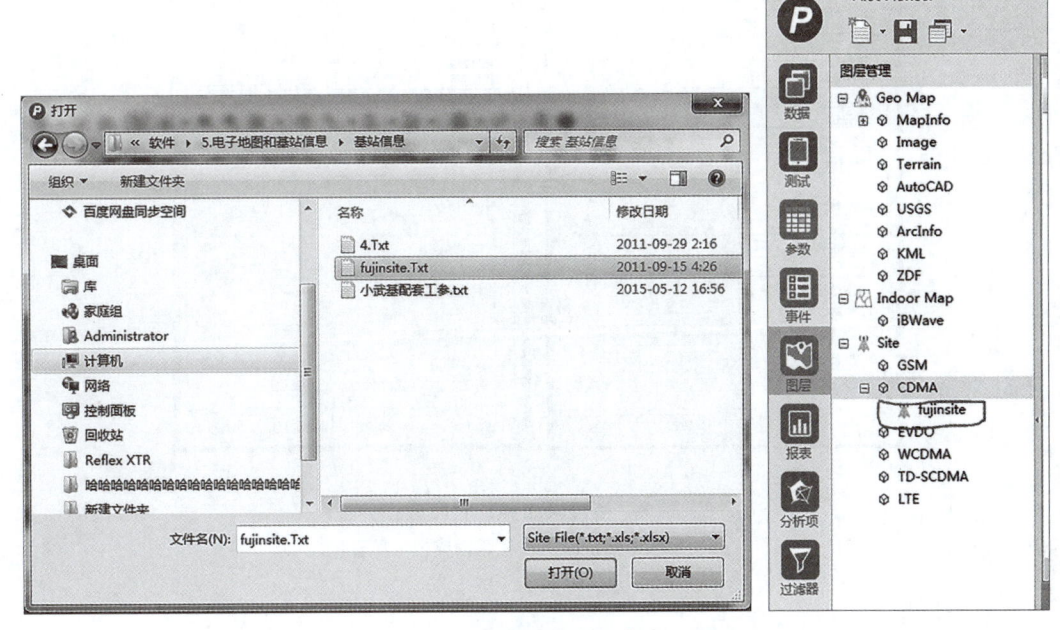

图 6 基站信息加载

第六步：配置测试模板。

在导航栏中的测试分页选择测试设备，在测试计划中双击打开 Call 测试，模板参数说明参见任务 2 中的第四步。

通常，Call 测试业务的配置需要输入被叫的电话号码，连接时长、空闲间隔和失败间隔都设置为 15 s，采用长呼，如图 7 所示。在高级选项卡中需要设置拨打网络和拨打方式，图 8（a）中显示的主叫号码是中国电信的用户需要设置的拨打网络和拨打方式。如果主叫号码是中国移动或者中国联通的号码，需要设置的拨打网络和拨打方式如图 8（b）所示。

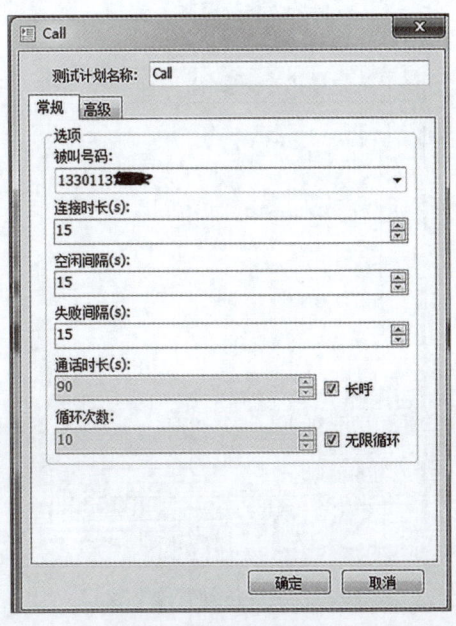

图 7 测试模板配置

(a) (b)

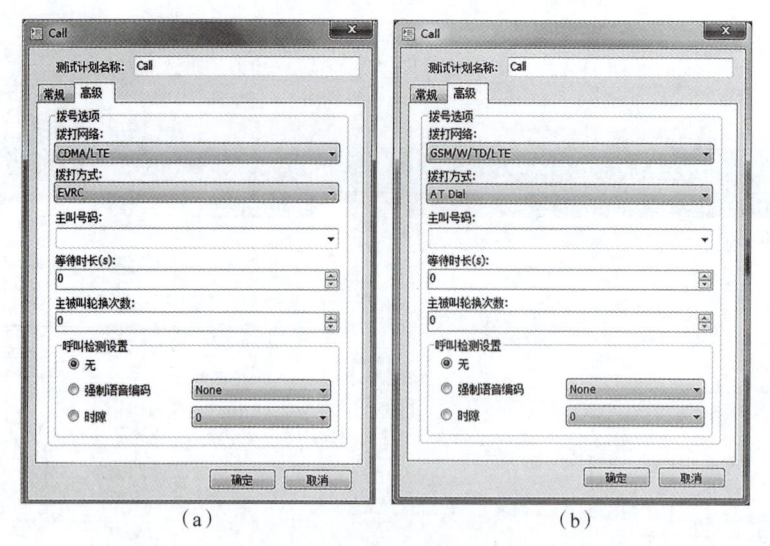

图 8 拨打网络和拨打方式

(a) 中国电信；(b) 中国移动或中国联通

第七步：测试。

(1) 在设备控制中单击"测试计划"按钮，如图 9 所示。打开"测试计划管理，如图 10 所示，选择 Call 测试，单击"确定"按钮。

图 9 "设备控制"窗口

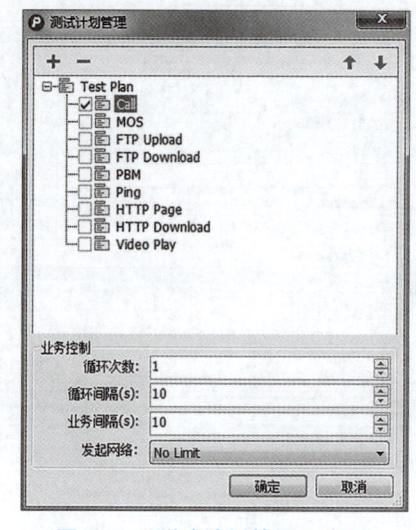

图 10 "测试计划管理"窗口

（2）单击"开始记录"按钮●，打开保存数据文件，如图 11 所示，选择数据的保存路径及文件名和测试时间，单击"确定"按钮即可。

图 11　"数据文件保存"窗口

（3）在设备控制中单击"开始所有"按钮进行测试，如图 12 所示。

图 12　"开始测试"窗口

（4）两个人一组进行协作，按照确定好的路线进行路测（可以步行，也可以借助其他交通工具进行测试），事先规划的路线如图 13 所示。

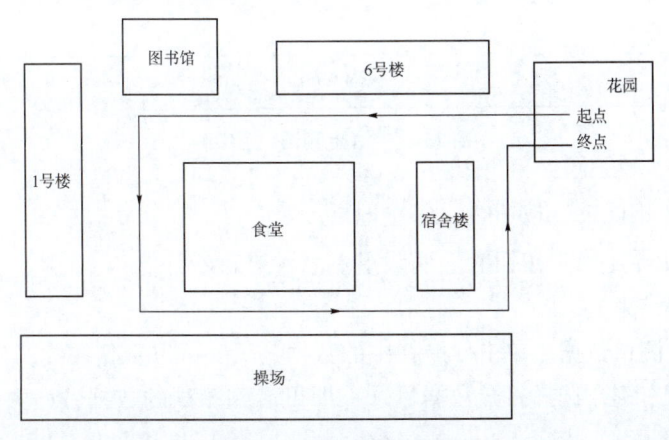

图 13　事先规划的路线

（5）测试过程中要求测试手机一直处于通话状态，要保证 GPS 可以充分接收到卫星信号，硬件设备要保证连接可靠。按照事先规划的测试路线进行测试，在测试过程中要保证数据的有效性,如果出现问题应及时进行干预。最终,回到起点位置,测试的路径图如图 14 所示。

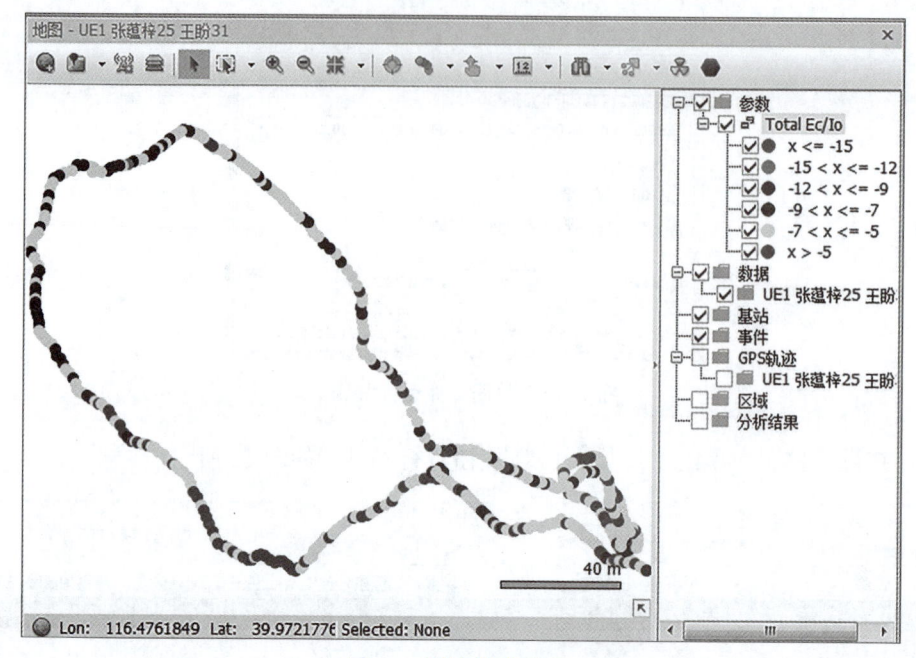

图 14 测试的路径图

第八步:结束测试。

(1)在设备控制中,单击"停止所有"按钮,如图 15 所示。

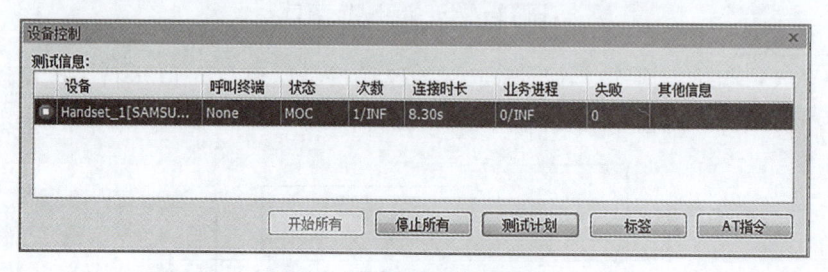

图 15 "停止测试"窗口

(2)单击"停止记录"按钮●,停止记录。

(3)单击"断开连接"按钮,将设备和软件进行断开。

整个测试过程结束。

第九步:查看测试数据。单击导航栏中的数据分页,可以看到在数据列表中有刚刚测试的数据名称,单击右键,选择打开数据目录,即可看到测试的数据,如图 16 所示。测试数据如图 17 所示。

第十步:测试数据回放。

在导航栏数据分页数据列表中选择测试的数据,在工具栏中单击"设置回放数据"按钮,选择"速度和位置",单击"正向回放"按钮,便可进行测试数据的回放。

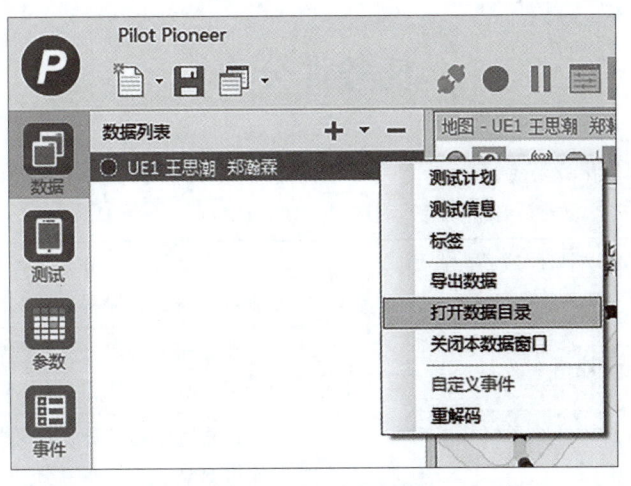

图 16　打开测试数据

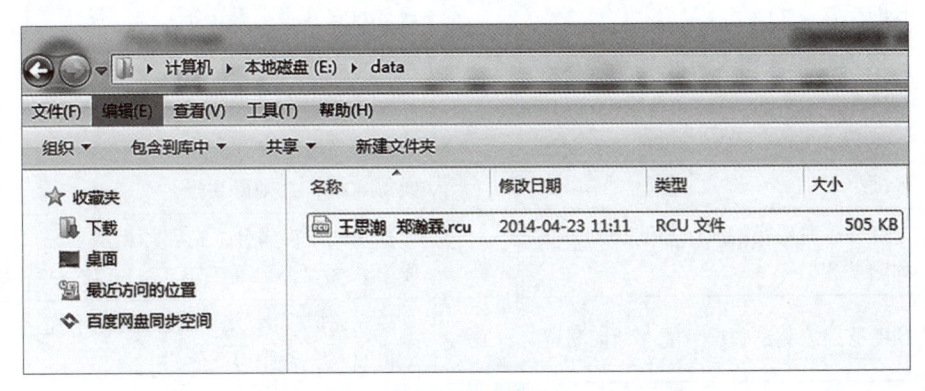

图 17　测试数据

4.3　任务实践与考核

本任务先由教师讲解或者播放视频演示，再让学生进行实践练习，从而完成该任务的目标。测试之前需要进行勘察，规划测试路线。

本任务的考核和验收可以使用下面的"任务评分表"进行现场打分考核。本任务是 2 人合作项目，最终考核成绩作为这一组两位同学的共同成绩。由于是室外的测试，练习完成后，准备好的组和教师确认后，就可以按照既定路线进行测试了，当到达终点后，学生需要与教师确认，与教师互动，教师在现场打分。对于学有余力的同学，可以尝试用主被叫双测试手机进行室外覆盖测试练习。

室外话音业务的路测是网络优化中的一项重要内容，需要学生熟练掌握。

任务评分表

课程名称：移动接入网优化与测试　　　　　　　　　　学号：
任务 4：使用路测软件进行室外话音业务覆盖测试　　姓名：

1	成功配置 GPS 端口、成功配置测试手机端口	10	独立完成得满分，在教师提示下完成得 60%，否则得 0 分	
2	成功安装电子地图	10	独立完成得满分，在教师提示下完成得 60%，否则得 0 分	
3	能够顺利操作语音业务模板的对话界面	10	独立完成得满分，在教师提示下完成得 60%，否则得 0 分	
4	能够根据要求正确进行语音业务模板的配置	15	独立完成得满分，在教师提示下完成得 60%，否则得 0 分	
5	能够正常连接设备并且成功进行测试	10	独立完成得满分，在教师提示下完成得 60%，否则得 0 分	
6	能够根据要求显示出测试的图形界面	10	独立完成得满分，在教师提示下完成得 60%，否则得 0 分	
7	能够按照规定的测试路线得到要求的测试数据	15	独立完成得满分，在教师提示下完成得 60%，否则得 0 分	
8	能够回放测试数据，能够结束测试	10	独立完成得满分，在教师提示下完成得 60%，否则得 0 分	
9	能够获得并且找到、拷贝测试数据文件	10	独立完成得满分，在教师提示下完成得 60%，否则得 0 分	
总分		100		

任务 5

FTP 下载业务测试

5.1 任务概述

与 3G 相比,LTE 具有主要技术优势体现在速率快,20 MHz 频谱带宽能够提供下行 100 Mbit/s的速率,如何来检测小区宽带的下行速率呢?FTP Download 业务是使用 FTP 协议把文件从远程计算机上拷贝到本地计算机的测试。FTP 下载测试业务可以用来进行小区宽带下行速率的测试。本任务介绍的是 FTP 下载业务的测试。

数据下载业务的测试方法与前面介绍的语音测试方法基本相同,其主要区别就在于业务配置模板不同。

学习完该任务,将能够:

(1)熟悉 FTP 业务测试指标。
(2)熟悉 FTP 业务测试规范。
(3)学会对 FTP 业务下载进行测试操作。

5.2 任务实施步骤和操作流程

第一步:运行软件,新建/打开工程,如图 1 所示。

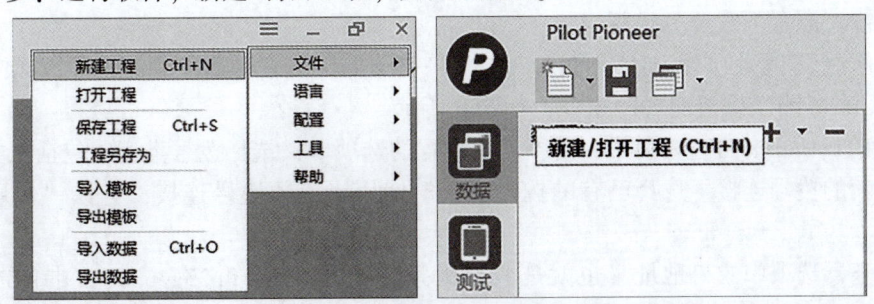

图 1 新建/打开工程

第二步：保存创建的测试工程，如图 2 所示。选择测试工程的存储路径，如图 3 所示。

图 2　保存创建的测试工程

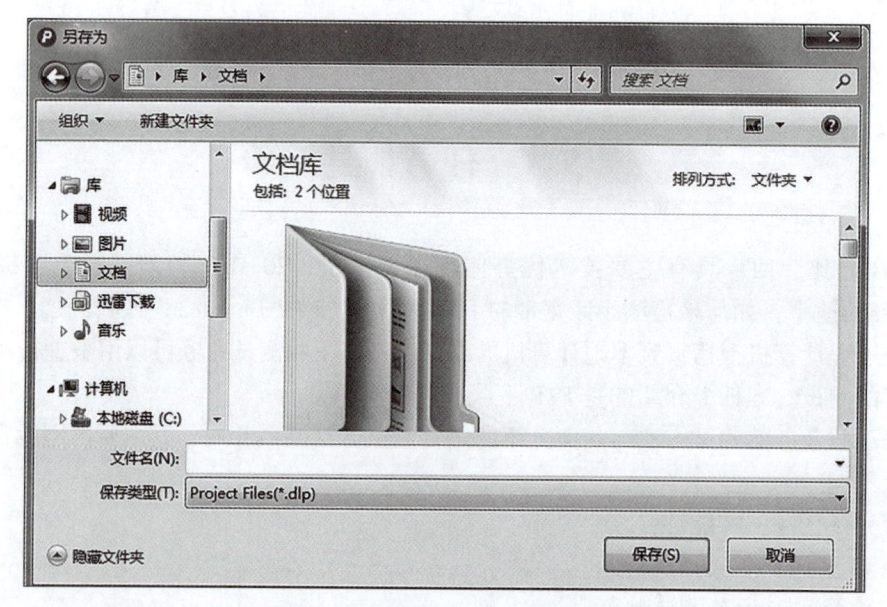

图 3　选择测试工程的存储路径

第三步：连接设备。在配置设备之前，需要确保各个硬件设备的驱动已经正确安装，并且各个需要使用的硬件设备已经连接到计算机的正确端口上。单击软件的设备管理器，打开"设备管理器"窗口，如图 4 所示，本例中使用的终端设备是三星 SM-G9300 测试手机，可以看出，计算机监测到的调制解调器、网络适配器及其使用的端口号信息。单击"自动检测"按钮进行设备连接，连接完成后设备配置信息如图 5 所示。

第四步：配置下载业务模板。

在导航栏测试分页测试计划处，双击"FTP Download"或右击"编辑选项"，打开"FTP Download 测试模板配置"窗口，如图 6 所示。

在"FTP Download"窗口中，选择常规设置的选项卡，选择拨号类型，包括三类拨号方式：创建新的拨号连接、选择已有的拨号连接、使用当前的拨号连接，选择"使用当前的拨号连接"方式。

在服务器选项中主机地址（也就是 FTP 服务器 IP 地址）：ftp.3gpp.org，端口选 21，也就是 FTP 的通信端口。勾选匿名和被动访问，不需要用户名和密码。在测试选项中，选择主机的文件，本地路径是下载文件的存放路径。

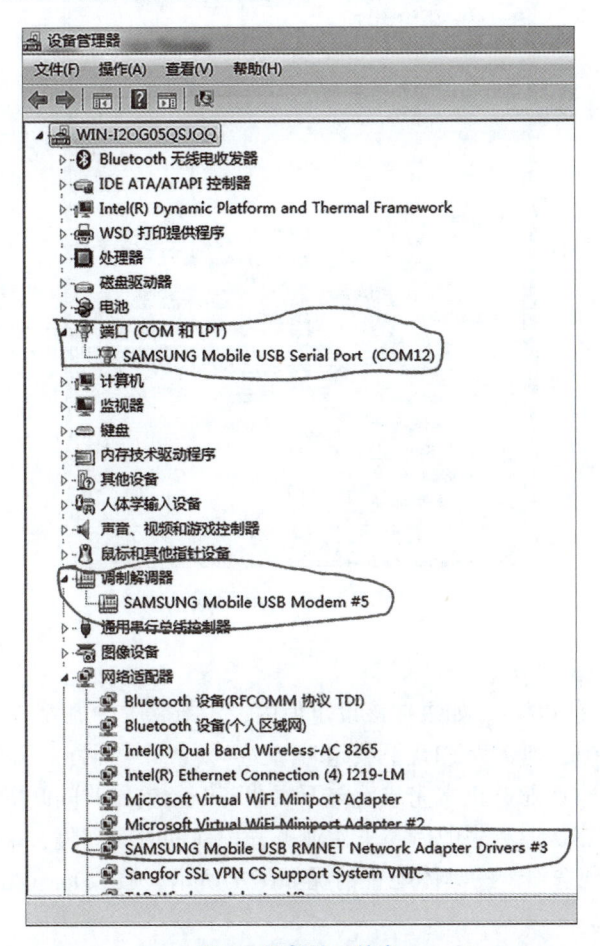

图 4　设备端口信息

图 5　设备配置信息

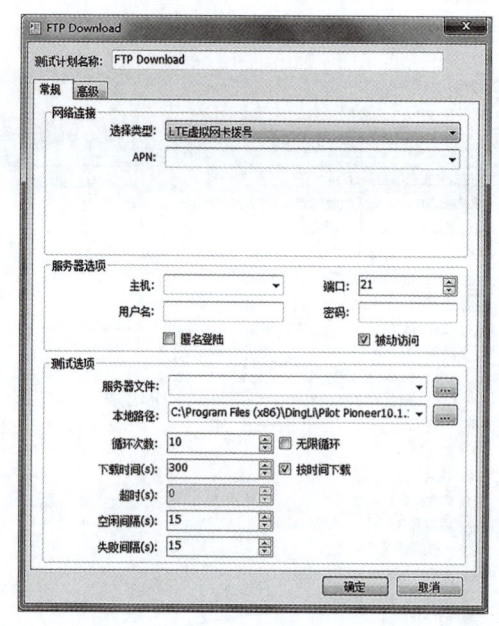

图6 "FTP Download 配置"窗口

(1) 循环测试选择 10 次。
(2) 超时时间，单位为 s。如果在该设定值内，没有将 FTP 服务器中指定的数据文件完全下载到本地计算机中，则认为 FTP 下载超时。
(3) 空闲间隔：本次业务正常完成后与下次业务开始前的时间间隔，单位为 s。
(4) 失败间隔：本次业务失败后与下次业务开始前的时间间隔，单位为 s。

FIP Download 常规选项卡的具体配置情况如图 7 所示。FIP Download 高级选项卡的具体配置情况如图 8 所示。

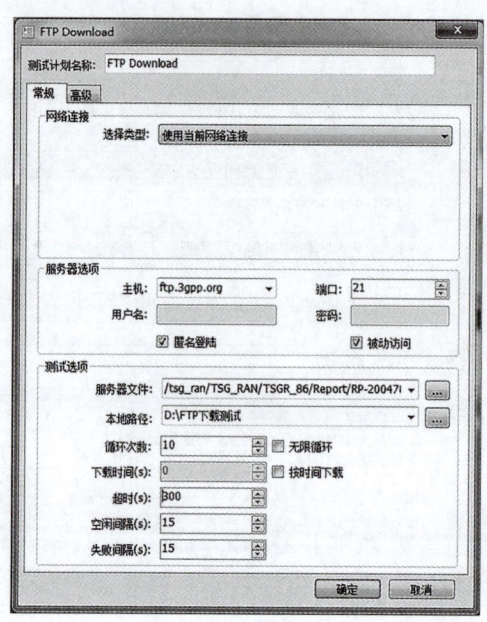

图7 FTP Download 常规选项卡的具体配置情况

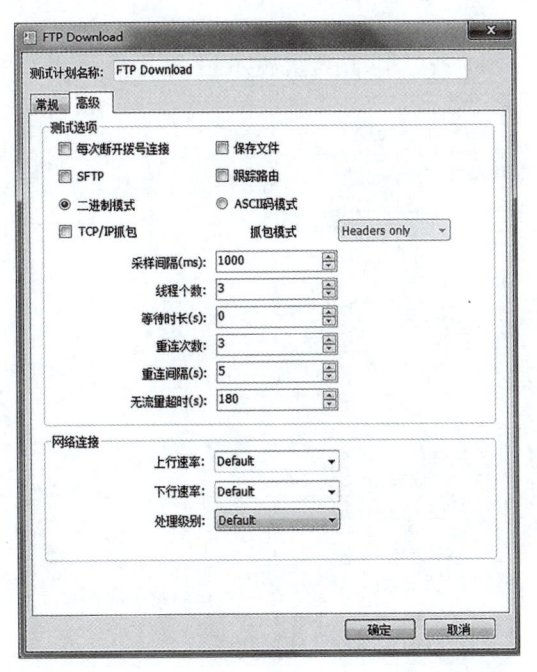

图 8 FTP Download 高级选项卡的具体配置情况

线程个数：线程数不够时可能测不出网络蜂巢。

无流量超时：业务过程中如果持续速率为 0 并达到该设定时间则该次业务判为失败。

第五步：测试。

（1）在设备控制中单击"测试计划"按钮，如图 9 所示。打开"测试计划管理"，如图 10 所示，选择"FTP Download 测试"，单击"确定"按钮。

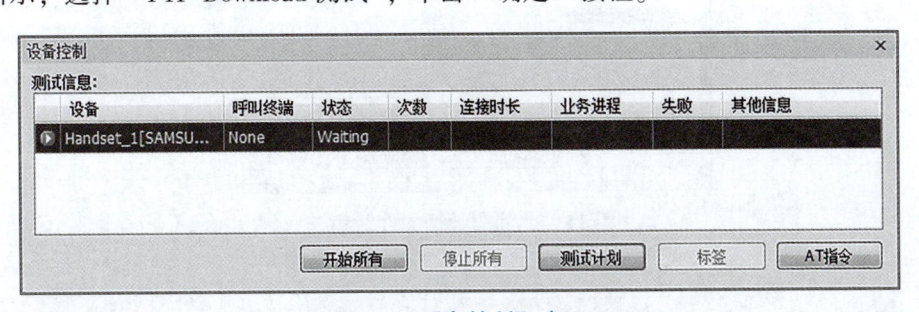

图 9 "设备控制"窗口

（2）单击"开始记录"按钮 ●，打开"保存数据文件"，如图 11 所示，选择数据的保存路径及文件名和测试时间，单击"确定"即可。

（3）在设备控制中，单击"开始所有"按钮进行测试，如图 12 所示。

第六步：结束测试。

（1）在设备控制中，单击"停止所有"按钮如图 13 所示。

（2）单击"停止记录"按钮 ●，停止记录。

（3）单击"断开连接"按钮 ，将设备和软件进行断开。

整个测试过程结束。

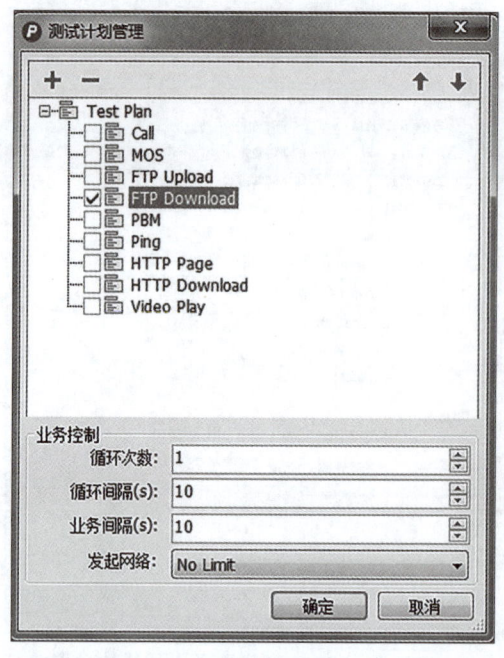

图 10 "测试计划管理"窗口

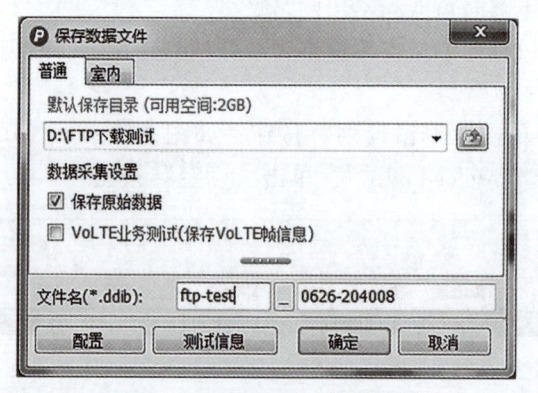

图 11 "保存数据文件"窗口

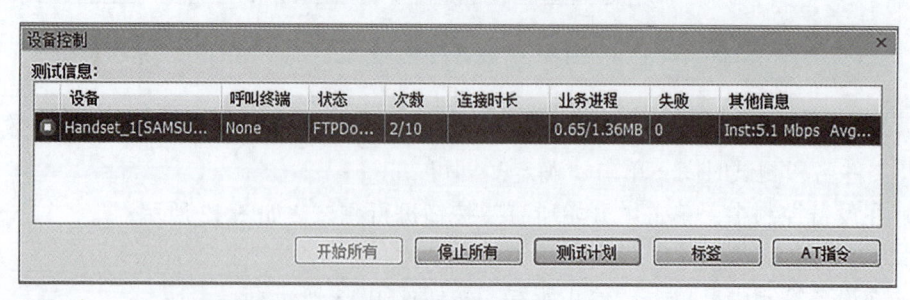

图 12 "开始测试"窗口

第七步：查看测试数据。单击导航栏中的数据分页，可以看到在数据列表中有刚刚测试的数据名称，右击选择打开数据目录，便可看到测试的数据，如图 14 所示。

图 13 "停止测试"窗口

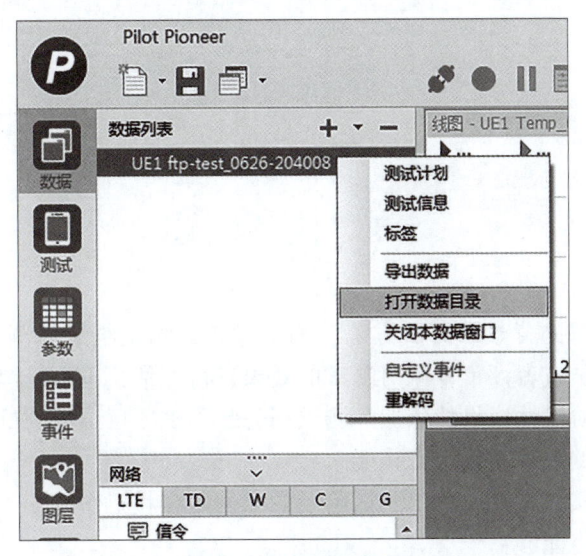

图 14 打开测试数据

5.3 任务实践与考核

本任务的实践主要在室内完成,由教师讲解或者用视频演示,再让学生进行实践练习,从而完成该任务的目标(通过 FTP 方式将 3GPP 标准组织的公开文档下载到本地)。

任务 6

测试报告的撰写

6.1 任务概述

测试报告是对测试的背景、测试方法、测试过程、测试结果和测试结论进行描述的文档,以便工程技术人员或者评审专家对测试的效果进行评估,也为后续的分析和优化提供文档依据。它也是测试阶段性成果的依据。测试报告是测试项目结项的重要依据,测试报告的撰写是网络优化岗位的一项重要工作技能。

测试报告需要真实、客观反映出测试阶段的工作内容和工作量。

学习完本任务,将能够:

(1) 了解测试报告的框架结构和所包含的主要内容。
(2) 了解测试报告撰写的注意事项。
(3) 根据测试模板撰写测试报告。

6.2 任务实施步骤和操作流程

本任务先由教师进行测试报告内容架构、撰写方法和注意事项的讲解,再由学生按照测试报告模板进行测试报告的撰写。最后,教师根据课程的课时量对学生撰写练习的课时量进行实际调整。

下面是一个测试报告的模板。

××××××××××

测 试 报 告

中国电信北京分公司
北京信息职业技术学院
2021 年 10 月 27 日

目 录

1　测试目的　　　　　　　　　　　　　　　　　　　　　　　　1
2　项目概述　　　　　　　　　　　　　　　　　　　　　　　　1
　2.1　网络基本情况　　　　　　　　　　　　　　　　　　　　1
　　2.1.1　网络概况　　　　　　　　　　　　　　　　　　　　1
　　2.1.2　站点分布情况　　　　　　　　　　　　　　　　　　1
　2.2　测试路线　　　　　　　　　　　　　　　　　　　　　　2
　2.3　测试设备　　　　　　　　　　　　　　　　　　　　　　2
　2.4　测试方法　　　　　　　　　　　　　　　　　　　　　　2
　2.5　测试时间　　　　　　　　　　　　　　　　　　　　　　2
　2.6　测试团队组织　　　　　　　　　　　　　　　　　　　　2
　2.7　测试图例　　　　　　　　　　　　　　　　　　　　　　2
3　测试结果分析　　　　　　　　　　　　　　　　　　　　　　3
　3.1　Total Ec/Io　　　　　　　　　　　　　　　　　　　　　3
　3.2　接收总功率　　　　　　　　　　　　　　　　　　　　　3
　3.3　发射功率　　　　　　　　　　　　　　　　　　　　　　4
　3.4　覆盖率　　　　　　　　　　　　　　　　　　　　　　　5
4　主要测试结论总结　　　　　　　　　　　　　　　　　　　　5

1　测试目的

2　项目概述

2.1　网络基本情况

2.1.1　网络概况

2.1.2　站点分布情况

2.2　测试路线

2.3　测试设备

2.4　测试方法

2.5　测试时间

2.6　测试团队组织

2.7　测试图例

说明：对本报告统一遵循以下图例。

1. Ec/Io 图例

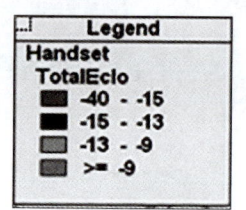

```
Legend
Handset
TotalEcIo
   -40 - -15
   -15 - -13
   -13 - -9
   >= -9
```

2. FER 图例

```
Legend
Handset
FFER
   0 - 1
   1 - 2
   2 - 3
   3 - 5
   5 - 8
   >= 8
```

3. 前向 RSSI 图例

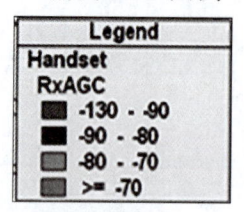

```
Legend
Handset
RxAGC
   -130 - -90
   -90 - -80
   -80 - -70
   >= -70
```

4. 反向 Rx_Power 图例

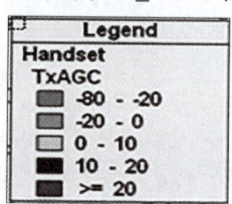

```
Legend
Handset
TxAGC
   -80 - -20
   -20 - 0
   0 - 10
   10 - 20
   >= 20
```

5. MOS 图例

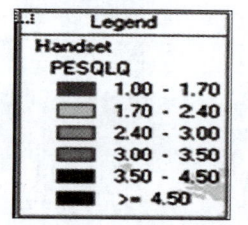

```
Legend
Handset
PESQLQ
   1.00 - 1.70
   1.70 - 2.40
   2.40 - 3.00
   3.00 - 3.50
   3.50 - 4.50
   >= 4.50
```

6. 接入时长

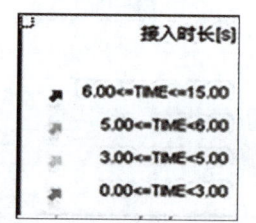

```
接入时长[s]
   6.00<=TIME<=15.00
   5.00<=TIME<6.00
   3.00<=TIME<5.00
   0.00<=TIME<3.00
```

3　测试结果分析

3.1　Total Ec/Io

3.2　接收总功率

3.3　发射功率

3.4　覆盖率

4　主要测试结论总结

6.3　任务实践与考核

该任务是以撰写、提交测试报告文档的形式来考核的。测试报告的撰写可以根据课时情况要求在课上完成或在课后完成。教师可以把测试报告中的"测试目的"和"项目概况"的内容写好，只要求学生完成"测试结果分析"和"主要测试结论总结"。另外，还要告知学生至少有多少个截图、多少个表格或者说明字数要求。撰写测试报告时需要事先收集项目相关资料，获得测试数据，然后使用 Pilot Pioneer 分析软件辅助来完成。

任务 7

地图窗口的认识

7.1 任务概述

"Map"窗口是进行网优问题分析最重要的窗口。"Map"窗口用于显示路测区域的地理环境及路测轨迹。其显示的对象包括参数、基站、事件、地图的相关信息。

学习该任务后，将能够：

（1）了解"地图"窗口的界面。

（2）能说明"地图"窗口工具栏中各个图标的作用。

（3）能导入地图并在"地图"窗口显示需要的信息。

本任务要求学生提前了解 LTE 指标（如 RSRP、SINR 等）的意义，准备好 10.1.100.618（Alpha）版本的 Pilot Pioneer 软件和相应数据。

7.2 任务实施步骤和操作流程

"Map"窗口用于显示路测区域的地理环境及路测轨迹。其显示的对象包括参数、基站、事件、地图的相关信息。

打开"地图"窗口步骤：

（1）在导航栏的数据分页数据列表中单击 ➕，添加需要分析的数据，如图 1 所示。

图 1　添加数据

（2）解压数据后，双击数据列表中的数据就可以进行数据解码，如图 2 所示。

图 2 数据解码过程

（3）打开地图，双击导航栏数据分页网络下的地图图标 ⊕ 地图 ，再单击谷歌地图图标 ，加载数字地图，如图 3 所示。

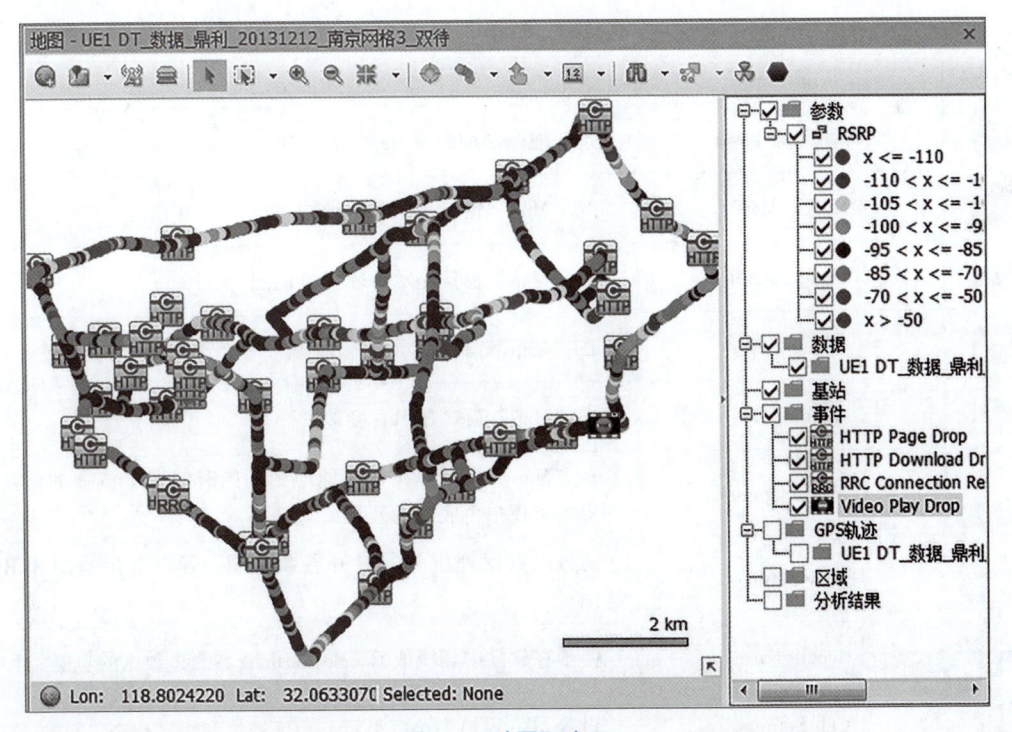

图 3 "地图"窗口

1. 地图窗口的组成

"地图"窗口由工具栏、数据显示区域、状态栏和"图例"窗口组成,如图 4 所示。

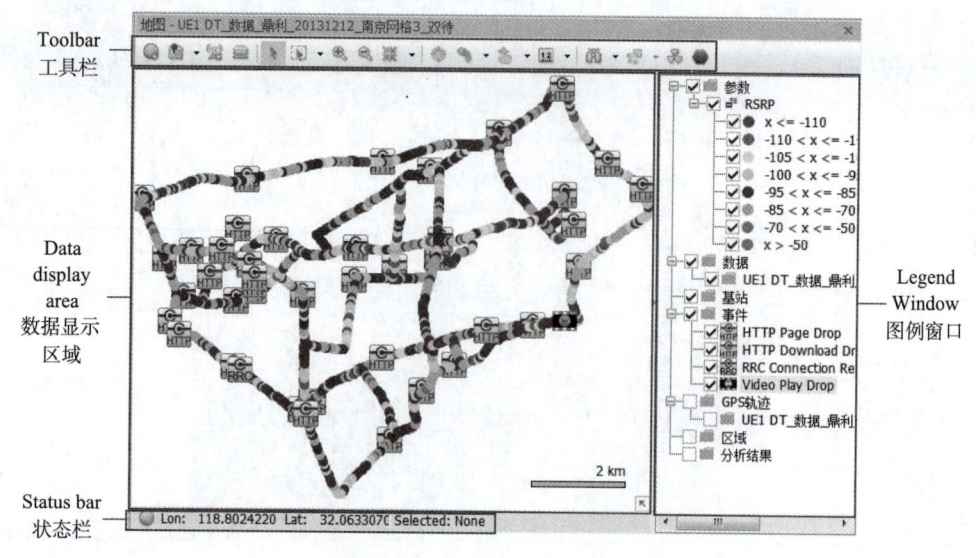

图 4 "地图"窗口的组成

2. Map 窗口的工具栏

Map 工具栏集合了该窗口上的所有操作,各按钮的功能如表 1 所示。

表 1 Map 工具栏

图标	功能名称	功能描述
	Open Map Layer	选择地图添加到"Map"窗口中
	Google Maps	在"Map"窗口显示谷歌地图
	Google Satellite	在"Map"窗口显示谷歌卫星地图
	Bing Map	在"Map"窗口显示 Bing 地图
	Baidu Map	在"Map"窗口显示百度地图
—	Gray Background	在"Map"窗口中显示其他地图的同时勾选了该项的话,地图上会呈现单色底图的效果
—	Proxy Settings	通过设置代理服务器打开谷歌地图、谷歌卫星地图和 Bing 地图
	Google Earth	便于在软件中切换成 Google Earth 查看测试数据的轨迹
	Cell Settings	设置 Map 窗口中小区显示、小区连线和小区检查
	Layer Control	图层显示/隐藏、参数以及层叠关系设置

续表

图标	功能名称	功能描述
	Select	在测试路径上单击采样点，该数据的其他测试窗口会与其同步
	Rectangular Tool	显示选取矩形区域中的小区连线
	Circular Tool	显示选取圆形区域中的小区连线
	Polygon Tool	显示自选区域中的小区连线
	Zoom in	放大地图显示
	Zoom out	缩小地图显示
	Center By Data	以测试数据居中显示
	Center By Map	以地图居中显示
	Center By Site	以基站居中显示
	Pinpoint	定义室内测试路径的采样点
	Define Path	定义室内路径
	Save Predefined Path	对"Map"窗口中的预定义路径进行保存
	Customize Path	在"Map"窗口中导入道路图层后，框选道路单击该选项设置
	Pin Point Predefined Paths	在预先定义好的路径上打点
	Inverse Removal	按照顺序移除预先定义路径上的点
	Remove All	单击删除所有标记采样点
	Restore	恢复删除的标记采样点
	Distance	测量"Map"窗口中两点之间的距离
	Polygon Distance	测量"Map"窗口中多点之间的距离
	Rectangular Area	查看正方形区域中的测量面积
	Polygon Area	查看多边形区域中的测量面积

161

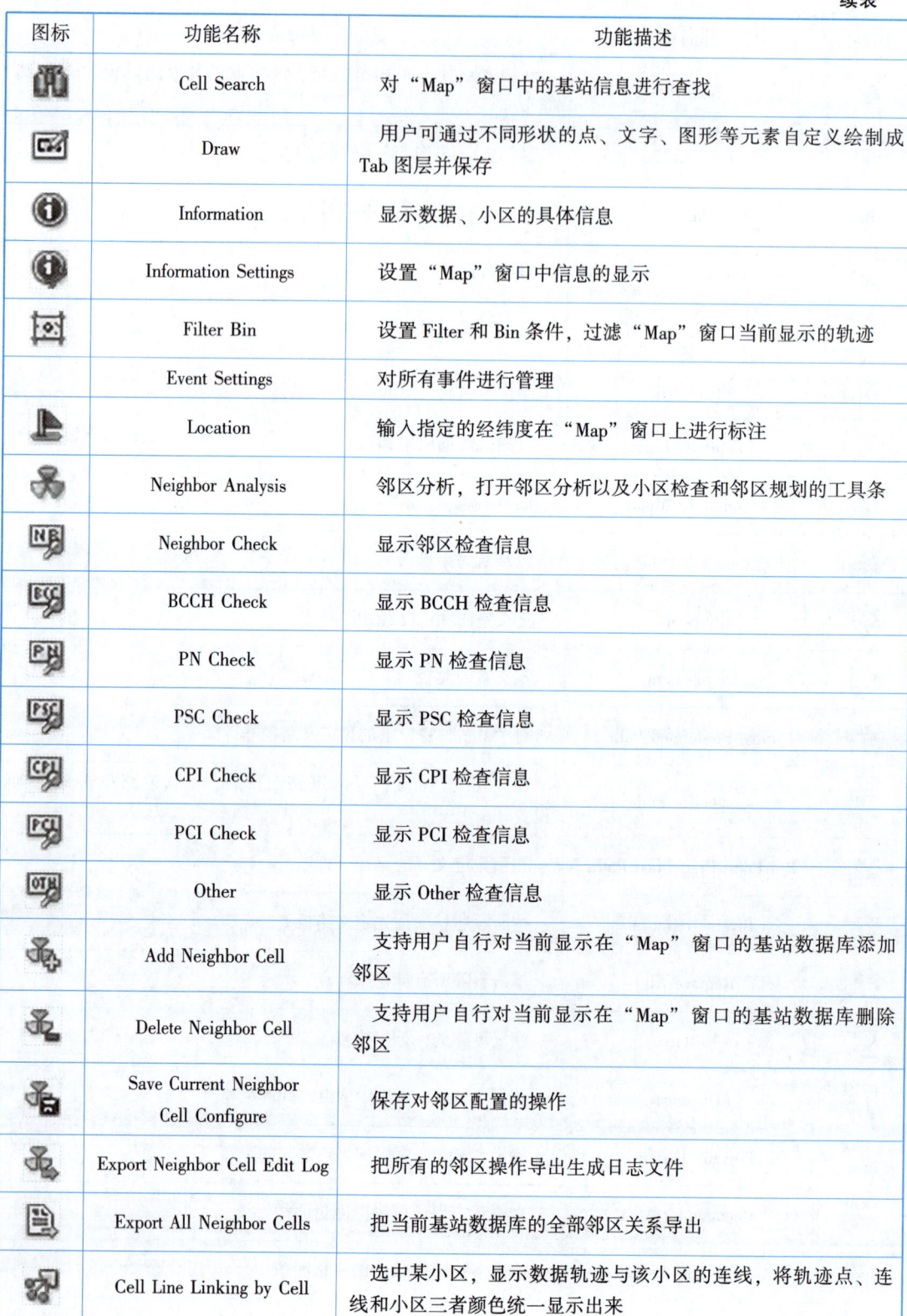

续表

图标	功能名称	功能描述
	Cell Search	对"Map"窗口中的基站信息进行查找
	Draw	用户可通过不同形状的点、文字、图形等元素自定义绘制成 Tab 图层并保存
	Information	显示数据、小区的具体信息
	Information Settings	设置"Map"窗口中信息的显示
	Filter Bin	设置 Filter 和 Bin 条件,过滤"Map"窗口当前显示的轨迹
	Event Settings	对所有事件进行管理
	Location	输入指定的经纬度在"Map"窗口上进行标注
	Neighbor Analysis	邻区分析,打开邻区分析以及小区检查和邻区规划的工具条
	Neighbor Check	显示邻区检查信息
	BCCH Check	显示 BCCH 检查信息
	PN Check	显示 PN 检查信息
	PSC Check	显示 PSC 检查信息
	CPI Check	显示 CPI 检查信息
	PCI Check	显示 PCI 检查信息
	Other	显示 Other 检查信息
	Add Neighbor Cell	支持用户自行对当前显示在"Map"窗口的基站数据库添加邻区
	Delete Neighbor Cell	支持用户自行对当前显示在"Map"窗口的基站数据库删除邻区
	Save Current Neighbor Cell Configure	保存对邻区配置的操作
	Export Neighbor Cell Edit Log	把所有的邻区操作导出生成日志文件
	Export All Neighbor Cells	把当前基站数据库的全部邻区关系导出
	Cell Line Linking by Cell	选中某小区,显示数据轨迹与该小区的连线,将轨迹点、连线和小区三者颜色统一显示出来

续表

图标	功能名称	功能描述
	Cell Line Linking by Region	框选某块区域，显示数据轨迹与该区域的连线，将轨迹点、连线和小区三者颜色统一显示出来
	Cell Line Linking by Log	显示整个数据轨迹与基站数据库的连线，将轨迹点、连线和小区三者颜色统一显示出来
	Cell Coverage	只显示指定的小区或者基站的轨迹、连线和小区，可以灵活控制轨迹颜色，用于分析小区或者基站的覆盖

3. Map 状态栏

"Map"窗口的底部状态栏显示与当前操作状态有关的重要信息，主要包括当前操作对象、当前采样点经纬度的显示以及拖动图层时的刷新进度。

Map 状态栏的相关功能如下：

实时显示鼠标移动位置的经纬度。单击"经纬度信息"显示如下：

Easting-Northing（东北坐标表示法）；

Decimal Long_Lat（十进制坐标表示法）；

DMS Long_Lat（度分秒坐标表示法）。

"Selected"显示对象为鼠标单击的位置：

当单击测试数据时，显示格式为"参数名称-数据名称"；

当单击小区时，显示格式为"该小区所属基站数据库名称"；

当单击"Map"窗口其他区域时，始终显示"None"。

当用户拖动图层时，在状态栏中显示地图刷新的进度。

4. 图例窗口

图例窗口显示当前"Map"窗口的数据元，包括参数、参数统计、加载数据、基站、事件和 GPS 轨迹信息。"图例"窗口如图 5 所示。

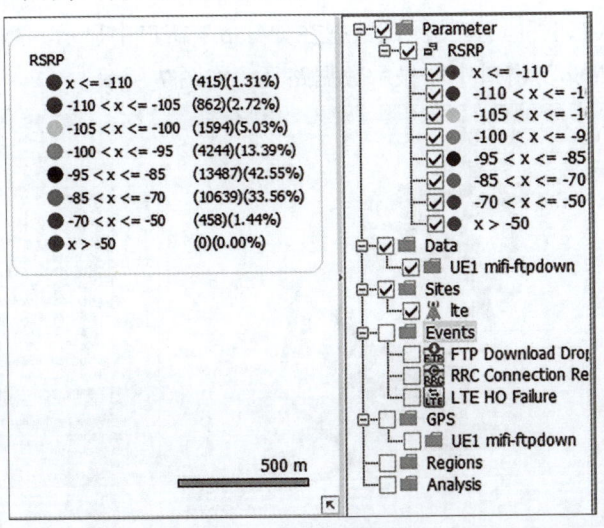

图 5 "图例"窗口

Map 图层区域内的图例跟右侧图例框中的图例是同步一致的,"Map"窗口内的图例可以对参数分段的采样点个数和占比进行即时统计。

右侧图例区域除信息提示外,还可通过复选框的勾选,实现信息显示或隐藏之间的快速切换。"图例"窗口中的"Data"、"Events"节点和"GPS"节点没有右键菜单,其他的"Parameter"、"Sites"节点是有右键菜单选择功能的。

例如,在"Parameter"子节点上双击或选择其右键菜单中的"Parameter Settings",可以打开图 6 中的参数快捷设置窗口,其主要针对参数的轨迹显示属性提供了快捷设置。

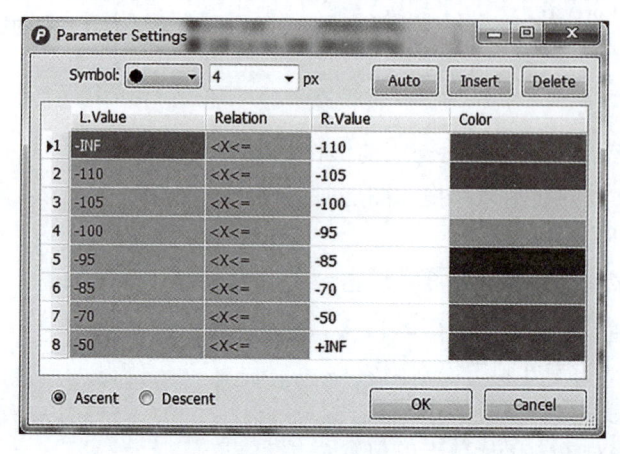

图 6 参数设置

5. Map 窗口信息显示

"Map"窗口支持显示的数据包括测试数据、基站数据和地图数据三种。其中,地图数据支持的格式有:MapInfo(*.Tab、*.Mif、*.Gst);Image(*.bmp、*.jpg、*.gif、*.tif、*.tga);Terrain(*.TMB、*TMD);AutoCAD(*.Dxf);USGS(*.DEM);ArcInfo(*.Shp)等。

6. 测试数据显示

在测试或回放状态下,其支持测试数据在"Map"窗口中显示。当用户将关注的参数从导航栏中拖入后,"Map"窗口中即显示数据路径,如图 7 所示。

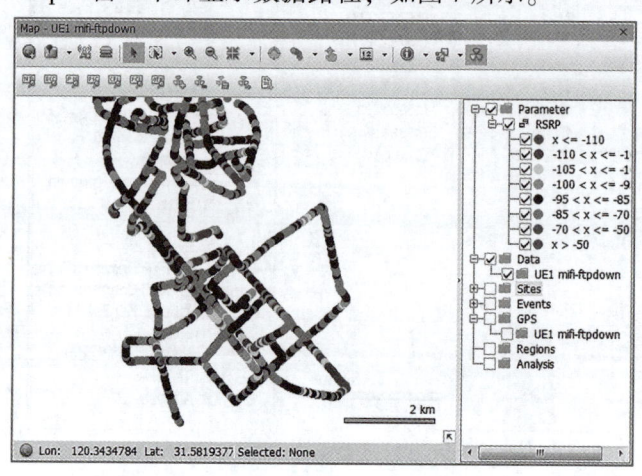

图 7 "Map"窗口显示测试数据

在"Map"窗口中打开测试数据的方法如下：

① 拖曳"Data"导航栏中的数据文件名称至"Map"窗口，显示数据默认参数，同时该数据的默认网络参数信息在"图例"窗口中自动添加；

② 拖曳"Param"导航栏中对应数据的参数至"Map"窗口，同时该参数信息在"图例"窗口中自动添加；

③ 双击"Data"导航栏中"Network"窗中对应数据的 Map 图标，显示该数据的默认参数；同时，该参数信息将在"图例"窗口中自动添加；

④ 选中"Param"导航栏中对应数据下的参数，右键选择"Map"选项，该参数信息在"Map"窗口中自动加载。

测试数据在 Map 上显示的相关功能如下：

① 支持多网络多数据显示；

② 拖入同网络的不同参数时，图例中显示的参数均无网络标识；

③ 拖入异网络的不同参数时，图例中显示的参数增加网络标识；

④ 拖入同网络同参数时，图例中始终显示一个参数，在"Map"窗口中用多层的形式来表示。

7. 地图数据显示

单击"Map"窗口工具栏上的【Open Map Layer】图标，选择要添加的图层至"Map"窗口上。

8. 谷歌地图类显示

在 Map 中加载谷歌地图、谷歌卫星地图、Bing 地图或者百度地图后，会显示出相应的地图作为背景底图显示，如果当前没有图层加载，默认显示中国范围；加载图层后，按照当前范围显示，便于用户进行后续分析。

9. 事件显示

设置测试数据中的事件在 Map 中显示，非常直观，操作方法如下：

① 设置在"Map"窗口上显示的事件，单击菜单栏中的"Configuration/Event Settings"选项；

② 在"Map"窗口中显示测试数据，设置的事件会自动加载并显示出来，如图 8 所示。

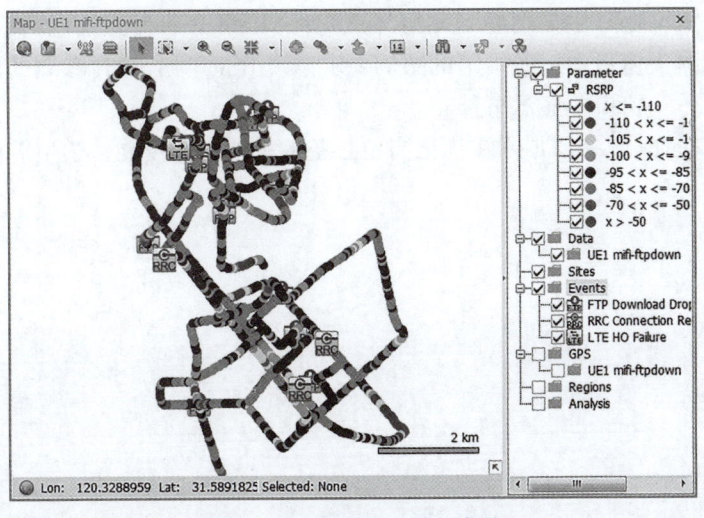

图 8 "Map"窗口显示事件

10. 图层控制

单击"图层控制"窗口图标，打开图层控制窗口，如图 9 所示。"图层控制"窗口可以对 Map 中的所有图层进行管理，包含图层顺序、显示/隐藏图层、删除图层、图层标签、图层偏移、透明度设置等功能。单击"Map"窗口上的"Layer Control"图标可以打开"图层管理"窗口。

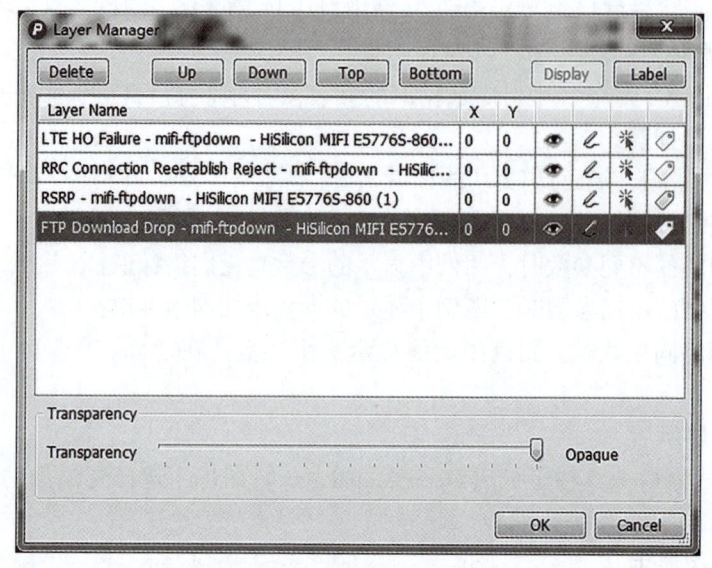

图 9 "图层管理"窗口

7.3 任务实践与考核

本任务由教师讲解或者视频演示，再让学生进行实践练习，完成该任务的目标。本任务的考核和验收主要是通过在给定测试数据上完成所要求的操作如下面这些：

（1）在"地图"窗口中分别显示 SINR、RSRP、RSSI 三种参数信息的路径图。

（2）在"地图"窗口中按照给定的图例要求修改 RSRP 和 SINR 参数的路径显示颜色。

（3）在"地图"窗口中显示事件。

"地图"窗口的操作是 LTE 网络优化岗位必备的一项工作技能，学生需要熟练掌握。

任务 8

信令窗口的认识

8.1 任务描述

"信令"窗口("Message"窗口)是进行网优问题分析的最重要的窗口之一。"Message"窗口显示指定测试数据完整的解码信息,可以分析三层信息反映的网络问题;自动诊断三层信息流程存在的问题并指出问题位置和原因。

学习完该任务,应能够:
(1) 了解"信令"窗口的界面。
(2) 会使用"信令"窗口查找相关信令。

本任务要求学生提前了解 LTE 空中接口各种信令流程、信道概念、RRC 和移动性管理相关基础知识,准备好 Pilot Pioneer 软件和相关数据。

8.2 任务实施步骤和操作流程

"Message"窗口显示指定测试数据完整的解码信息,可以分析三层信息反映的网络问题;自动诊断三层信息流程存在的问题并指出问题位置和原因。

1. 窗口介绍

每个测试数据都有对应的"Message"窗口,打开一个"Message"窗口有以下几种方法:
① 双击导航栏【Data】栏中对应数据【Network】下的 Message "Message"窗口图标;
② 将数据对应的【Message】图标直接从导航栏中拖入工作区中,如图 1 和图 2 所示。

"Message"窗口相关功能点如下:
① 支持对信令的查找、筛选、冻结以及书签等功能;
② 双击"Message"窗口中的信令弹出信令详情窗口,显示所选信令的原始代码;
③ 支持信令详情中的查找、十六进制显示、字体颜色及背景色的设置,以及保存或复制文本内容。

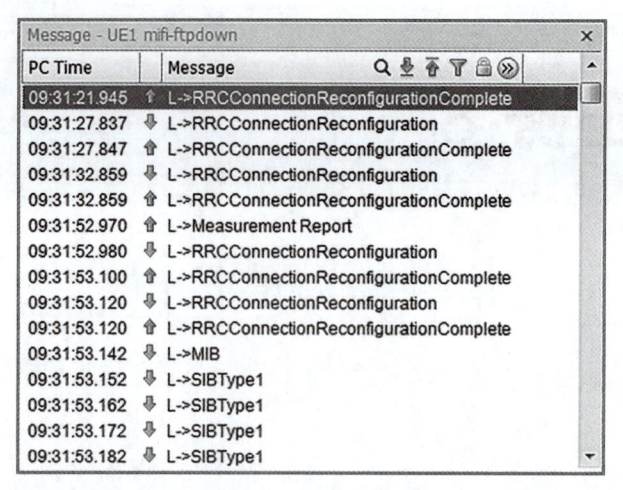

图 1 "信令"窗口

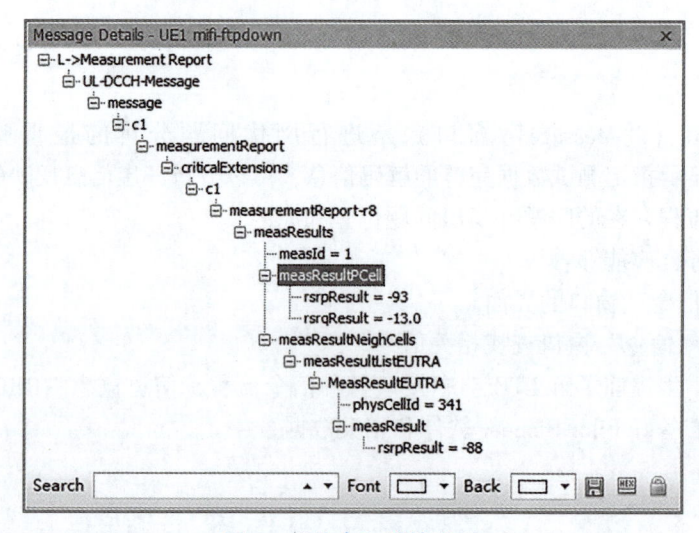

图 2 "信令"详情窗口

2. Message 窗口功能

"Message"窗口下方功能区域提供对信令查找、过滤等常用功能,具体如表1所示。

表 1 "Message"窗口常用功能

图标	功能名称	功能描述
Q	Search	按照文本中的内容查找并列出查找结果
⬇	Search down	逐条向下查找文本框中的信令库
⬆	Search up	逐条向上查找文本框中的信令库
▽	Filter	根据设置过滤信令

续表

图标	功能名称	功能描述
🔒	Freeze	冻结该窗口
⏩	Open/Close bookmark view	打开书签窗口
➕	Add Bookmark	添加书签
➖	Delete bookmark	删除书签
📝	Edit bookmark	编辑书签

3. 查找

首先将查找内容输入"Message"窗口下方文本框，再单击"Search"按钮，窗口中则会出现查找结果，可单击【上箭头】/【下箭头】逐条向上或向下查找同名的信令，如图3所示。

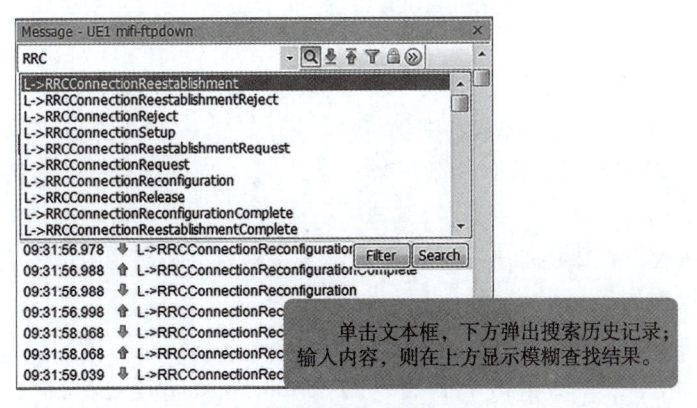

图 3　信令查找

输入需查找的信令名称的方法如下：
① 直接输入要查找的内容；
② 选择一条信令，右击【Search】选项或单击【下箭头】，则该信令名称会输入在下方文本框中；
③ 单击窗口上方文本框，当下方弹出查找历史记录时，可以选择一条信令；
④ 输入要查找内容的部分关键字，从模糊查找结果中选择要查找的信令。

4. 过滤

单击"Filter"按钮，弹出过滤窗口，单击要显示的信令类型，再次单击"Filter"按钮后，设置生效，如图4所示。若要更改信令窗口显示的信令内容，则可以在该信令设置窗口中任意配置，如图5所示。

图 4　设置信令过滤

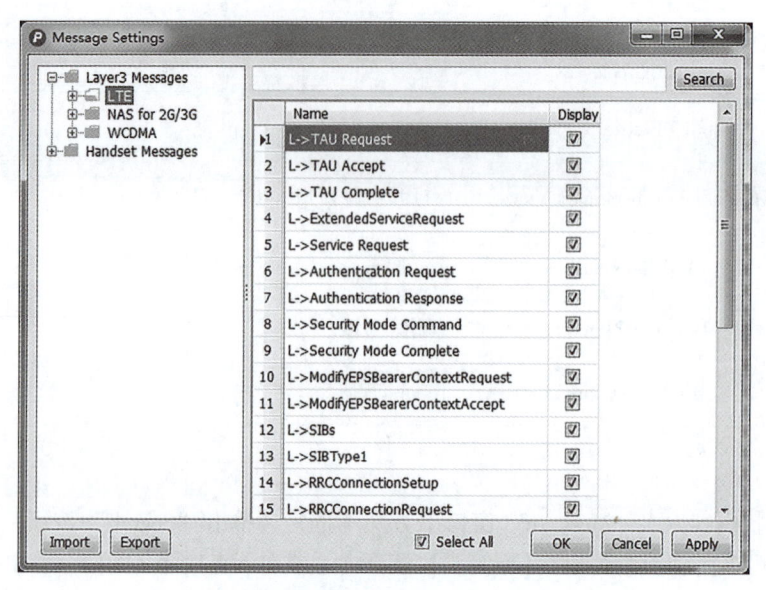

图5 设置在信令窗口中显示的信令

"Message"窗口默认选中层三信令；

① 支持对 L1、L2 及 L3 的任意选中；

② 过滤设置的信息只对该窗口生效。

5. 书签

用户可对感兴趣的信令增加书签，只要双击书签就自动跳转到对应的消息。

书签功能的操作如下：

① 单击"Message"窗口右上方"Open/Close bookmark view"按钮，打开书签窗口；

② 选中一个信令，然后单击书签窗口的"Add bookmark"按钮或者右键选择【Add bookmark】，输入书签名称，添加至书签窗口中；

③ 选定一个书签，单击"Delete bookmark"按钮即可将所选书签删除；

④ 双击一个书签，则自动选择到对应的信令处。

书签窗口如图 6 所示。

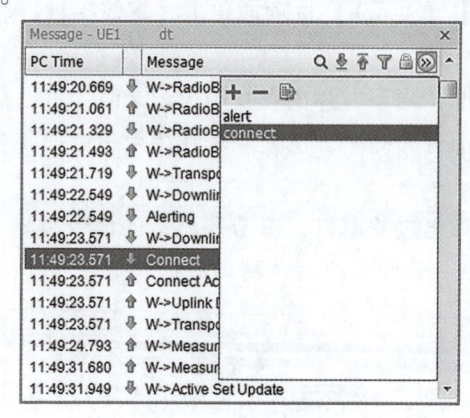

图6 "书签"窗口

6. Message 窗口右键功能

"Message"窗口右键菜单提供对信令颜色设置、显示列设置等常用功能,如表 2 所示。

表 2 "Message"窗口右键功能

功能名称	功能描述
Message Details Windows	信令详情窗口
Search	查找
Add Bookmark	添加书签
Setting Back Color	设置背景颜色
Setting Font Color	设置字体颜色
Save to Message Settings	对设置的颜色保存到"信令设置"窗口中,关闭信令窗口下次打开依然生效
No.	设置是否显示序号
PC Date	设置是否显示信令触发时电脑的日期
PC Time	设置是否显示信令触发时电脑的时间
UE Date	设置是否显示信令触发时终端的日期
UE Time	设置是否显示信令触发时终端的时间
Timestamp	设置是否显示时间戳
Symbol	设置是否上下行标记
Name	设置是否显示信令名称
Information	设置是否显示信令信息
Network	设置是否显示网络类型
Protocol	设置是否显示协议
Channel Type	设置是否显示信道类型
Select Logfile	选择数据,可用来切换数据显示
Status Bar	显示信令窗口的状态栏

7. Message Details 窗口

"Message Details"窗口提供了信令的详细解码信息,在该窗口中可以进行查找、十六进制显示、设置背景色等操作,其界面详细功能如表 3 所示。

表 3 "Message Details"窗口功能

功能名称	功能描述
Search	输入内容进行查找
Hex	显示信令详情的十六进制表示
Back	设置背景颜色

续表

功能名称	功能描述
Font	设置字体颜色
Save	保存该信令详情窗口的配置信息
Frozen	冻结窗口的信息

其右键菜单功能如表 4 所示。

表 4 "Message Details" 窗口右键功能

功能名称	功能描述
Copy	复制选中的行到粘贴板,格式为文本格式
Copy Node Path	复制信令详情窗口中参数的路径
Save as Text	将信令详情保存为文本文件
Recover to default Color Set	将所有颜色设置返回默认的白色背景,黑色字体的显示
Show as Text	以文本形式显示
Lock Window	锁定窗口,适用于同时查看多条信令详情

8.3 任务实践与考核

本任务由教师讲解或者用视频演示,再由学生进行实践练习,从而完成目标。

本任务的考核主要是通过信息查找类操作题目的完成情况来实施。根据学生课上的实践情况,给出合适数量的操作题目,来进行考核,尽量做到课上完成。具体题目设计如下:

（1）如何打开"信令"窗口？请打开提供数据的"信令"窗口,并记录步骤。

（2）如何在"信令"窗口中只显示层 2 的信息,说明操作过程,并将结果截图展示。

（3）在提供的数据中,某个时刻对应的信令有哪些？它们属于哪个网络,在哪个信道中进行传输？

（4）在提供的数据"信令"窗口中只显示 Service Request 信令,该如何操作？请说明操作过程,并将结果截图显示。

（5）在提供的数据"信令"窗口中,一共有多少条信令信息？其中的 RRC Connection Request 有多少条？请说明操作步骤。

（6）将 RRC Connection Setup 信令设置成黄色背景、红色字体。请说明操作过程,并将结果截图显示。

（7）在提供的数据中,属于 NAS 的信令有几种,分别是什么？

（8）在提供的数据中,L->Paging 属于 RRC 信令还是 NAS 信令,在哪个信道中？

（9）在提供的数据中,在 CCCH DL 中传输的信令有几种,分别是什么？

"信令"窗口的操作也是 LTE 网优岗位所必备的一项工作技能,学生需要熟练掌握。

任务 9

事件窗口的认识

9.1 任务概述

"Event List"窗口("事件"窗口)用于显示指定测试数据的事件信息,它也是分析网络问题的重要窗口。依据事件窗口给出的事件信息,并结合其他指标,可以很容易找出所存在的一些网络问题。本任务的目标是能够熟练进行"事件"窗口的操作。

学习完该任务,将能够:

(1) 了解"事件"窗口的界面。

(2) 会使用"事件"窗口查找相关事件。

本任务要求学生提前了解 LTE 空中接口各种信令流程、RRC 和移动性管理相关基础知识,还要准备好 Pilot Pioneer 软件和相关数据。

9.2 任务实施步骤和操作流程

"Event List"窗口用于显示指定测试数据的事件信息。

1. 窗口介绍

每个测试数据都有对应的"Event List"窗口,如图 1 所示,打开"Event List"窗口有以下几种方法:

(1) 双击导航栏【Data】栏中数据对应【Network】下的 Event List【Event List】图标;

(2) 将数据对应的【Event List】图标直接从导航栏中拖入工作区中。

"Event List"窗口的相关功能如下:

双击"Event List"窗口中的事件,弹出事件详细"信息"窗口,显示选中事件的详细信息。

2. Event List 窗口功能

"Event List"窗口下方功能区域提供对事件查找、过滤等常用功能,如表 1 所示。

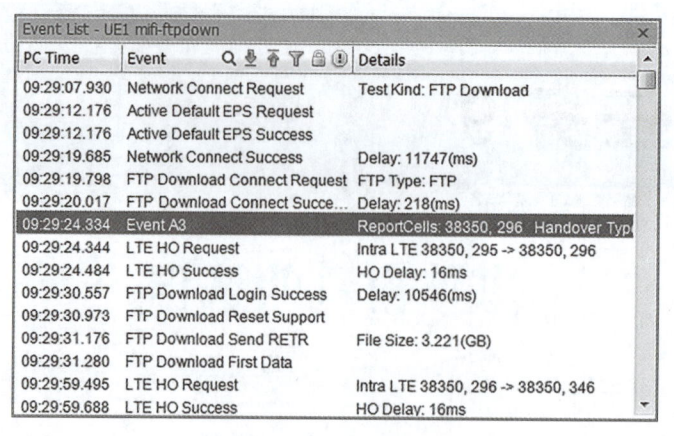

图 1 "事件"窗口

表 1 "Event List"窗口常用功能

图标	功能名称	功能描述
Q	Search	按照文本中的内容查找并列出查找结果
↓	Search dawn	逐条向下查找文本框中的事件库
↑	Search up	逐条向上查找文本框中的事件库
▽	Filter	根据设置过滤事件
🔒	Freeze	冻结锁定该窗口,再次单击解冻窗口
ⓘ	Abnormal	显示所有异常事件

3. 查找

首先将查找内容输入"Event List"窗口下方文本框,再单击"Search"按钮,窗口中则列出查找结果,单击【下箭头】/【上箭头】逐条向下或向上查找同名的事件,如图 2 所示。

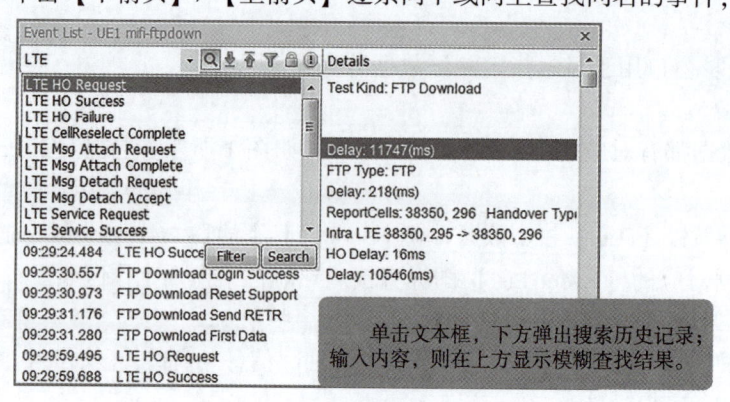

图 2 事件查找

输入需查找的事件名称方法如下：
（1）直接输入要查找的内容；
（2）选择一条事件，单击右键菜单【Search】或单击【下箭头】，则该事件名称会输入在下方文本框中；
（3）单击窗口上方文本框，下方弹出查找历史记录，可选择一条事件；
（4）输入要查找内容的部分关键字，从模糊查找结果中选择要查找的事件。

4. 过滤

单击"Filter"按钮，弹出过滤窗口，勾选要显示的事件，再次单击【Filter】后，设置生效，如图3所示，过滤设置的信息只对该窗口生效。

图 3 事件过滤

5. 异常事件

单击"Abnormal"按钮，"事件"窗口会列出当前列表中所有异常事件，再次单击"Abnormal"按钮则将返回原始状态。

6. Event List 窗口右键功能

"Event List"窗口右键提供了设置事件颜色、设置显示列等常用功能，如表2所示。

表 2 "Event List" 窗口右键功能

功能名称	功能描述
Event Details Windows	事件详情窗口
Search	查找
SetFont Color	设置字体颜色
SetBackground Color	设置背景颜色
UE Date	设置是否显示终端日期
UE Time	设置是否显示终端时间
PC Date	设置是否显示电脑日期
PC Time	设置是否显示电脑时间
Message	设置是否显示触发事件的信令
Details	设置是否显示事件的详细信息
Select Logfile	选择数据，可用来切换数据显示

7. Event Details 窗口

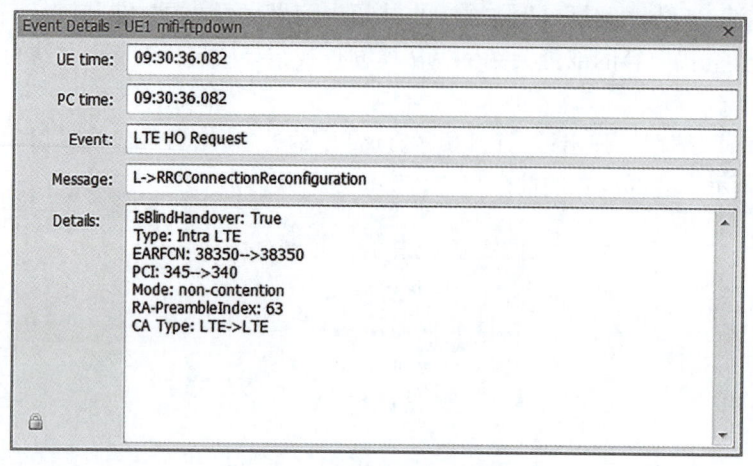

"Event Details"窗口如图 4 所示，相对于"Event List"主窗口，它还提供了关联信令信息和事件详情信息。另外，与"Message Details"窗口一样，它也提供了 Freeze 功能来冻结窗口。

```
Event Details - UE1 mifi-ftpdown
UE time:    09:30:36.082
PC time:    09:30:36.082
Event:      LTE HO Request
Message:    L->RRCConnectionReconfiguration
Details:    IsBlindHandover: True
            Type: Intra LTE
            EARFCN: 38350-->38350
            PCI: 345-->340
            Mode: non-contention
            RA-PreambleIndex: 63
            CA Type: LTE->LTE
```

图 4　"Event Details"窗口

9.3　任务实践与考核

本任务由教师或者视频演示，再由学生进行实践练习，从而完成目标。

本任务的考核主要是通过信息查找类操作题目的完成情况来实现。根据学生课上的实践情况，给出合适数量的操作题目来进行考核，尽量在课上完成。

"事件"窗口的操作也是 LTE 网络优化岗位所必备的一项工作技能，学生需要熟练掌握。

任务 10

线图窗口的认识

10.1 任务概述

"Line Chart"窗口(线图窗口)用于以随时间变化的曲线方式显示各测试参数的变化情况。窗口实时显示测试参数数值、测试事件和测试状态,对于不处于测试状态的数据,用户可以任意指定其当前位置。它也是网优路测分析软件中的重要窗口之一。本任务的目标是让学生熟练进行线图窗口的操作。

学习完该任务,将能够:
(1) 了解线图窗口的界面。
(2) 能说明线图窗口组成。
(3) 能进行线图窗口属性设置。

本任务要求学生提前了解 LTE 关键参数,准备好 Pilot Pioneer 软件和相关数据。

10.2 任务实施步骤和操作流程

"Line Chart"窗口用于以随时间变化的曲线方式显示各测试参数的变化情况。窗口实时显示测试参数数值、测试事件和测试状态,对于不处于测试状态的数据,用户可以任意指定其当前位置。单击菜单栏【Configuration/Interface Manager】选项,用户在该窗口中设置各网络下的"Line Chart"窗口,如图 1 所示。

该窗口的相关功能有:
(1) 支持新建"Line Chart"窗口;
(2) 支持对已存在的"Line Chart"窗口重命名、编辑、删除、上下关系调整的管理功能;

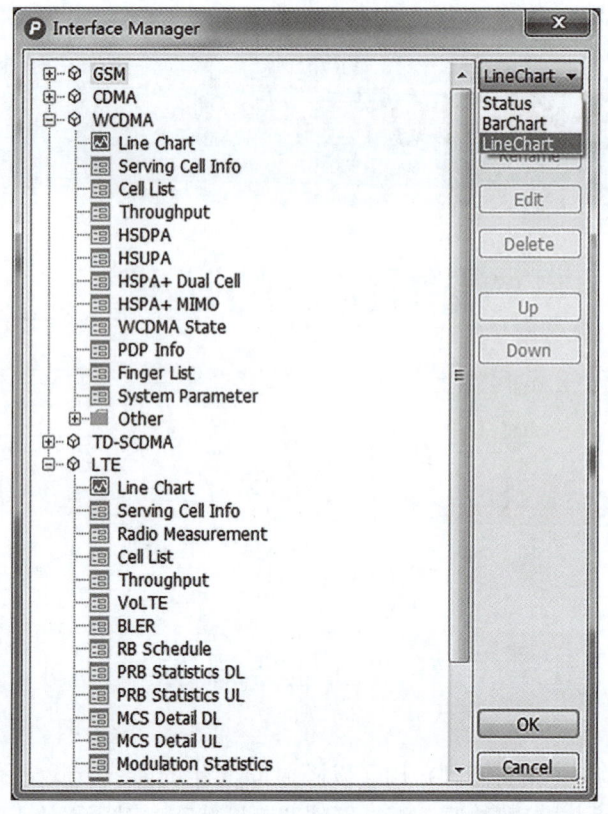

图 1 模板管理

1. 新建 Line Chart 窗口

其操作步骤如下：

（1）选择新建"Line Chart"窗口所属的网络；

（2）在下拉列表中选择 Line Chart 类型后，单击"New"按钮；

（3）对新建状态窗口进行命名，单击"OK"按钮弹出【Set Line Chart】设置窗口；

（4）新建完成后该状态窗口添加至对应的网络下，同时在导航栏【Data】下对应的网络显示。

2. 打开 Line Chart 窗口

每个测试数据都有对应的"Line Chart"窗口，如图 2 所示。

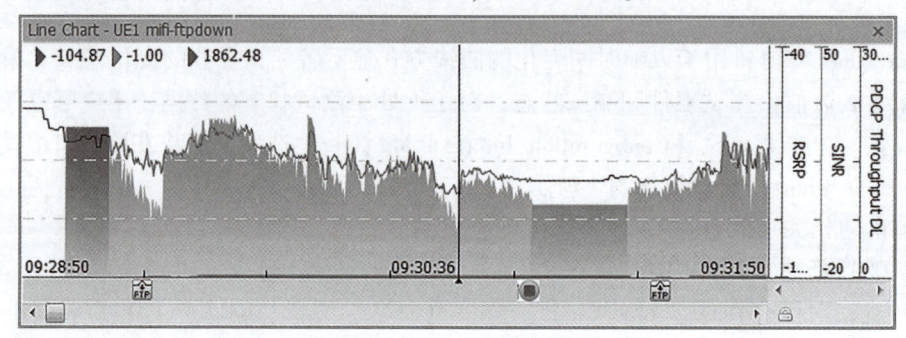

图 2 "Line Chart"窗口

打开一个"Line Chart"窗口方法如下：

（1）双击导航栏【Data】栏中数据对应【Network】节点下的【Line Chart】；

（2）将数据文件下【Line Chart】从导航栏拖入工作区中。

"Line Chart"窗口分为以下几个部分：

（1）图表：显示用户自定义的参数值信息，每一条带有符号的单独的竖直线代表一个设置好的事件；

（2）Y 轴：每一个折线 Y 轴，显示设置好的参数范围；

（3）X 轴：从左到右表示时间的先后顺序；

（4）参数值：窗口上方显示所选时间点的参数名和参数具体值。

3. Line Chart 窗口功能

"Line Chart"窗口支持功能如下：

（1）窗口冻结：单击窗口内【Freeze】图标，对当前窗口进行冻结；

（2）时间轴长度设置：窗口内右键选择【Time Range】选择需要切换的时间长度，切换后该"Line Chart"窗口显示的时间长度就是所选的时间；

（3）数据切换：右击【Select Logfile】选项选择数据进行切换；

（4）属性设置：右击【Property】选项，打开属性设置窗口，设置方法详见后面的"Line Chart 属性设置"部分。

（5）线图增加删除：在属性设置窗口中，可以在页签处进行线图的增加、删除操作，最多只能加至 4 个。

4. Line Chart 属性设置

在模板管理下统一设置，如图 3 所示：

Line Chart 属性设置方法如下：

（1）单击菜单栏【Configuration/Interface Manager】选项，新建"Line Chart"；

（2）在该窗口的网络节点下选中新建的"Line Chart"，单击"Edit"按钮，设置所显示的参数；

（3）在已打开的"Line Chart"窗口下设置：在打开的"Line Chart"窗口中，右击【Property】选项，打开属性设置窗口；

（4）单击"Select"按钮选择所需的参数；

（5）单击"Edit"按钮打开参数编辑窗口，对所选的参数属性进行编辑。

图 3　Line Chart 属性设置

Line Chart 属性设置功能如表 1 所示。

表 1 "Line Chart" 窗口属性设置功能

功能名称	功能描述
Select	打开参数选择窗口，选择所需参数
Edit	编辑参数信息
Delete	删除参数
Delete All	删除所有参数
Up	参数上移
Down	参数下移
DrawHorizontal Line	是否显示水平标尺，默认为勾选

5. Line Chart 参数设置

参数设置如图 4 所示。

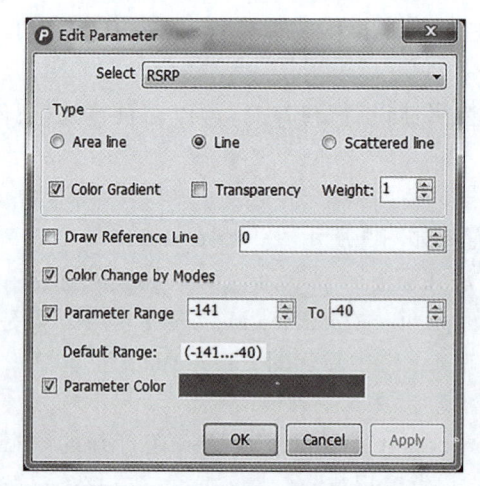

图 4 参数设置

Line Chart 参数设置功能如表 2 所示。

表 2 Line Chart 参数设置功能

功能名称	功能描述
Select Parameter	选择需要编辑的参数
Area line	填充图选项
Line	线图选项
Scattered line	散点图选项
Color Gradient	使用颜色渐变，勾选后，柱状图在填充时会向下渐变为白色
Transparency	透明色

续表

功能名称	功能描述
Weight	采用线图时可用，设置线的粗细
Draw Reference Line	在线图上按照设定值画出一条参考线，默认不勾选
Color Changeby Modes	设置参数是否在接入、空闲、业务态等模式下用不同的颜色来显示
Parameter Range	设置参数区间范围。可在系统设置的默认区间内设置一个新的区间范围，下方显示为参数默认范围
Parameter Color	设置参数颜色。颜色框中的为系统默认颜色。单击打开色板可以调整颜色

10.3　任务考核和验收

本任务由教师介绍或者视频演示，再由学生进行实践练习，从而完成目标。

本任务的考核主要是通过设置类操作题目和信息提取类题目的完成情况来实现。根据学生课上的实践情况，给出合适数量的操作题目来进行考核，尽量做到课上完成。下面是本任务考核题目的例子。也可以设计类似题目进行考核。

（1）如何打开线图窗口？请打开数据 1 的线图窗口，并记录步骤。

（2）在线图上显示 09:32:45~09:35:45 三分钟的数据，说明操作过程，并将结果截图显示。

（3）在 09:33:15，该数据的 RSRP、SINR、PDCP Throughput DL 的值分别是多少？

（4）将该数据的 RSRQ、EARFCN DL 在另一个线图中显示，要求 RSRQ 为填充图，EARFCN 为线型来说明操作过程并将结果截图显示。

（5）请分析图 5 中的内容并回答问题。

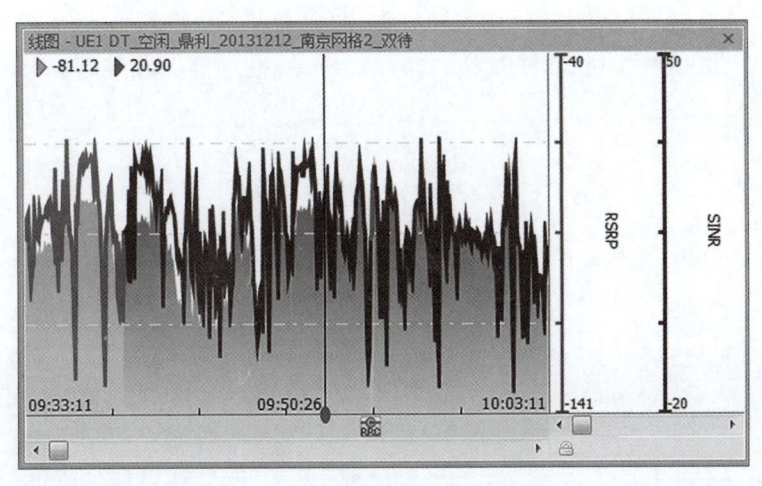

图 5

① 图 5 中显示的数据持续时间有多长?
② 图 5 中显示了哪些参数,它们的范围是多少?
③ 这些参数通过什么类型进行显示的?
④ 在数据显示的时间里进行了哪些事件?
⑤ 图 5 中红色标识点所在时间的参数值是多少?

线图窗口的操作也是 LTE 网络优化岗位必备的一项工作技能,学生需要熟练掌握。

任务 11

Bar 窗口的认识

11.1 任务概述

"Bar"窗口的作用是实时显示参数值的大小。用户根据自己的需求选择观察的一系列相关参数，能更直观对比。

学习完该任务，将能够：

(1) 了解"Bar"窗口的组成。

(2) 学会"Bar"窗口的设置。

本任务要求学生提前了解 LTE 各种参数和指标的意义，准备好 Pilot Pioneer 软件和相关数据。

11.2 任务实施步骤和操作流程

单击菜单栏【Configuration/Interface Manager】选项，用户在该窗口中设置各网络下的"BarChart"窗口，如图 1 所示。

该窗口设置的相关功能如下：

(1) 支持新建"BarChart"窗口；

(2) 支持对已存在的"BarChart"窗口重命名、编辑、删除、上下关系调整的管理功能。

1. 新建 BarChart 窗口

新建"BarChart"窗口的操作步骤如下：

(1) 选择新建"BarChart"窗口所属的网络；

(2) 在下拉列表中选择 BarChart 类型后，单击"New"按钮；

(3) 对新建"Bar"窗口进行命名，单击"OK"按钮弹出 Set Bar Chart 设置窗口；

(4) 新建完成后的"Bar"窗口添加至对应的网络下，同时在导航栏【Data】栏中数据

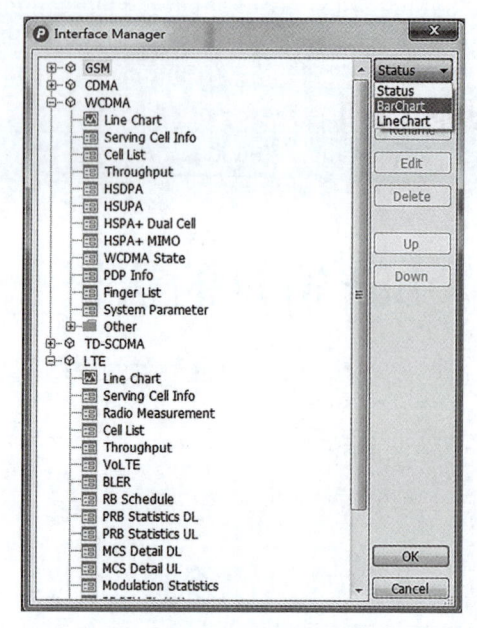

图 1 模板管理

对应的网络显示，如图 2 所示。

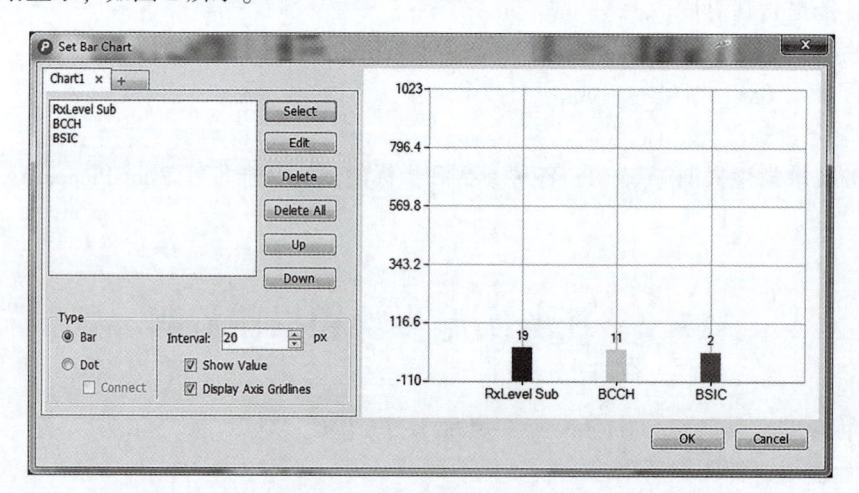

图 2 新建"Bar"窗口

"BarChart"窗口设置的功能如下：
(1) 支持同时设置多个 BarChart，添加参数后可在右侧直接预览；
(2) 支持对所选择的参数编辑、删除、上下关系调整操作。
支持对"BarChart"窗口显示的样式设置：
(1) 支持条状物、点状物和点状物连线三种显示方式；
(2) 支持条状物宽度设置；
(3) 支持是否实时显示参数值的设置；
(4) 支持是否显示背景线的设置。

2. 参数编辑

在"Set Bar Chart"窗口中选择参数后,单击"Edit"按钮打开参数的编辑窗口,如图3所示。

支持对该【BarChart】所有的参数设置;

设置参数的范围;

设置参数的颜色。

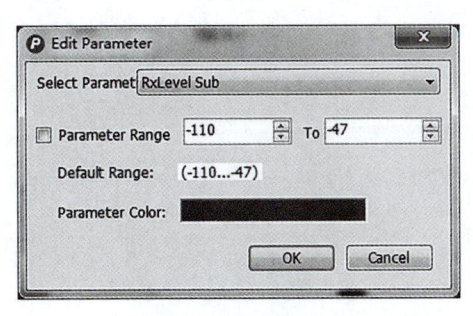

图3 参数编辑

11.3 任务实践与考核

本任务由教师介绍或者用视频演示,再由学生进行实践练习,从而完成目标。

本任务的考核与线图窗口的考核类似,主要是通过设置类操作题目和信息提取类题目的完成情况来实现。根据学生在课上的实践情况,并给出合适数量的操作题目来考核,尽量在课上完成。

"Bar"窗口的操作也是LTE网络优化岗位必备的一项工作技能,学生需要熟练掌握。

任务 12

Status 窗口的认识

12.1 任务概述

"Status"窗口是一个功能非常强大的视图,它可以实现对所有的无线参数状态的实时显示。用户根据自己的需求选择观察的无限参数,对于有颜色分段的参数可实时显示该参数所对应的颜色。

学习完该任务,将能够:
(1) 了解"Status"窗口的组成。
(2) 学会"Status"窗口的设置。

本任务要求学生提前了解 LTE 各种参数和指标的意义,准备好 Pilot Pioneer 软件和相关数据。

12.2 任务实施步骤和操作流程

单击菜单栏【Configuration/Interface Manager】选项,用户在该窗口设置各网络下的"Status"窗口,如图1所示。

该窗口的相关功能如下:
(1) 支持新建"Status"窗口;
(2) 支持对已存在的"Status"窗口重命名、编辑、删除、上下关系调整的管理功能。

1. 新建 Status 窗口

新建"Status"窗口的操作步骤如下:
(1) 选择新建"Status"窗口所属的网络;
(2) 在下拉列表中选择 Status 类型后,单击"New"按钮;
(3) 对新建"Status"窗口进行命名,单击"OK"按钮弹出 Status Template 设置窗口;
(4) 新建完成后,该"Status"窗口添加至对应的网络下;同时,在导航栏【Project/

任务 12　Status 窗口的认识

Interface】对应的网络显示，如图 2 所示。

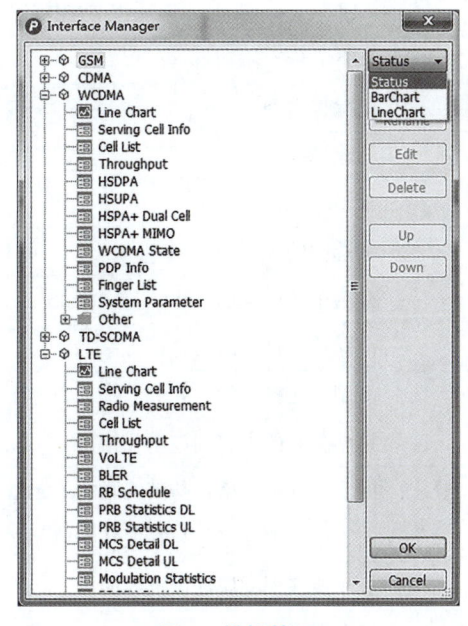

图 1　模板管理

图 2　新建 "Status" 窗口

该窗口中的功能列表显示如表 1 所示。

表 1　"Status" 窗口功能

功能名称	功能描述
Quick Insert	选择参数后，当前位置自动添加一列参数名为名称的单元格和一列参数索引
Add Column	从右侧依次添加列

续表

功能名称	功能描述
Add Row	从下方依次添加行
Delete	删除选择列
Delete Row	删除选择行
Edit Cell	编辑单元格
Insert	在选中的位置插入列
Insert Row	在选中的位置插入行
Clear Cell	清除单元格中的内容
Copy	复制单元格中的内容
Paste	粘贴复制的内容到该单元格
Up	向上移动单元格，与其关联的单元格也会自动移动
Down	向下移动单元格，与其关联的单元格也会自动移动
Properties	显示所在列的属性设置界面
OK	保存退出
Cancel	取消退出

2. 编辑列

对"Status"窗口的标题栏、滚动条、网格线进行相关设置，如图 3 所示。

图 3　编辑"Status"窗口

打开设置窗口的方法如下：

右击单元格【Edit Column】选项。

编辑列的相关功能如下：

(1) 支持对该单元格所在的列名进行编辑；

(2) 支持是否显示标题栏；

(3) 支持是否显示网格线；

(4) 支持是否显示滚动条。

3. 编辑单元格

对每个单元格显示的参数名称、参数值及其对应的范围、颜色进行设置。打开编辑单元格的方法如下：

(1) 双击单元格打开"Cell Edit"窗口；

（2）右击单元格【Edit Cell】选项；

（3）选择单元格后单击"Edit Cell"按钮。

进入【Cell Edit】界面后，根据【Content Type】选择不同，界面有较大差异，分别如图 4、图 5 所示。

图 4　编辑单元格文本　　　　　图 5　编辑单元格参数

编辑单元格的相关功能如下：

（1）Text：输入参数名称，此时只能设置背景色；

（2）Parameter：选择与参数名称对应的参数值；

（3）DynamicColor Indicator：单元格颜色填充长度随参数值范围而变动；

（4）Default Color：按照参数设置处的颜色设置来填充单元格颜色；

（5）Custom Color：指定颜色；

（6）Range：参数的范围，此处设置的范围只会影响单元格颜色填充时的长度。

4. 窗口显示

以 LTE 网络为例显示 Basic Info 和 Serving Cell Info 的状态窗口，如图 6 和图 7 所示。

图 6　"Basic Info"状态窗口

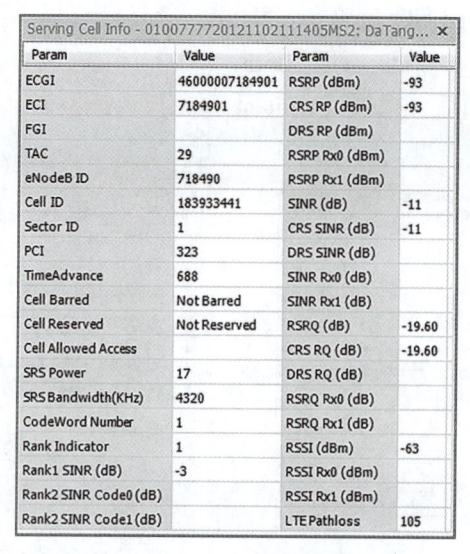

Param	Value	Param	Value
ECGI	46000007184901	RSRP (dBm)	-93
ECI	7184901	CRS RP (dBm)	-93
FGI		DRS RP (dBm)	
TAC	29	RSRP Rx0 (dBm)	
eNodeB ID	718490	RSRP Rx1 (dBm)	
Cell ID	183933441	SINR (dB)	-11
Sector ID	1	CRS SINR (dB)	-11
PCI	323	DRS SINR (dB)	
TimeAdvance	688	SINR Rx0 (dB)	
Cell Barred	Not Barred	SINR Rx1 (dB)	
Cell Reserved	Not Reserved	RSRQ (dB)	-19.60
Cell Allowed Access		CRS RQ (dB)	-19.60
SRS Power	17	DRS RQ (dB)	
SRS Bandwidth(KHz)	4320	RSRQ Rx0 (dB)	
CodeWord Number	1	RSRQ Rx1 (dB)	
Rank Indicator	1	RSSI (dBm)	-63
Rank1 SINR (dB)	-3	RSSI Rx0 (dBm)	
Rank2 SINR Code0 (dB)		RSSI Rx1 (dBm)	
Rank2 SINR Code1 (dB)		LTE Pathloss	105

图 7 "Serving Cell Info" 状态窗口

12.3 任务实践与考核

本任务由教师介绍或者用视频演示,再由学生进行实践练习,从而完成目标。

本任务的考核主要是通过设置类操作题目和信息提取类题目的完成情况来实现。教师应根据学生课上的实践情况给出合适数量的操作题目来进行考核,尽量在课上完成。

"Status"窗口的操作也是 LTE 网络优化岗位必备的一项工作技能,学生需要熟练掌握。

任务 13

其他窗口的认识（一）

13.1 任务概述

MOS 测试是一种模拟用户通话感知的测试，其原理是测试软件通过主叫手机发出一段语音信号，被叫手机接收恢复出这段信号，测试软件将恢复出的信号与原始话音信号做对比，并给出类似于 MOS 的评分。

"Video" 窗口可即时显示 Video Streaming、VoIP、Video Telephony 业务测试的相关信息。

"Data" 窗口可即时显示当前所做数据业务的状态及相关信息，包括测试进度、文件大小、已完成的文件大小、即时速度和平均速度。

学习完该任务，将能够掌握以下操作：

(1) MOS 测试。

(2) 在 "Video" 窗口即时显示 Video 业务测试的相关信息。

(3) 在 "Data" 窗口即时显示当前数据业务的状态及相关信息。

本任务要求学生提前了解 MOS 概念、Video 业务及指标和 Data 业务及指标，准备好 Pilot Pioneer 软件和相关数据。

13.2 任务实施步骤和操作流程

1. MOS 拨打固定端

单路 MOS、多路 MOS3.0/3.1/4.0 支持 Local、Remote 方式测试。MOS 拨打固定端语音评估测试的操作步骤如下：

1）安装话音服务器

测试前确保服务器搭建好，语音卡驱动安装完成并且正确配置。

2）时间同步设置

测试语音 MOS 时，若是拨打固定端，则开始测试前必须进行与语音 MOS 测试服务器的时间同步。在存在可用网络情况下,单击打开"MOS Settings"窗口设置语音服务器 IP 及端口后单击"Sync Time"即可完成时间同步。在同步之前,要先关闭系统的时间同步。

3)测试计划设置:

(1)双击打开 MOS 测试计划,MOS Device Version 的下拉框中选择【Multi MOS Ver3.0】/【Multi MOS Ver3.1】/【Multi MOS Ver4.0】/【MOS Ver4.0 Lite】选项,选择对应的 Algorithms;

(2)在 Call Mode 下选择【MOC】,Synchronous Type 的下拉框选择【Remote】;

(3)最后选择该 MOS 对应的 Channel,单击"OK"按钮测试。

2. MOS Settings

"MOS Settings"窗口的调节原则是尽量将语音评估测试数据的 MOS Test 窗口波形图更接近标准波形图,尽量将 MOS 分值调高。

为了使语音评估测试能够达到较好的效果,通常要预先对"MOS Settings"窗口进行设置,该设置会影响到各语音评估测试数据在"MOS Test"窗口的波形及 MOS 分值。

单击菜单栏【Configuration/MOS Settings】选项,打开"MOS Settings"窗口,如图 1 所示。

"MOS Settings"窗口的相关功能如下:

(1)支持按照网络类型、品牌选择对应的设备;

(2)支持对单路 MOS 和多路 MOS 进行音量设置;

(3)支持与服务器的同步时间设置。

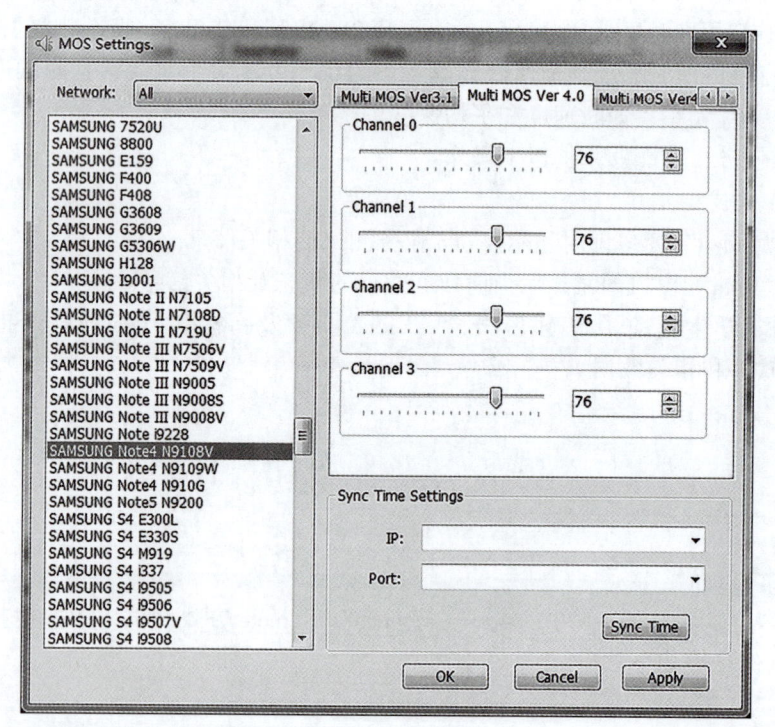

图 1 MOS Settings 设置

3. MOS

"MOS Settings"窗口音量设置完成后,即可在 MOS 窗口中查看 MOS 波形以及 MOS 分值,用来做语音评估测试,如图 2 所示。

打开 MOS 窗口方法如下:

(1) 双击导航栏【Data】对应数据【Network】下的【MOS】图标;

(2) 将导航栏【Data】对应数据【Network】下的【MOS】图标拖曳到工作区中。

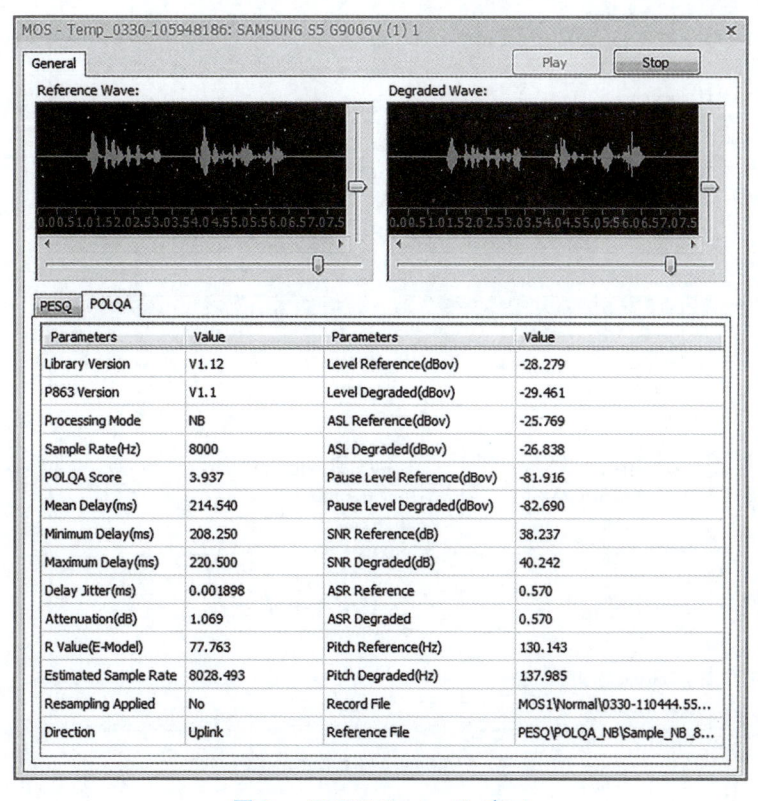

图 2   "MOS Settings"窗口

"MOS Test"窗口的功能名称和功能描述如表 1 所示。

表 1   "MOS Test"窗口的功能名称和功能描述

功能名称	功能描述
Reference Wave	标准波形图
Degraded Wave	当前语音评估波形图
Parameters	该列呈现出与 MOS 相关的参数名称
Value	对应列出在不同时刻的测量参数值

4. Video

在测试过程中,"Video"窗口(图 3)可即时显示 Video Streaming、VoIP、Video Telephony 业务测试的相关信息,如图 4~图 6 所示。

Video - UE1 mifi-ftpdown			
Video Play / Video Streaming / VoIP / Video Telephony			
Parameters	Value	Parameters	Value
Total Receive Bytes		Media Quality	
Download Progress（%）		Total Bit Rate（bps）	
Current Rcv Speed（bps）		Video Duration Time(ms)	
ReBuffer Counts		Video FPS	
Rebuffer Time(ms)		Video Width（px）	
Play Duration（ms）		Video Height（px）	
Stalling Ratio（%）		Video Codec	
Init Buffer Latency（ms）		Audio Codec	
VMOS		WebSite Type	
Quality Score			
Loading Score			
Stalling Score			

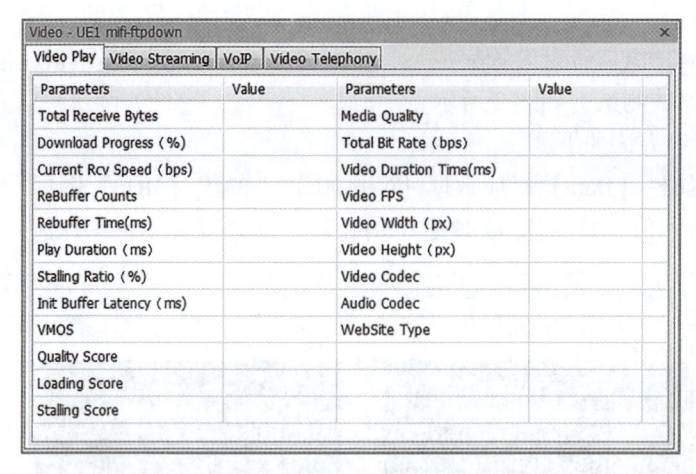

图 3 "Video Play" 窗口

Video - UE1 mifi-ftpdown			
Video Play / Video Streaming / VoIP / Video Telephony			
Parameters	Value	Parameters	Video	Audio
Measure Time(ms)		Recv.Packet		
Duration(ms)	0	Lost Packet		
Speed(bps)		Avg.Packet Gap(ms)		
Recv.Total Bytes		Current Packet Jitter		
Download Progress(%)		Max Packet Jitter		
Rebuffer Count		Min Packet Jitter		
Rebuffer Time(ms)		Avg Packet Jitter		
DVSNR VMOS		Cur Lost Fraction(%)		
(A-V) DeSync		Max Packet Gap(ms)		
Video Codec		Min Packet Gap(ms)		
Audio Codec				
Video Width(px)	0			
Video Height(px)	0			

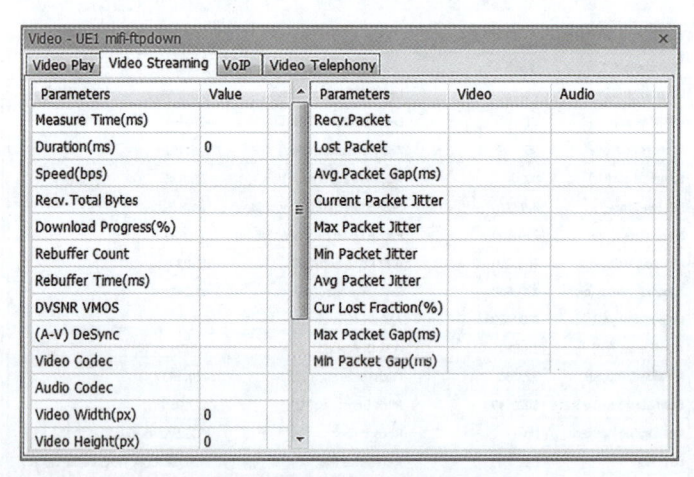

图 4 "Video Streaming" 窗口

Video - UE1 mifi-ftpdown		
Video Play / Video Streaming / VoIP / Video Telephony		
Parameters	Video	Audio
Measure Time(ms)		
Sending Time(ms)		
Recving Time(ms)		
Sent Bytes		
Current Sent Bytes		
Sent packages		
Current sent packages		
Received Bytes		
Current received Byte		
Received packages		
Current received packages		
Lost packages		
Current lost packages		

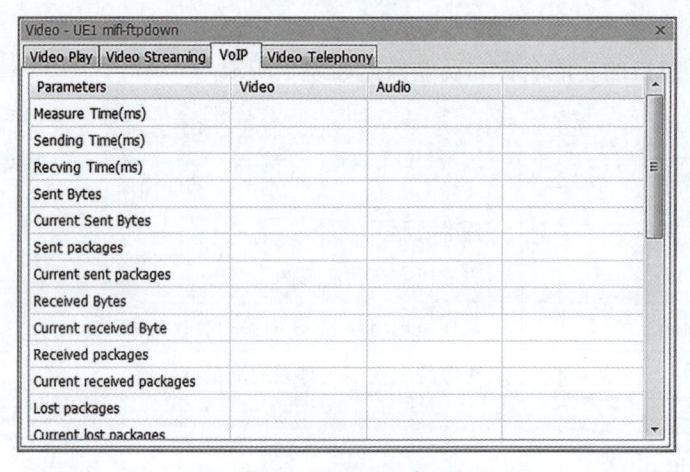

图 5 "VoIP" 窗口

图 6 "Video Telephony" 窗口

打开 "Video" 窗口的方法如下：
（1）双击导航栏【Data】对应数据【Network】下的 【Video】图标；
（2）将导航栏【Data】对应数据【Network】下的 【Video】图标拖曳到工作区中。
参数主要有三个部分：
（1）描述当前网络的测量参数；
（2）针对当前播放的流媒体的音频和视频的测量参数；
（3）回放时 Pilot Pioneer 给出的音频、视频同步参数。

5. Data

测试过程中"Data"窗口（图 7）可即时显示当前所做数据业务的状态及相关信息，包括测试进度、文件大小、已完成的文件大小、即时速度和平均速度。

打开 Data 窗口方法如下：
（1）双击导航栏【Data】对应数据【Network】下的 【Data】图标；
（2）将导航栏【Data】对应数据【Network】下的 【Data】图标拖曳到工作区中。

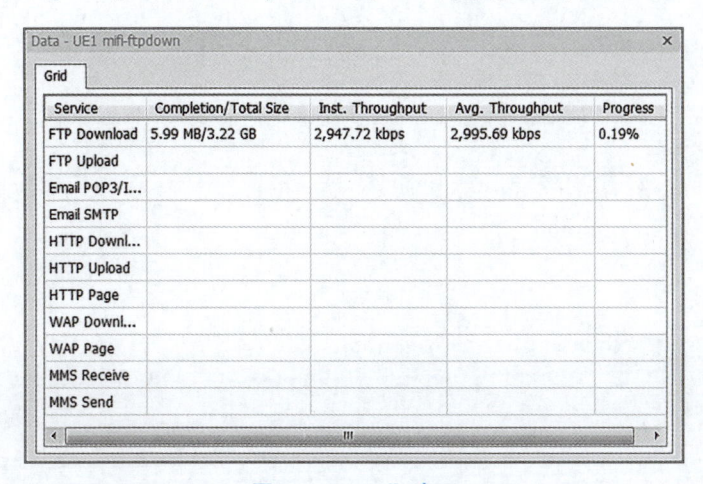

图 7 "Data" 窗口

"Data"窗口的功能如表 2 所示。

表 2 "Data"窗口的功能

功能名称	功能描述
Service	业务类型，即查看当前测试的业务
Completion/Total Size	文件传输大小/文件总大小，查看当前测试业务的进度
Inst. Throughput	业务测试的实时速率大小
Avg. Throughput	业务测试的平均速率大小
Progress	测试的进度显示、百分比格式

13.3 任务实践与考核

本任务由教师介绍或者用视频演示，再由学生进行实践练习，从而完成目标。

本任务的考核主要是通过设置类操作题目和信息显示类题目的完成情况来实现。根据学生课上的实践情况，给出合适数量的操作题目来进行考核，尽量做到课上完成。

MOS 测试、"Video"窗口和"Data"窗口在 LTE 系统网络优化工作中经常会用到，学生需要进行熟练掌握。

任务 14

其他窗口的认识（二）

14.1 任务概述

"GPS"窗口是把地图上的采样点的经度、纬度等其他信息实时地显示出来。

"Statistics"窗口用来统计参数的各项指标。

"Adjust Image"窗口是实现图片格式地图地理化功能的，即通过给图片添加经纬度标记信息，使图片格式地图可以显示在有经纬度的地图窗口中。

学习完该任务，将能够掌握以下操作：

（1）通过"GPS"窗口实时显示经度、纬度等信息。

（2）使用"Statistics"窗口来统计参数的各项指标。

（3）通过"Adjust Image"窗口实现图片格式地图地理化功能。

本任务要求学生提前了解经纬度概念、LTE 中的各种参数指标，准备好 Pilot Pioneer 软件和相关数据。

14.2 任务实施步骤和操作流程

1. GPS

"GPS"窗口是把地图上的采样点的经度、纬度等其他信息实时显示出来，如图 1 所示。

打开"GPS"窗口方法如下：

（1）双击导航栏【Data】对应数据【Network】下的 【Map】图标；

（2）将导航栏【Data】对应数据【Network】下的 【Map】图标拖曳到工作区中。

2. Statistics

"Statistics"窗口用来统计参数的各项指标，如图 2 所示。

打开"Statistics"窗口方法如下：

（1）双击导航栏【Data】对应数据【Network】下的 【Statistics】图标；

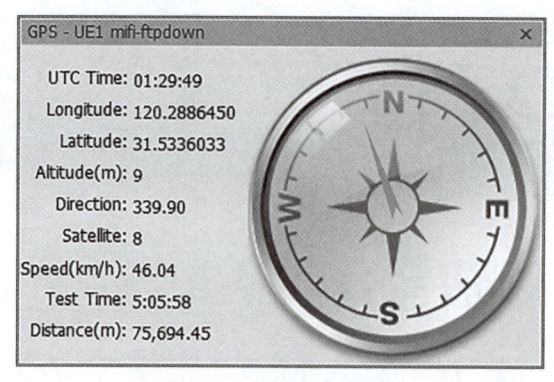

图1 "GPS"窗口

（2）将导航栏【Data】对应数据【Network】下的 ▶【Statistics】图标拖曳到工作区中。

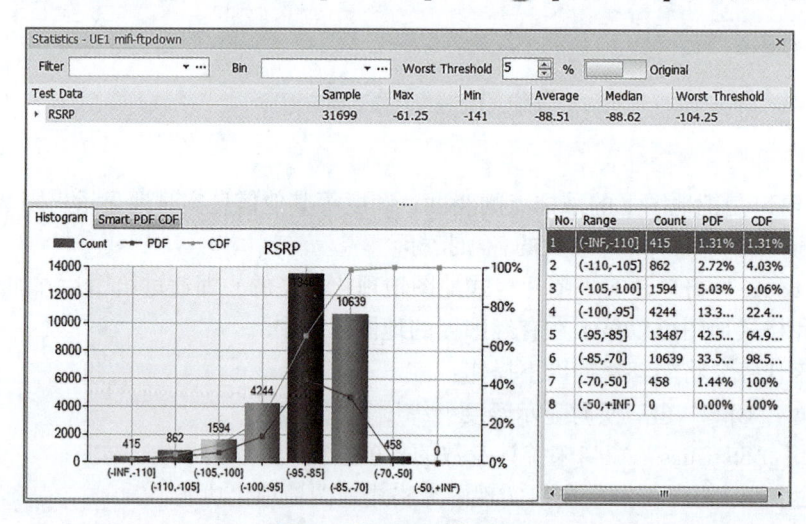

图2 "Statistics"窗口

3. Adjust Image

"Adjust Image"窗口是实现图片格式地图地理化功能的，即通过给图片添加经纬度标记信息，使得图片格式地图可以显示在有经纬度的地图窗口中，该功能和 MapInfo 中的 Image Registration 功能类似。

通过单击菜单栏【Tools/Adjust Image】功能，可以打开 "Adjust Image" 窗口，如图3所示。

具体操作步骤如下：

（1）单击工具栏 "Open File" 按钮 " 📁 "，打开需要地理化的图片；

（2）使用工具栏 "Move" 按钮 " ✋ "，可以移动图片的显示位置；

（3）使用工具栏 "Zoom In" 按钮 " 🔍 "，可以放大图片的显示；

（4）使用工具栏 "Zoom out" 按钮 " 🔍 " 可以缩小图片的显示；

（5）使用工具栏 "Fit View" 按钮 " ⛶ "，可以使图片大小自动适应窗口大小；

（6）使用工具栏 "Add" 按钮 " ➕ "，可以在地图上添加地理化信息点，在地图上单击后，会弹出如图4所示的"图形地理化"窗口。

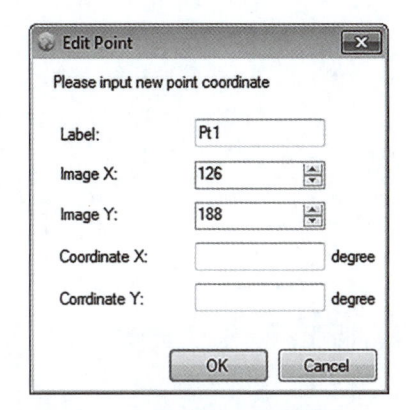

图3 "图形地理化"窗口

图4 添加地理化信息点

在图3中，【Label】信息为自动添加，可以不修改；【Image X】和【Image Y】信息在图片上单击时自动生成，表示图片的像素位置，可以不修改；【Coordinate X】和【Coordinate Y】表示该点对应的地理位置信息，格式为十进制的经纬度格式，如"12.345678"，【Coordinate X】表示经度，【Coordinate Y】表示纬度，需要用户手动录入。

添加好的点会显示在界面下方的列表区域。

使用"Delete"按钮可以删除列表中当前点信息。

使用"Insert"按钮可以手动插入一个新的点，注意此时需要手动输入图片的像素信息，所以不推荐这种方式。

使用"Find"按钮，可以在图片中找到列表中当前点对应的位置。

（1）在录入不少于3个这样的正确的点信息后，单击界面中的"OK"按钮，就会生成图片的备注文件，该文件后缀为".tab"，保存位置和图片文件位置相同，主文件名也相同。

（2）打开生成的.tab文件，就可以关联到图片文件。需要注意，图片文件和.tab文件需要一起使用，不能放置在不同目录下，也不能修改文件名称。

14.3　任务实践与考核

本任务由教师介绍或者视频演示，再由学生进行实践练习，从而完成目标。

本任务的考核主要是通过设置类操作题目和信息显示类题目的完成情况来实现。教师应根据学生课上的实践情况，给出合适数量的操作题目来进行考核，尽量做到课上完成。

"GPS"窗口、"Statistics"窗口和 Adjust Image 窗口在 LTE 系统网络优化工作中经常会用到，学生需要熟练掌握。

任务 15

软件设置（一）

15.1 任务概述

在菜单栏【Configuration】下拉选项中的参数设置、信令设置、事件设置等是针对整个软件的参数、信令和事件生效的。这些设置对于进行数据分析十分重要，而任务的主要内容就是针对这些设置的。

学习完该任务，将能够掌握：

如何对 Pilot Pioneer 软件进行参数设置、信令设置、事件设置。

本任务要求学生提前准备好 Pilot Pioneer 软件和相关数据。

15.2 任务实施步骤和操作流程

1. 参数设置

参数设置是针对 Pilot Pioneer 软件中所有的参数以及在"Map"窗口中应用的图例进行管理。单击菜单栏【Configuration/Parameter Settings】选项，打开"参数设置"窗口，如图 1 所示。

该窗口设置的相关功能如下：

导航栏中的文件夹右键功能：支持调整文件夹上下关系。

参数的相关设置：

（1）支持按照参数名称查找的功能。

（2）支持选择该参数是否在导航栏显示。若要在导航栏显示，则在该参数对应的 Navigator 项勾选。

（3）支持双击参数名称对其修改功能。

（4）支持选择参数显示的颜色。

（5）支持对参数最大/最小范围的设置。

图 1 "参数设置"窗口

（6）右键 Select Category：移动该参数至其他文件夹。在参数列表中选中某参数右键，打开 Select Category 界面指定文件夹后就会把该参数移至该文件夹下。注意支持在多个目录中同时存放一个参数。

"Map"窗口中图例的参数设置如表 1 所示。

表 1　"Map"窗口中图例的参数设置

功能名称	功能描述
Copy	复制当前参数的分段阈值
Paste	选择某参数后，把复制的分段阈值粘贴到该参数中
Add	添加新页签显示分段阈值
Delete	删除当前选中分段阈值的页签
Threshold Name	阈值组名
Rule	阈值分段的开闭方式：左闭右开或者是左开右闭
Sequence	设置阈值的序列
Order	分段阈值的升序或降序排列
Value Type	分段阈值显示的模式，包含连续模式、离散模式和自动离散模式
Range	连续模式是指把某参数的取值范围按照设定的阈值分为连续的段并赋予颜色，一段阈值是一种颜色
Discrete	离散模式是指把某参数中指定值赋予一种颜色
Discrete Auto	自动离散模式是指软件自动搜集出的参数值，自动赋上不同颜色

续表

功能名称	功能描述
Recover	恢复默认配置
Shape	设置采样点的样式和大小
Pixel	采样点像素大小

2. 消息设置

信令设置是针对Pilot Pioneer软件中所有的信令进行管理。单击菜单栏【Configuration/Message Settings】选项，打开"信令设置"窗口，如图2所示。

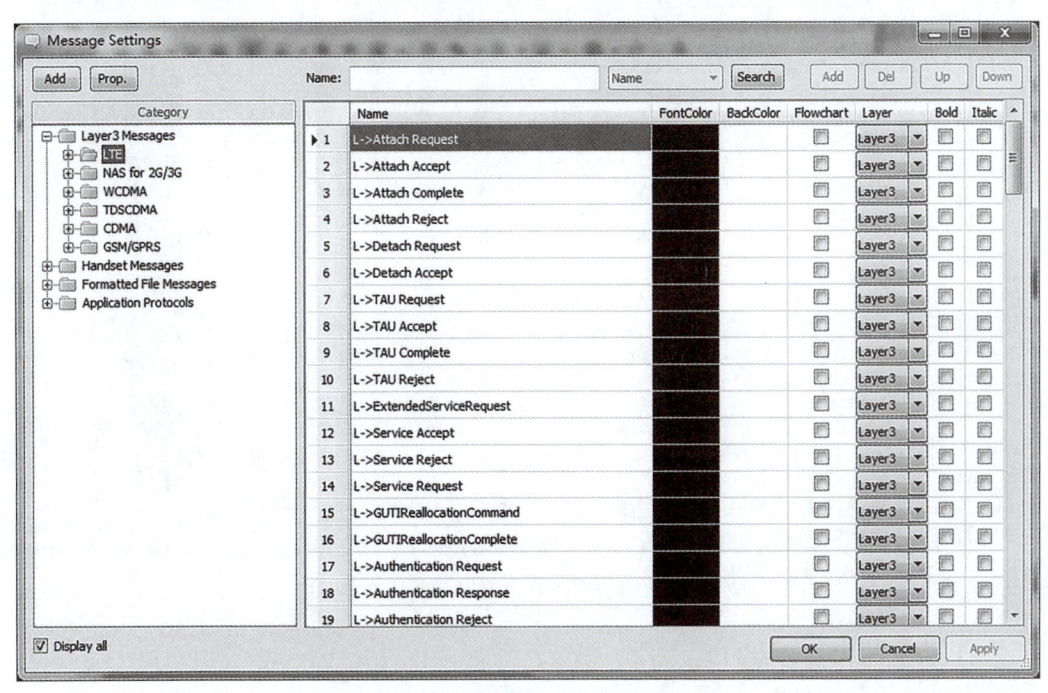

图2 "信令设置"窗口

该窗口设置的相关功能如下：

1）导航栏中的文件夹

（1）支持添加、删除子文件夹。

（2）支持调整文件夹上下关系。

（3）支持对文件夹属性的设置。

（4）支持所有子文件夹内容是否在上级文件夹内显示。

2）信令的相关设置

（1）支持查找、排序功能。

（2）支持双击信令名称对其修改。

（3）支持设置信令的文本颜色、背景颜色。

（4）支持勾选该信令在对应窗口显示，如FlowChart就在相关的窗口显示该信令。

203

(5) 支持信令类别设置，可选择 Layer1、Layer2 和 Layer3。

(6) 设置某条信令显示的字体，可选择粗体或斜体。

右键 Set Category：移动该信令至其他文件夹。在信令列表中选中某信令右键，打开 Set Category 界面指定文件夹后就会把该信令移至该文件夹下。

3. 事件设置

事件设置是针对 Pilot Pioneer 软件中所有的事件进行管理。单击菜单栏【Configuration/Event Settings】选项，打开"事件设置"窗口，如图 3 所示。

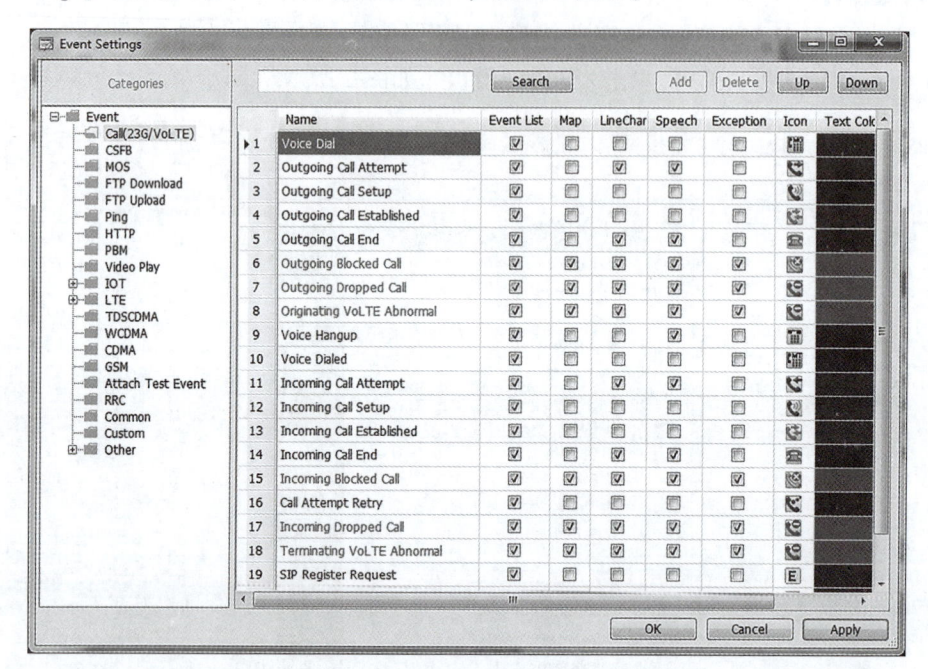

图 3 "事件设置"窗口

该窗口设置的相关功能如下：

1）导航栏中的文件夹

支持调整文件夹上下关系。

2）事件相关设置

(1) 支持查找、排序功能。

(2) 支持勾选该事件在对应窗口显示，如勾选了 Map 就在地图窗口中显示该事件。

(3) 支持设置事件图标；

(4) 支持设置事件的文本颜色、背景颜色。

右击 Set Category：移动该事件至其他文件夹。在事件列表中选中某事件右键，打开 Set Category 界面指定文件夹后就会移至该文件夹下。

4. 自定义参数管理

自定义参数管理是可让用户根据参数、信令、事件来自己定义符合用户需求的参数，保存在对应的网络下。单击菜单栏【Configuration/Custom Paramter Manager】选项，打开自定义"参数管理"窗口，如图 4 所示。

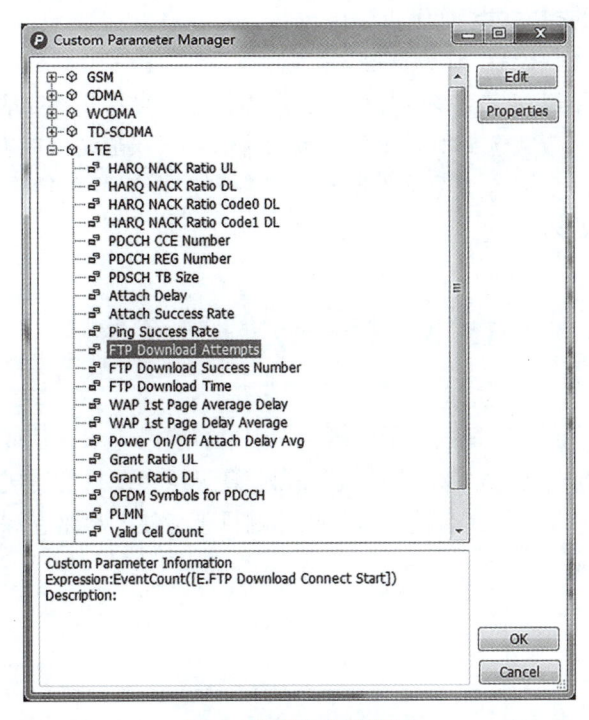

图 4　自定义参数管理

在对应的网络中双击未定义的参数名，打开自定义参数编辑窗口，根据参数、事件、信令来自定义参数的表达式，生成自定义参数，如图 5 所示。

图 5　表达式设置

自定义参数管理的相关功能如下：
（1）每个网络下支持设置 20 个自定义参数；
（2）自定义参数编辑窗口支持选择函数、运算符进行自定义参数表达式；
（3）支持在列表中查找选择所需参数、事件、信令，双击显示在表达式编辑框中；
（4）支持将自定义参数添加至软件所有的参数列表中，可在参数设置窗口对应网络节点下修改自定义参数名称。

15.3 任务实践与考核

本任务由教师介绍或者用视频演示，再由学生进行实践练习，从而完成目标。

本任务的考核主要是通过设置类操作题目和信息显示类题目的完成情况来实现。教师应根据学生课上的实践情况，给出合适数量的操作题目来考核，尽量在课上完成。

任务 16

软件设置（二）

16.1 任务概述

本任务是进行自定义事件管理和 TCP/IP 设置的操作。

自定义事件管理是可让用户根据参数、事件以逻辑表达式来定义符合用户需求的事件，保存在对应的网络下，当条件执行成功时，该自定义事件便会触发。

TCP/IP 设置是通过软件来修改系统中 TCP/IP 相关的参数，以便提高数据业务的速率。

学习完该任务，将能够：

（1）进行自定义事件管理。

（2）TCP/IP 设置。

16.2 任务实施步骤和操作流程

1. 自定义事件管理

自定义事件管理是可让用户根据参数、事件以逻辑表达式来定义符合用户需求的事件，保存在对应的网络下，当条件执行成功时，该自定义事件会触发。单击菜单栏【Configuration/Custom Event Manager】选项，打开"自定义事件管理"窗口，如图 1 所示。

自定义事件管理的相关功能如下：

（1）支持自定义事件的新建、重命名、编辑、删除操作。

（2）支持上下调整关系。

（3）自定义事件编辑窗口分为 5 种类型，软件为用户提供 5 种方式自定义事件，如图 2 所示。

（4）根据信令和参数逻辑表达式来定义事件。

用户自定义事件的功能名称和功能描述如表 1 所示。

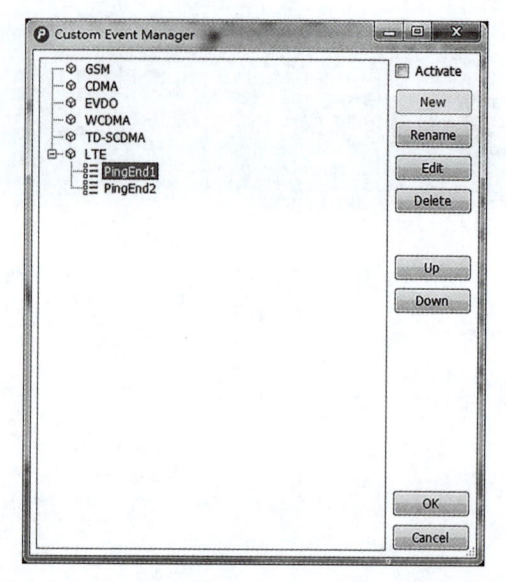

图 1 "自定义事件管理"窗口

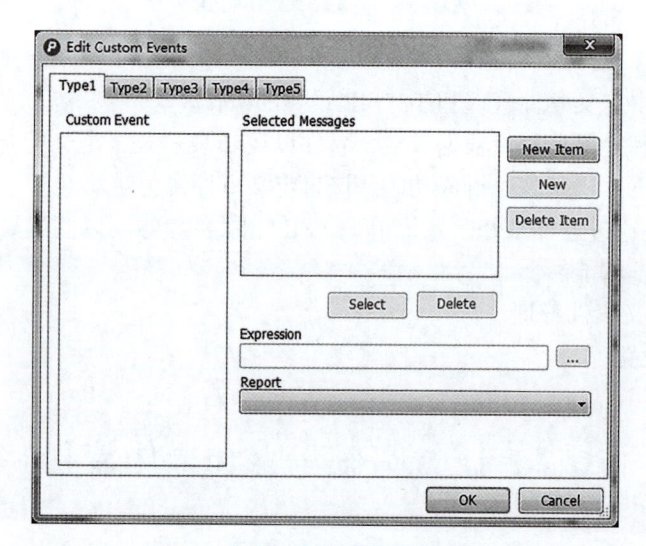

图 2 自定义事件编辑类型（1）

表 1 用户自定义事件

功能名称	功能描述
Custom Event	显示当前事件类型包含的所有信令流程。第一行为事件名，单击事件名可对其重命名，双击事件名称可展开或收起事件名称下的信息流分支列表
Selected Messages	事件信令流程选择的信令
New Item	新建项，用来添加 User Event 中的树节点
New	新建子项，用来添加 User Event 中的树节点（注：下一个版本将改回 New Sub-item）

续表

功能名称	功能描述
Delete Item	删除项，删除 User Event 中的树节点
Select	选择事件所需的信令
Delete	删除事件信令流程选择的信令
Expression	参数逻辑表达式，触发事件所需的参数限制逻辑表达式
Report	输出的自定义事件，将其保存至事件设置中

根据信令/事件间隔时间来定义事件：选择两条信令或者事件，并设置两者之间的间隔，若出现在设定的时间间隔内，则会触发自定义事件，勾选【Trigger if Message/Event B does not appear】则反之，如图 3 所示。

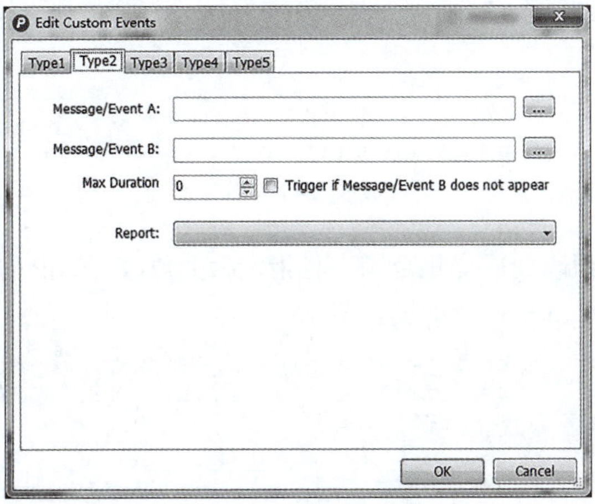

图 3　自定义事件编辑类型（2）

根据参数逻辑表达式、最小持续时间、出现次数来定义事件：若出现所设置的参数逻辑表达式值并满足最小持续时间、出现次数，则触发自定义的事件，如图 4 所示。

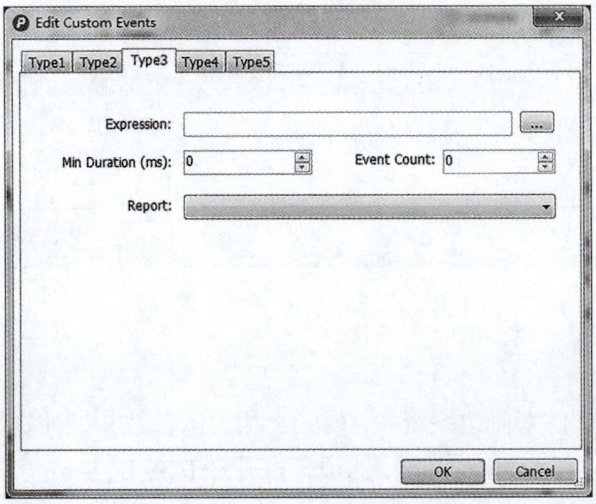

图 4　自定义事件编辑类型（3）

根据信令或事件、最大持续时间、出现次数来定义事件：若出现所设置信令或事件，并且满足最大持续时间、出现次数，则触发自定义的事件，如图 5 所示。

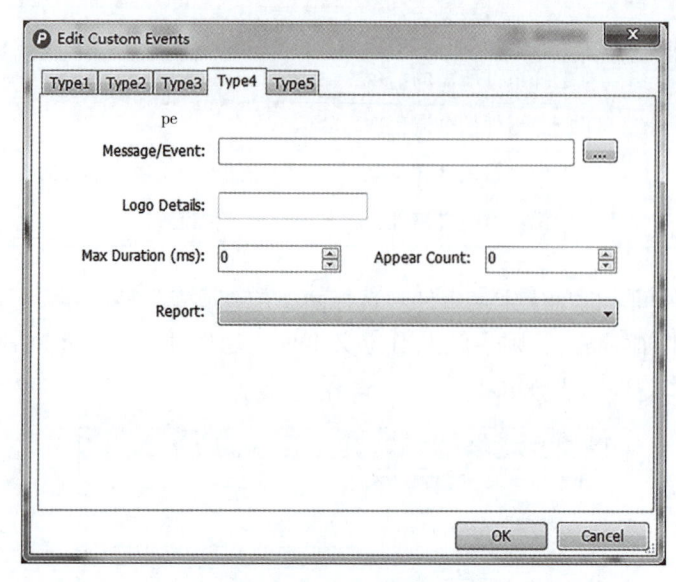

图 5　自定义事件编辑类型（4）

选择参数并设置其值改变或变化范围，且指定参数值改变后的网络状态，满足以上的设置条件，则会触发自定义的事件，如图 6 所示。

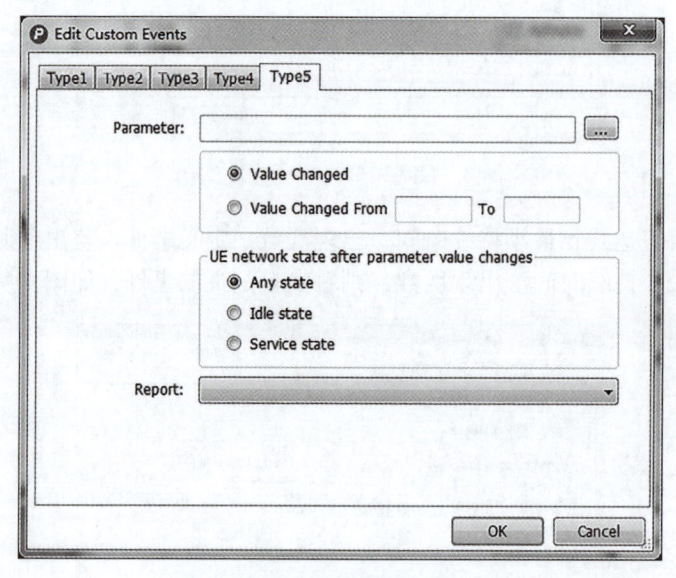

图 6　自定义事件编辑类型（5）

2. TCP/IP 设置

TCP/IP 设置是通过软件来修改系统中 TCP/IP 相关的参数，以便提高数据业务的速率。单击菜单栏【Configuration/Options/Advanced】选项，打开"TCP/IP Setting"窗口，如图 7 所示。

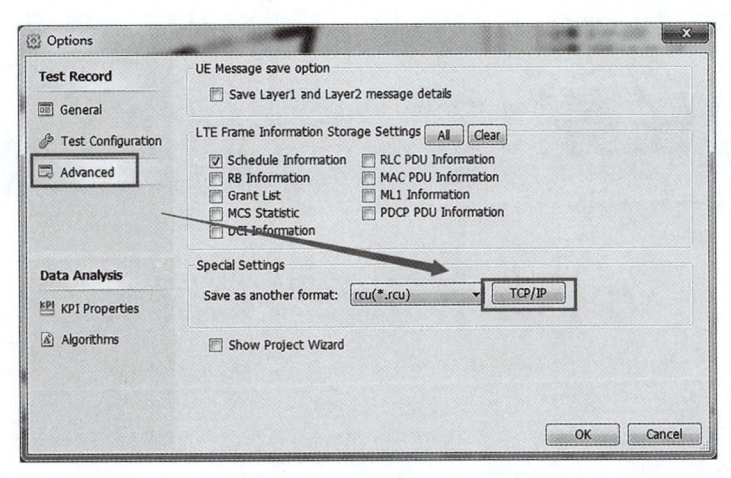

图 7　"TCP/IP Setting" 窗口

16.3　任务实践与考核

　　本任务由教师介绍或者用视频演示，再由学生进行实践练习，从而完成目标。
　　本任务的考核主要是通过设置类操作题目和信息显示类题目的完成情况来实现。教师应根据学生课上的实践情况并给出合适数量的操作题目来考核，尽量在课上完成。

任务 17

小区选择相关参数解析

17.1 任务概述

在选择完 PLMN 以后，UE 要通过小区选择的过程，从而选择适合的小区驻留。UE 要从小区获得的至关重要的信息包含在 MIB 中，小区选择相关的参数在 SIB1 系统消息中广播。

学习完该任务，将能够：
（1）学会获取 MIB 信息的操作方法。
（2）学会获取 SIB1 系统消息的操作方法。

本任务要求学生提前了解小区选择的过程和相关参数，准备好 Pilot Pioneer 软件和相关数据。

17.2 任务实施步骤和操作流程

第一步：导入数据并解码。

（1）在导航栏的数据分页、数据列表中单击 ➕，添加需要进行分析的数据，如图 1 所示。

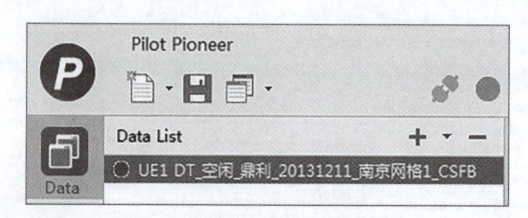

图 1 添加需要分析的数据

（2）解压数据后，双击数据列表中的数据就可以进行数据解码了，如图 2 所示。

任务 17 小区选择相关参数解析

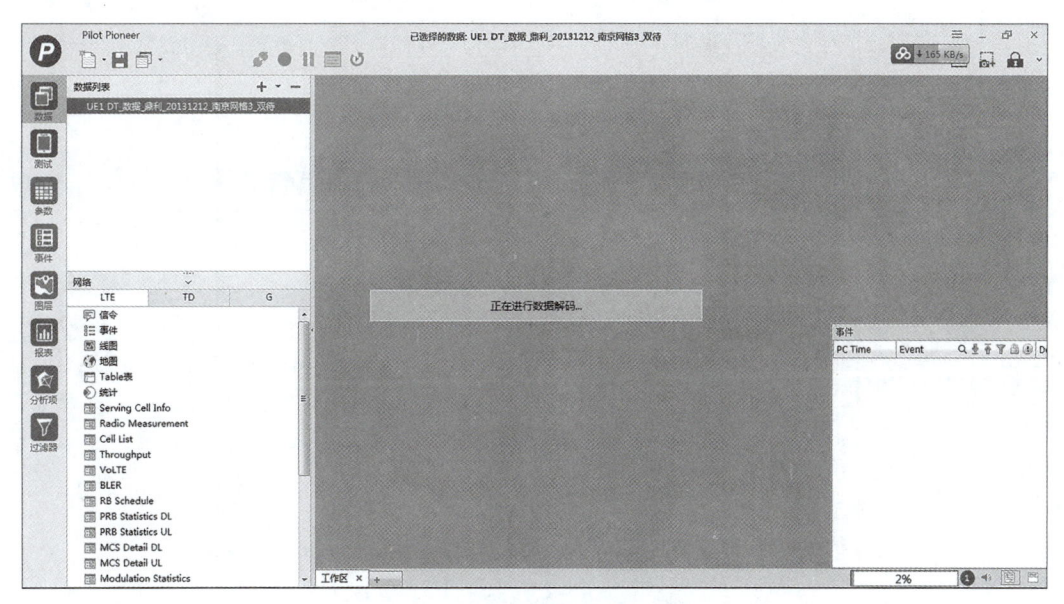

图 2 数据解码过程

第二步：打开信令窗口。

在导航栏的数据分页网络中双击 Message 图标，打开"信令"窗口，如图 3 所示。

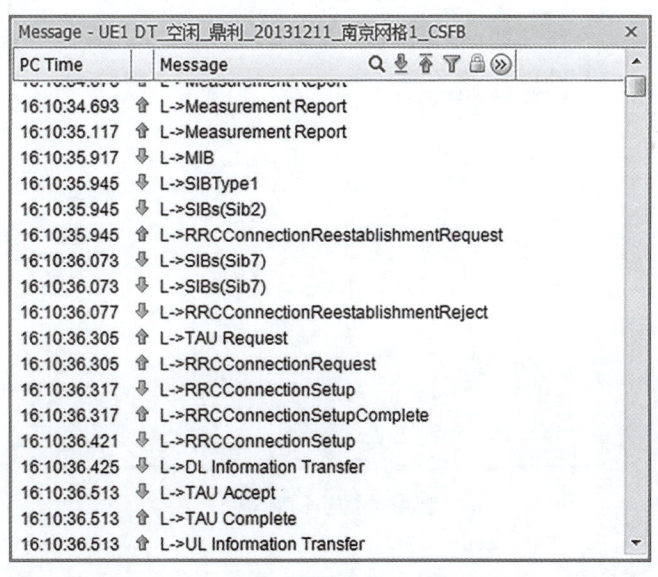

图 3 "信令"窗口

第三步：查看 MIB 信息。

单击"搜索"按钮（ 🔍 ），在搜索窗口输入 MIB，单击"过滤 Filter"按钮，就可看到所有的 MIB 信息，如图 4 所示。双击对应的 MIB，获取 MIB 详细信息，如图 5 所示。

解析：

version = 1：版本号；

Physical_Cell_ID = 321：LTE 物理小区 ID 的标识；

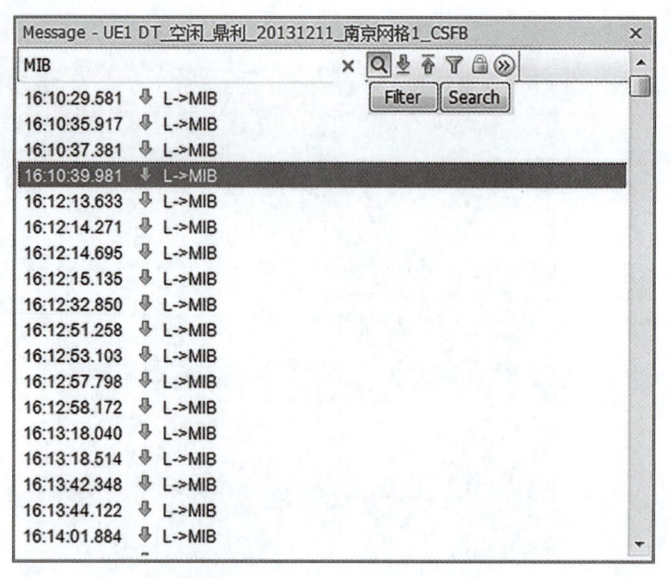

图 4 过滤后的"信令"窗口

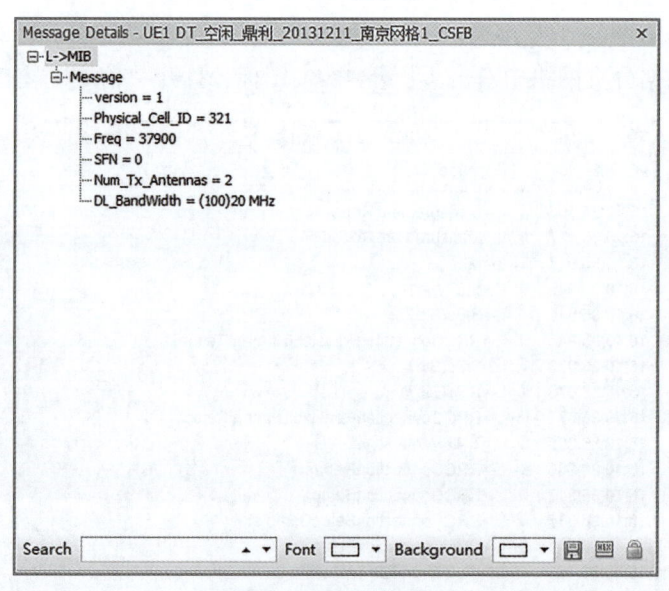

图 5 MIB 详细信息

Freq=37900：频率；

SFN=636：系统帧号 SFN，用于 UE 和网侧的帧同步；

Num_Tx_Antennas=2：天线配置数量；

DL_BandWidth=（100）20 MHz：下行信道带宽（100 个 RB，20 MHz）。

第四步：查看 SIB1 信息。

在"信令"窗口中，单击"搜索"按钮，在搜索窗口输入 SIB1，单击"过滤 Filter"按钮，就可看到所有的 SIB1 信息了，如图 6 所示。双击对应的 SIB1，获取 SIB1 详细信息，如图 7 和图 8 所示。

图 6 　过滤后的"信令"窗口

图 7 　SIB1 详细信息（1）

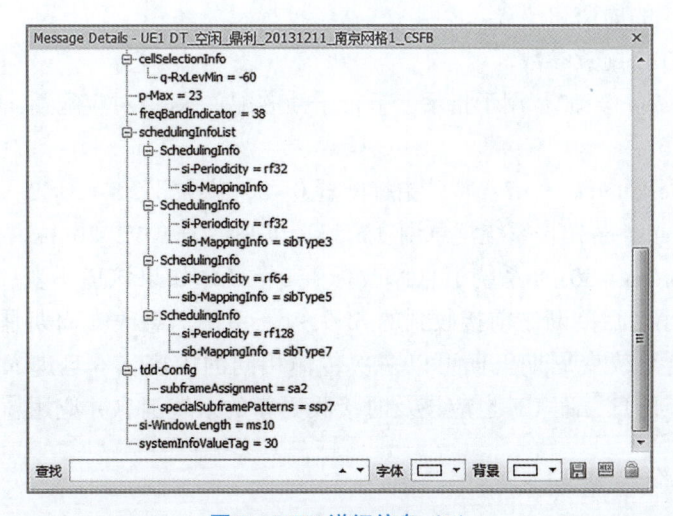

图 8 　SIB1 详细信息（2）

解析：

PLMN-IdentityInfo：网络的 PLMN 识别号（Public Land Mobile Network）。

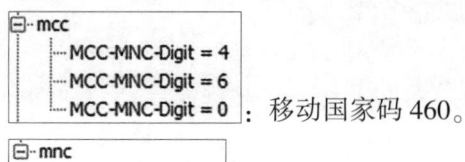

```
□ mcc
    MCC-MNC-Digit = 4
    MCC-MNC-Digit = 6
    MCC-MNC-Digit = 0
```
：移动国家码 460。

```
□ mnc
    MCC-MNC-Digit = 0
    MCC-MNC-Digit = 0
```
：移动网络码：00。

trackingAreaCode=0101000111010111：跟踪区域码 TAC 为 0101000111010111。

cellIdentity=0101000010110011000000000011：小区标识 CID 为 0101000010110011 00000000011。

cellBarred=notBarred：小区禁止，notBarred 为不禁止。

intraFreqReselection=allowed：同频重选，允许，用来控制当更高级别的小区禁止接入时，能否重选同频小区。

csg-Indication=false：指示这个小区是否为 CSG 小区。

cellSelectionInfo：小区信息选择。

q-RxLevMin=−60：小区要求的最小接收功率 RSRP 值［dBm］，即当 UE 测量小区 RSRP 低于该值时，UE 是无法在该小区驻留的。

p-Max=23：终端配置最大发射功率。

freqBandIndicator=38：频率带宽指示，表示当前系统的使用 38 频段。

schedulingInfoList：信息调度表，调度信息列表里面的内容对应着如何在一个调度周期中将 SIB2~SIB12 映射到各个 SI 消息中，以及各个 SI 消息发送的时间窗口长度以及周期。

si-Periodicity=rf32：SI 消息的调度周期，以无线帧为单位，如 rf32 表示周期为 32 个无线帧。

sib-MappingInfo=sibType3：系统消息中所含的系统信息块映射表。表中没有包含 SIB2，它一直包含在 SI 消息中的第一项。该字段决定了该小区能下发的 sib（3~11）类型。以上调度信息表示 SIB3 的周期和位置。

tdd-Config：TDD 配置参数。

subframeAssignment=sa2：用于指示上下行子帧的配置，sa2 对应配置，指针配置 0~6，2 号配置 U：D=1：3。

specialSubframePatterns=ssp7：特殊指针配置 0~8，7 号配置 9：3：2。

si-WindowLength=ms10：系统消息调度窗口，以毫秒为单位，10 ms。

systemInfoValueTag=30：（系统消息修改标签 0~31）如果该值不变，则 UE 会在自其认为 SI 合法 3 个小时后判断之前接收到的 SI 失效。系统消息改变周期是由系统配置的一个参数，基站在这个改变周期里面可以多次传输相同的内容，一旦进入下个周期，基站就会传输新的系统信息，而 UE 也应该及时接收更新的系统消息并应用新的系统消息中的系统配置。

17.3 任务实践与考核

本任务由教师介绍或者用视频演示,再由学生进行实践练习,从而完成目标。

本任务的考核主要是通过在信令窗口中进行查找类题目的完成情况和 MIB、SIB1 系统消息中各种参数的含义来实现。教师应根据学生在课上的实践情况给出合适数量的操作题目来考核,尽量在课上完成。

任务 18

小区重选相关参数解析

18.1 任务概述

LTE 在合适的小区驻留，停留适当的时间（1 s）后，就可以进行小区重选的过程，通过小区重选，可以最大限度地保证空闲模式下的 UE 驻留在合适的小区。LTE 中的小区重选，分为同频的小区重选和异频的小区重选（包括不同 RAT 之间的小区重选）两种。与小区重选有关的参数来源于服务小区的系统消息 SIB3、SIB4 和 SIB5。小区重选的实现主要是在终端侧，网络侧所做的仅仅是配置小区重选参数。

学习完该任务，将能够：
(1) 学会获取系统消息 SIB3、SIB4 和 SIB5 的操作方法。
(2) 熟悉小区重选相关参数的含义。

本任务要求学生提前了解小区重选的过程和相关参数，准备好 Pilot Pioneer 软件和相关数据。

18.2 任务实施步骤和操作流程

获取系统消息 SIB3、SIB4 和 SIB5 的步骤

第一步：导入数据，并解码。

(1) 在导航栏的数据分页、数据列表中单击 ➕，添加需要进行分析的数据，如图 1 所示。

图 1 添加数据

(2) 解压数据后，双击数据列表中的数据就可以进行数据解码了，如图 2 所示。

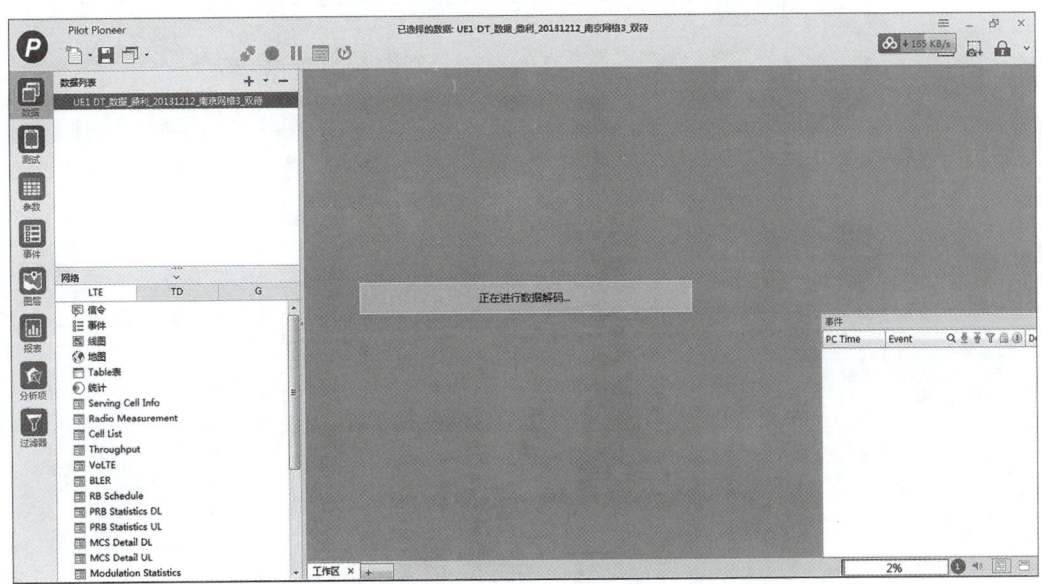

图 2 数据解码过程

第二步：打开"信令"窗口。

在导航栏的数据分页网络中双击 Message 图标，打开"信令"窗口，如图 3 所示。

图 3 "信令"窗口

第三步：查看 SIB3、SIB4 和 SIB5 信息。

单击"搜索"按钮（ 🔍 ），在搜索窗口输入 SIBs，单击"过滤 Filter"按钮，就可看到所有的 SIBs 信息，如图 4 所示。

图 4 过滤后的信令窗口

第四步：查看 SIBs 信息。

双击对应的 SIBs，获取 SIBs 详细信息，如图 5~图 7 所示。

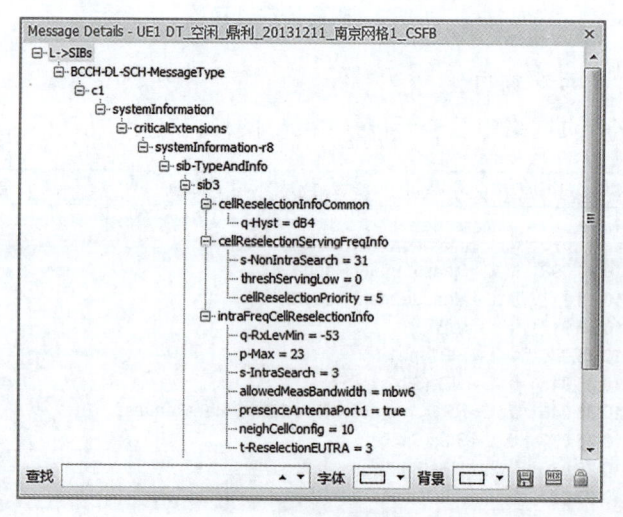

图 5 SIB3 详细信息

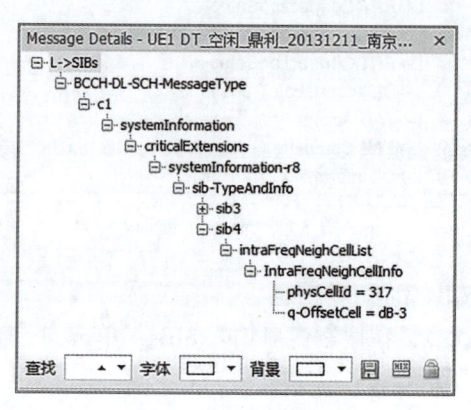

图 6 SIB4 详细信息

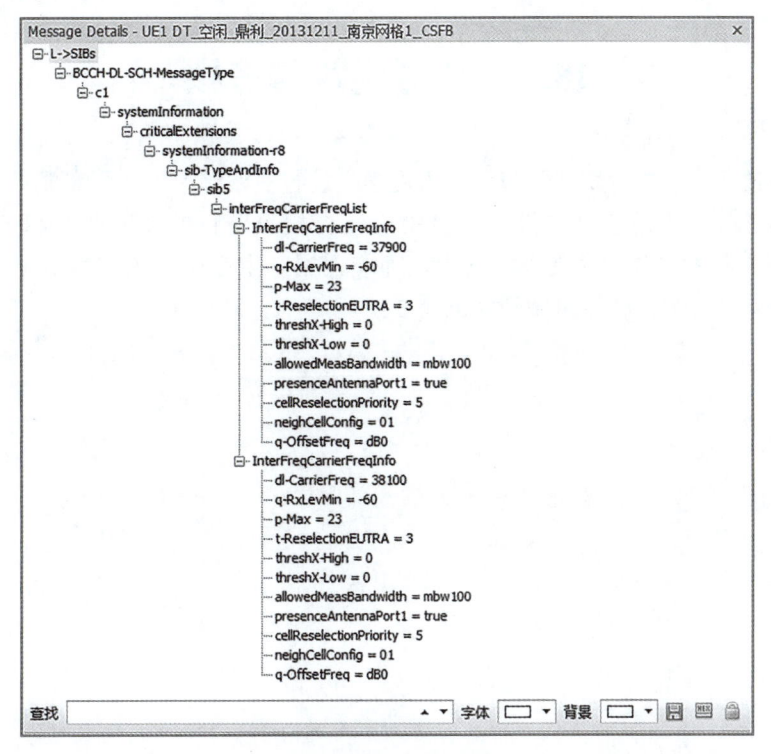

```
Message Details - UE1 DT_空闲_鼎利_20131211_南京网格1_CSFB
L->SIBs
  BCCH-DL-SCH-MessageType
    c1
      systemInformation
        criticalExtensions
          systemInformation-r8
            sib-TypeAndInfo
              sib5
                interFreqCarrierFreqList
                  InterFreqCarrierFreqInfo
                    dl-CarrierFreq = 37900
                    q-RxLevMin = -60
                    p-Max = 23
                    t-ReselectionEUTRA = 3
                    threshX-High = 0
                    threshX-Low = 0
                    allowedMeasBandwidth = mbw100
                    presenceAntennaPort1 = true
                    cellReselectionPriority = 5
                    neighCellConfig = 01
                    q-OffsetFreq = dB0
                  InterFreqCarrierFreqInfo
                    dl-CarrierFreq = 38100
                    q-RxLevMin = -60
                    p-Max = 23
                    t-ReselectionEUTRA = 3
                    threshX-High = 0
                    threshX-Low = 0
                    allowedMeasBandwidth = mbw100
                    presenceAntennaPort1 = true
                    cellReselectionPriority = 5
                    neighCellConfig = 01
                    q-OffsetFreq = dB0
```

图 7　SIB5 详细信息

cellReselectionInfoCommon：小区重选信息。

q-Hyst=dB4：小区重选迟滞，用于作用在（在服务小区测量值上加上该值）服务小区后作为重选判决依据。

cellReselectionServingFreqInfo：小区重选服务频率信息。

s-NonIntraSearch=31：异频搜索门限。

threshServingLow=0：由服务频率向低优先级重选时门限，实际值=配置值×2。

cellReselectionPriority=5：小区重选优先级。

intraFreqCellReselectionInfo：同频小区重选信息。

q-RxLevMin=-53：小区要求的最小接收功率 RSRP 值（-53）[dBm]，即当 UE 测量小区 RSRP 低于该值时，UE 是无法在该小区驻留的。实际的值为 Qrxlevmin=IE value×2。

s-IntraSearch=3：开始同频测量的门限。

t-ReselectionEUTRA=3：EUTRA 小区重选计数器。

intraFreqNeighCellList：表示频内邻区列表。

IntraFreqNeighCellInfo：表示频内邻区信息。

physCellId=317：物理小区标识号。

SIB5 包含 LTE 异频小区重选的邻区信息，如邻区列表、载波频率、小区重选优先级、用户从当前服务小区到其他高/低优先级频率的门限等。

18.3　任务实践与考核

　　本任务由教师介绍或者用视频演示,再由学生进行实践练习,从而完成目标。
　　本任务的考核主要是通过在信令窗口中进行查找类题目的完成情况和 SIB3、SIB4 及 SIB5 系统消息中各种参数的含义来实现。教师应根据学生在课上的实践情况,给出合适数量的操作题目来进行考核,尽量做到课上完成。

任务 19

LTE 随机接入过程信令分析

19.1 任务概述

随机接入是各种移动通信系统都会采用的处理机制,是移动通信系统最基本的处理机制。随机接入是终端进入联机状态的第一个处理过程。

学习完该任务,将能够:

(1) 熟悉随机接入信令流程。

(2) 能够在分析软件中找出随机接入相关信令。

(3) 了解随机接入信令中各字段的含义。

本任务要求学生提前了解随机接入信令流程以及相关参数的含义和"信令"窗口的基本操作,准备好 Pilot Pioneer 10.1.100.0617 (Alpha) 软件和相关数据。

19.2 任务实施步骤和操作流程

捕捉随机接入过程信令

第一步:导入数据并解码。

(1) 在导航栏的数据分页、数据列表中单击 ![+],添加需要进行分析的数据,如图 1 所示。

图 1 添加数据

(2) 解压数据，双击数据列表中的数据就可以进行数据解码，如图 2 所示。

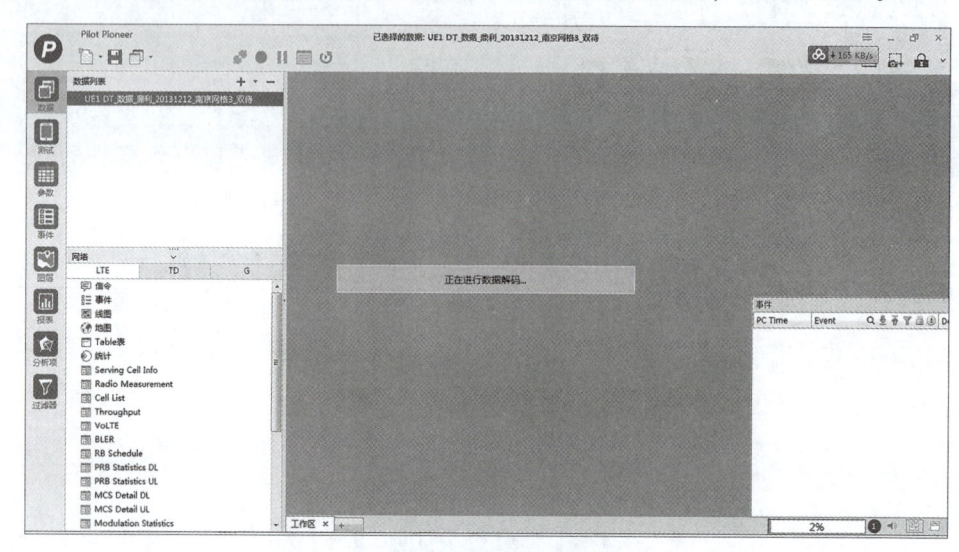

图 2　数据解码过程

第二步：打开"信令"窗口。

在导航栏的数据分页网络中双击 Message 图标，打开"信令"窗口，如图 3 所示。

图 3　信令窗口

第三步：查看 RRC Connection Request 信息。

在随机接入过程中，MSG1 和 MSG2 是低层消息，L3 层看不到，所以在信令跟踪上，UE 入网的第一条信令便是 MSG3（RRC Connection Request）。

单击"搜索"按钮（ ），在"搜索"窗口中输入 RRC Connection Request，单击"过滤 Filter"按钮，就可以看到所有的 RRC Connection Request 信息。过滤后的"信令"窗口如图 4 所示。

图 4　过滤后的"信令"窗口

第四步：查看 RRC Connection Request 详细信息。

双击对应的 RRC Connection Request，获取 RRC Connection Request 详细信息，如图 5 所示。

图 5 RRC Connection Request 详细信息

s-TMSI：终端 ID：S-TMSI。

establishmentCause = mo-Data：建立原因。

第五步：查看 RRC Connection Setup 详细信息。

单击"搜索"按钮 Q，在搜索窗口输入 RRC Connection Setup，单击"过滤 Filter"按钮，就可看到所有的 RRC Connection Setupt 信息，如图 6 所示。

图 6 过滤后的信令窗口

第六步：查看 RRC Connection Setup 详细信息。

双击对应的 RRC Connection Setup，获取 RRC Connection Setup 详细信息，如图 7 所示。

图 7 RRC Connection Setup 详细信息

srb-Identity=1：SRB1。
logicalChannelConfig：逻辑信道配置。
mac-MainConfig：传输信道配置。
physicalConfigDedicated：物理信道配置。

19.3　任务实践与考核

本任务由教师介绍或者用视频演示，再由学生进行实践练习，从而完成目标。

本任务的考核主要是针对随机接入信令流程和在信令窗口中进行随机接入相关信令查找操作类题目的完成情况，以及随机接入相关信令中各个字段的含义。根据学生课上的实践情况，给出合适数量的操作题目或者设计课堂即时问答来进行考核，尽量在课上完成。

任务 20

LTE 开机附着信令分析

20.1 任务概述

附着（Attach）就是终端在 PLMN 中注册，从而建立自己的档案，即终端的上下文。附着流程是 LTE 系统的基本信令流程。

学习完该任务，将能够：
(1) 熟悉附着的信令流程。
(2) 准确找到附着过程相关的信令。
(3) 熟悉附着信令中相关参数的含义。

本任务的前提需要熟悉。本任务要求学生提前了解附着信令流程以及相关参数的含义和信令窗口的基本操作，准备好 Pilot Pioneer 10.1.100.0617（Alpha）软件和相关数据。

20.2 任务实施步骤和操作流程

捕捉开机附着信令

第一步：导入数据并解码。

(1) 在导航栏的数据分页、数据列表中单击"＋"，添加需要分析的数据，如图 1 所示。

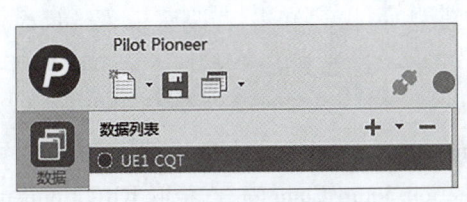

图 1　添加需要分析的数据

（2）解压数据后，双击数据列表中的数据就可以进行数据解码，其过程如图2所示。

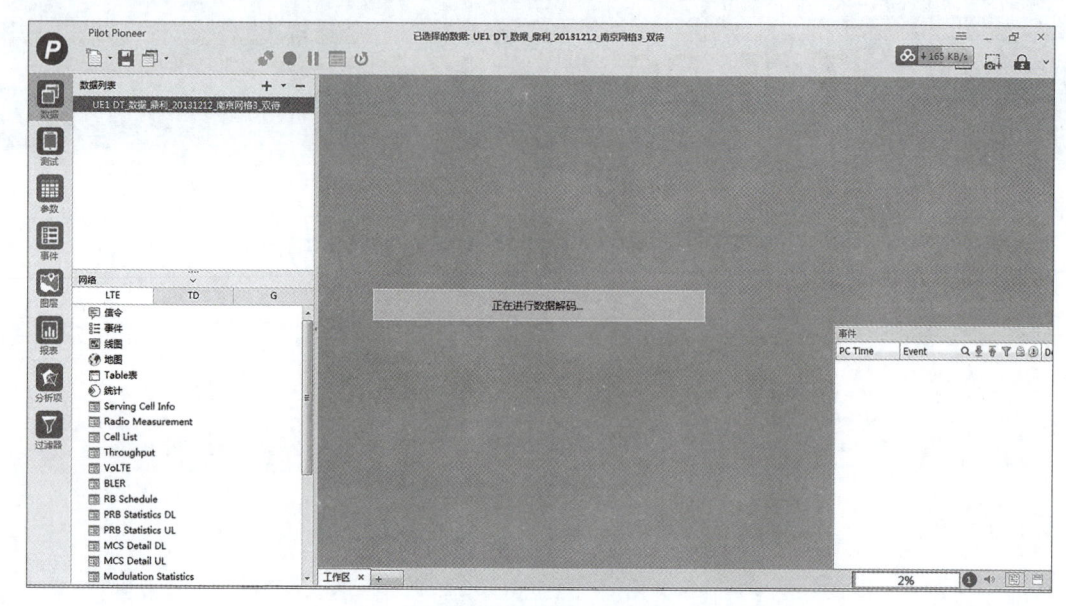

图2 数据解码过程

第二步：打开"信令"窗口。

在导航栏的数据分页网络中双击 Message，打开"信令"窗口，如图3所示。

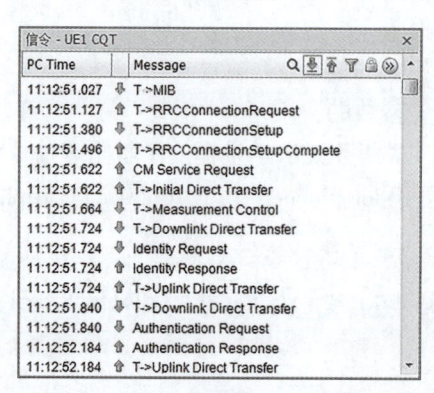

图3 "信令"窗口

第三步：请求附着，查看 RRC Connection Setup Complete 信息。

附着的请求称为 Attach Request，是一种 NAS 信令。Attach Request 消息由 RRC Connection Setup Complete 消息承载。单击"搜索"按钮，在搜索窗口输入 RRC Connection Setup Complete，单击"过滤 Filter"按钮，就可看到所有的 RRC Connection Setup Complete 信息，如图4所示。

第四步：查看 RRC Connection Setup Complete 详细信息。

双击对应的 RRC Connection Setup Complete，获取 RRC Connection Setup Complete 详细信息，如图5所示。

第五步：查看 Attach Request 详细信息。

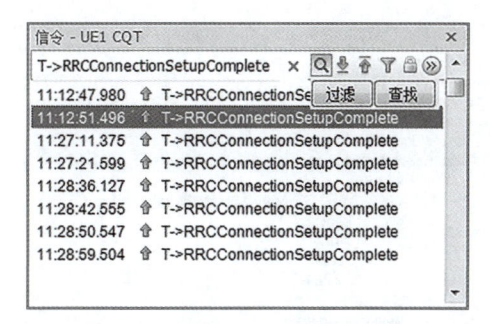

图 4 过滤后的"信令"窗口

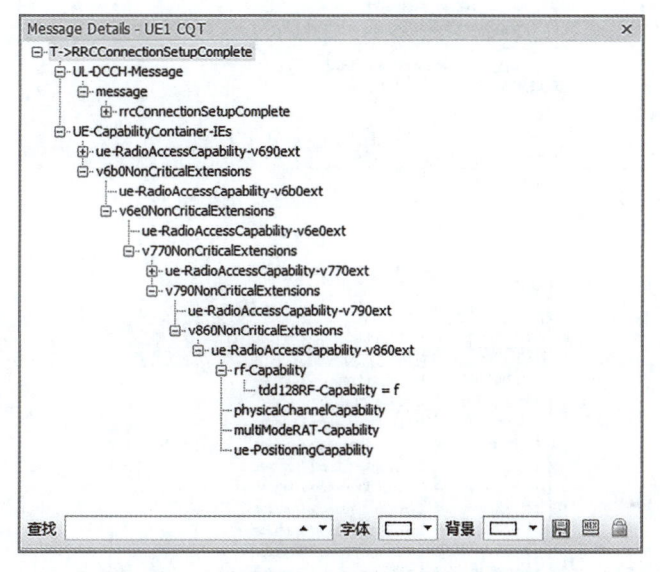

图 5 RRC Connection Setup Complete 详细信息

单击"搜索"按钮 Q，在搜索窗口输入 Attach Request，单击"过滤 Filter"按钮，就可看到所有的 Attach Request 信息。过滤后的"信令"窗口如图 6 所示。

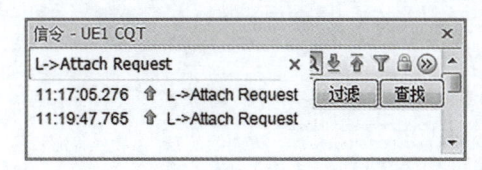

图 6 过滤后的"信令"窗口

第六步：查看 Attach Request 详细信息。
双击对应的 Attach Request，获取 Attach Request 详细信息，如图 7 所示。
第七步：获取终端 ID，查看 DL Information Transfer 信息。
单击"搜索"按钮 Q，在搜索窗口输入 DL Information Transfer，单击"过滤 Filter"按钮，就可看到所有的 DL Information Transfer 信息。过滤后的"信令"窗口如图 8 所示。
第八步：查看 DL Information Transfer 详细信息。
双击对应 DL Information Transfer，获取 DL Information Transfer 详细信息，如图 9 所示。

图 7　Attach Request 详细信息

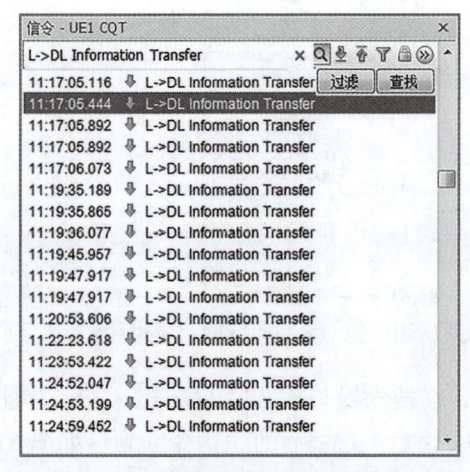

图 8　过滤后的"信令"窗口

图 9　DL Information Transfer 详细信息

第九步：鉴权和加密，其流程如图 10 所示。

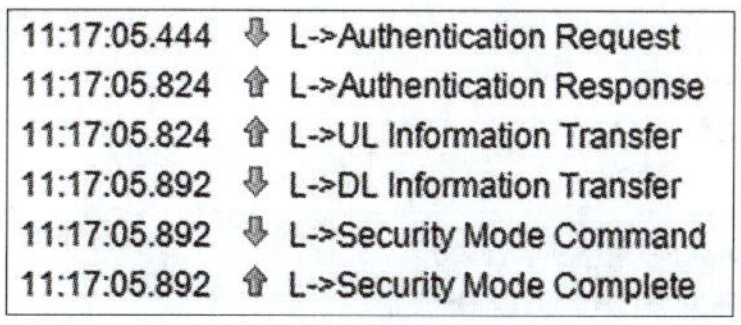

```
11:17:05.444  ⇩ L->Authentication Request
11:17:05.824  ⇧ L->Authentication Response
11:17:05.824  ⇧ L->UL Information Transfer
11:17:05.892  ⇩ L->DL Information Transfer
11:17:05.892  ⇩ L->Security Mode Command
11:17:05.892  ⇧ L->Security Mode Complete
```

图 10　鉴权和加密信令流程

第十步：接受附着，Attach accept。Attach accept 由 RRC ConnectionReconfiguration 消息来承载，如图 11 和图 12 所示。

```
Message Details - UE1 CQT
L->RRCConnectionReconfiguration
  DL-DCCH-Message
    message
      c1
        rrcConnectionReconfiguration
          rrc-TransactionIdentifier = 1
          criticalExtensions
            c1
              rrcConnectionReconfiguration-r8
                measConfig
                  measObjectToAddModList
                    MeasObjectToAddMod
                  reportConfigToAddModList
                  measIdToAddModList
                  quantityConfig
                  s-Measure = 97
                  speedStatePars
                dedicatedInfoNASList
                radioResourceConfigDedicated
```

图 11　RRC ConnectionReconfiguration 详细信息

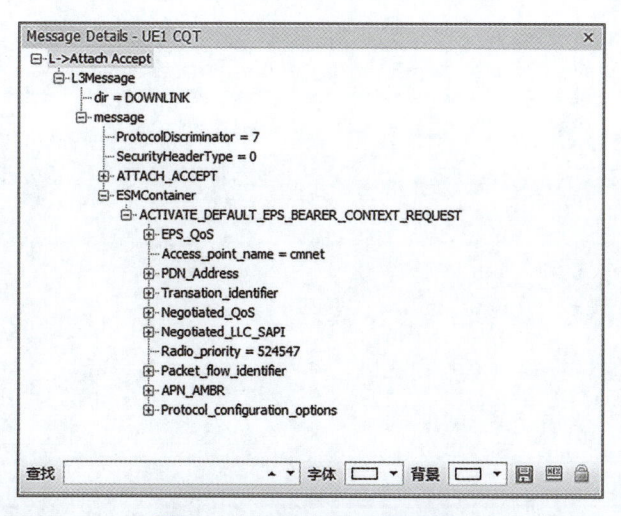

```
Message Details - UE1 CQT
L->Attach Accept
  L3Message
    dir = DOWNLINK
    message
      ProtocolDiscriminator = 7
      SecurityHeaderType = 0
      ATTACH_ACCEPT
      ESMContainer
        ACTIVATE_DEFAULT_EPS_BEARER_CONTEXT_REQUEST
          EPS_QoS
          Access_point_name = cmnet
          PDN_Address
          Transation_identifier
          Negotiated_QoS
          Negotiated_LLC_SAPI
          Radio_priority = 524547
          Packet_flow_identifier
          APN_AMBR
          Protocol_configuration_options
```

图 12　Attach accept 详细信息

第十一步：完成附着，如图 13 所示。

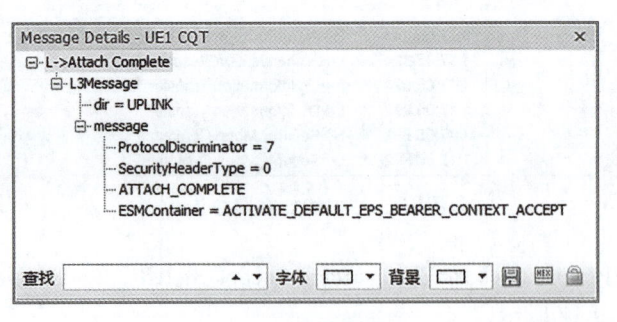

图 13　完成附着

20.3　任务实践与考核

本任务由教师介绍或者用视频演示，再由学生进行实践练习，从而完成目标。

本任务的考核主要是针对附着信令流程和在信令窗口中进行附着相关信令查找操作类题目的完成情况，以及附着相关信令中各个字段的含义。教师应根据学生在课上的实践情况给出合适数量的操作题目或者设计课堂即时问答来考核，尽量在课上完成。

任务 21

LTE 寻呼和 TAU 信令流程分析

21.1 任务概述

当 eNB 小区系统信息发送改变,eNB 向 UE 发送 Paging 消息,UE 接收到寻呼信息后在下一个系统信息改变周期接收新的系统信息。

学习完该任务,将能够:

(1) 熟悉寻呼和 TAU 信令流程。

(2) 准确查询寻呼消息。

本任务要求学生提前了解寻呼消息以及寻呼消息触发机制和时机、"信令"窗口的基本操作,准备好 Pilot Pioneer 10.1.100.0617(Alpha)软件和相关数据。

21.2 任务实施步骤和操作流程

捕捉寻呼信令

第一步:导入数据并解码。

(1) 在导航栏的数据分页、数据列表中单击 ➕,添加需要分析的数据,如图 1 所示。

图 1 添加需要分析的数据

(2) 解压数据,双击数据列表中的数据就可以进行数据解码,如图 2 所示。

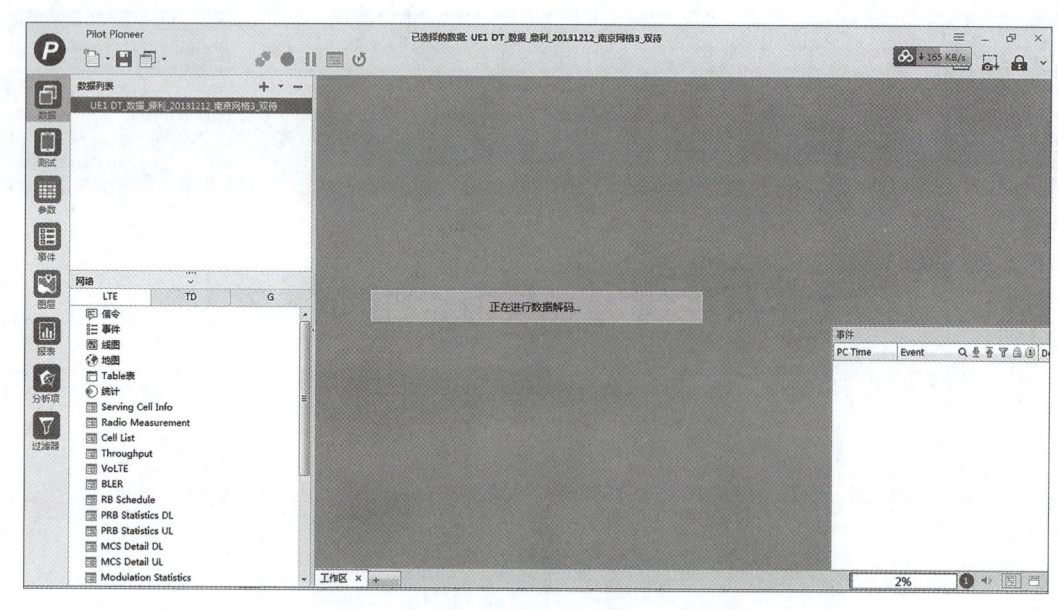

图 2　数据解码过程

第二步：打开"信令"窗口。

在导航栏的数据分页网络中双击 Message 图标，打开"信令"窗口，如图 3 所示。

图 3　"信令"窗口

第三步：查看 Paging 信息。

单击"搜索"按钮（ ），在搜索窗口输入 Paging，单击"过滤 Filter"按钮，就可看到所有的 Paging 信息，如图 4 所示。

第四步：查看 Paging 详细信息。

双击对应的 Paging，获取 Paging 详细信息，如图 5 所示。

图 4 过滤后的"信令"窗口

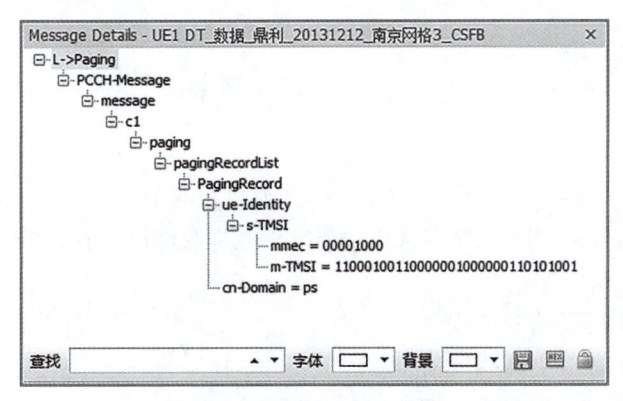

图 5 Paging 详细信息

21.3 任务实践与考核

本任务由教师介绍或者用视频演示，再由学生进行实践练习，从而完成目标。

本任务的考核主要是针对在信令窗口中进行寻呼消息查找操作类题目的完成情况和寻呼消息中各个字段的含义。教师应根据学生在课上的实践情况给出合适数量的操作题目或者设计课堂即时问答来考核，尽量在课上完成。

任务 22

LTE TAU 流程分析

22.1 任务概述

当移动台由一个 TA 移动到另一个 TA 时，必须在新的 TA 上重新进行位置登记以通知网络来更改它所存储的移动台的位置信息，这个过程就是跟踪区更新（TAU）。

学习完该任务，将能够：

(1) 熟悉跟踪区更新信令流程。

(2) 准确查找跟踪区更新相关信令。

(3) 熟悉跟踪区更新相关信令中各种参数含义。

本任务要求学生提前了解跟踪区更新信令流程以及相关参数的含义和"信令"窗口的基本操作，准备好 Pilot Pioneer 10.1.100.0617（Alpha）软件和相关数据。

22.2 任务实施工作步骤和操作流程

捕捉 TAU 流程信令

第一步：导入数据并解码。

(1) 在导航栏的数据分页、数据列表中单击 ➕，添加需要分析的数据，如图 1 所示。

图 1 添加需要分析的数据

(2) 解压数据后，双击数据列表中的数据就可以进行数据解码，如图 2 所示。

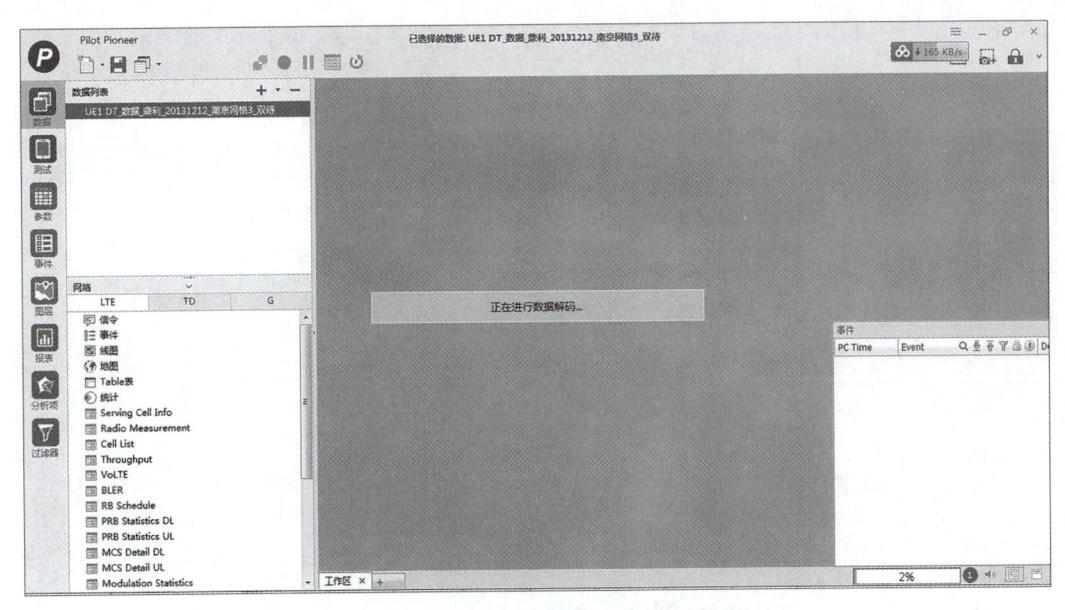

图 2　数据解码过程

第二步：打开"信令"窗口。在导航栏的数据分页网络中双击 Message 图标，打开"信令"窗口，如图 3 所示。

图 3　"信令"窗口

第三步：查看 TAU Request 信息。

单击"搜索"按钮，在搜索窗口输入 TAU Request，单击"过滤 Filter"按钮，就可看到所有的 TAU Request 信息，如图 4 所示。

第四步：查看 TAU Request 详细信息。

双击对应的 TAU Request，获取 TAU Request 详细信息，如图 5 所示。

第五步：查看 TAU Accept 信息。

单击"搜索"按钮，在搜索窗口输入 TAU Accept，单击"过滤 Filter"按钮，就可看到所有的 TAU Accept 信息，如图 6 所示。

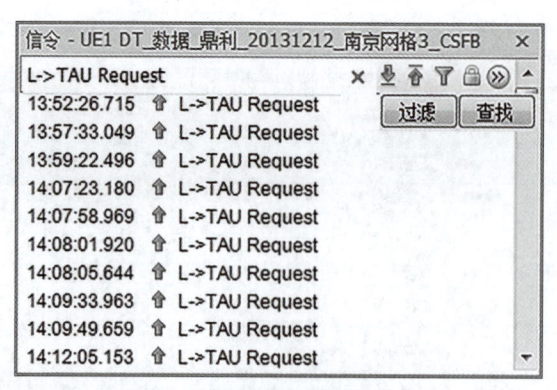

图 4 过滤后的"信令"窗口

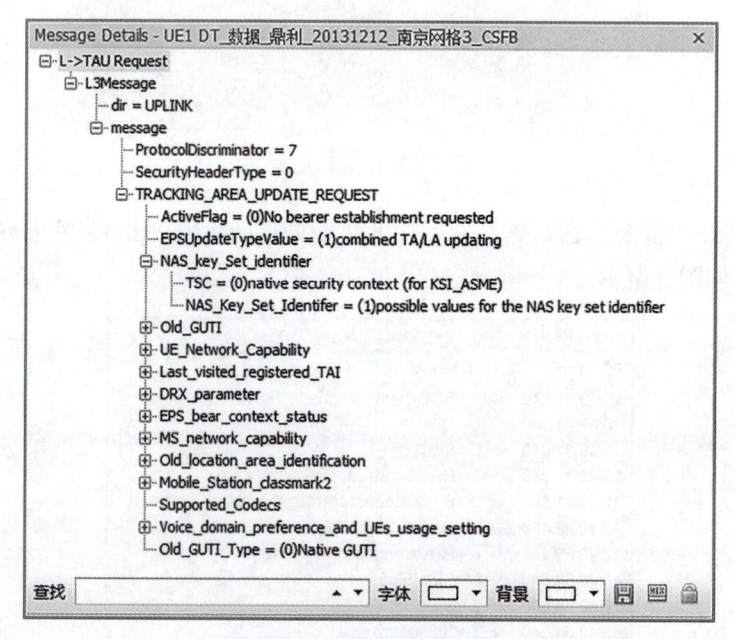

图 5 TAU Request 详细信息

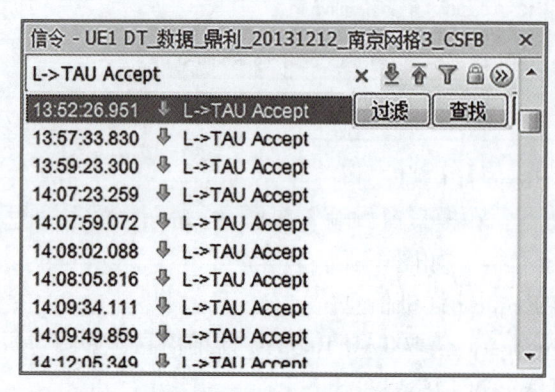

图 6 过滤后的"信令"窗口

第六步：查看 TAU Accept 详细信息。

双击对应的 TAU Accept，获取 TAU Accept 详细信息，如图 7 所示。

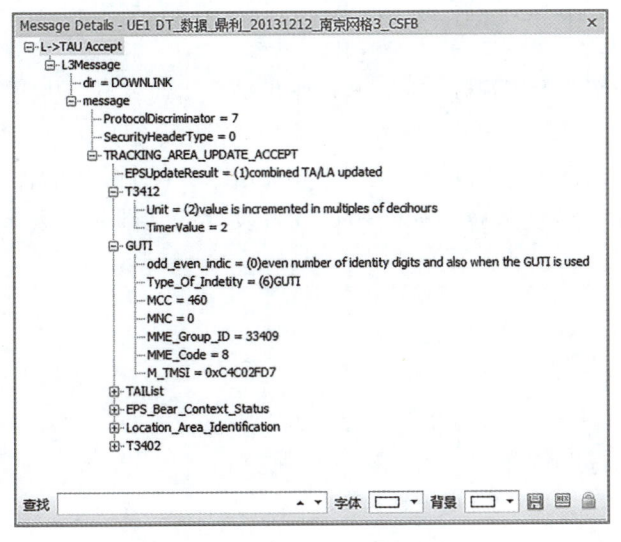

图 7　TAU Accept 详细信息

第七步：查看 TAU Complete 信息。

单击"搜索"按钮，在搜索窗口输入 TAU Complete，单击"过滤 Filter"按钮，就可看到所有的 TAU Complete 信息。过滤后的"信令"窗口如图 8 所示。

图 8　过滤后的"信令"窗口

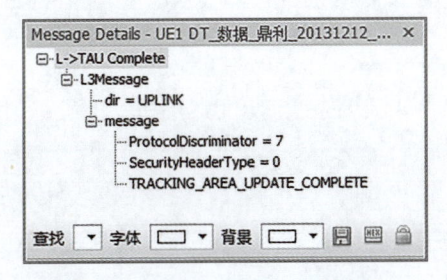

第八步：查看 TAU Complete 详细信息。

双击对应的 TAU Complete，获取 TAU Complete 详细信息，如图 9 所示。

图 9　TAU Complete 详细信息

22.3　任务实践与考核

本任务由教师介绍或者用视频演示,再由学生进行实践练习,从而完成目标。

本任务的考核主要是针对跟踪区更新信令流程和在信令窗口中进行跟踪区更新相关信令查找操作类题目的完成情况,以及跟踪区更新相关信令中各个字段的含义。教师应根据学生课上的实践情况,给出合适数量的操作题目或者设计课堂即时问答来考核,尽量在课上完成。

任务 23

LTE 弱覆盖问题分析

23.1 任务概述

无线网络覆盖良好是保障移动通信网络质量和指标的前提,结合合理的参数配置才能得到一个高性能的无线网络。覆盖优化的任务是通过测试 RSRP 值、SINR 值等数据来发现网络中存在的这四种问题:覆盖空洞、弱覆盖、越区覆盖和导频污染。其中,弱覆盖是覆盖优化中存在的比较普遍的问题,是网优中首要解决的问题。覆盖率是反映覆盖情况的最重要指标。本任务先进行覆盖率的统计分析,再进行弱覆盖的分析。

通过本任务的学习,将能够:
(1) 了解覆盖率的指标和弱覆盖的指标。
(2) 弱覆盖的判断和解决方法。
(3) 能综合运用 Pilot Pioneer 软件对已测试的数据文件进行覆盖率分析和弱覆盖分析。

本任务要求学生提前了解反映覆盖的指标、弱覆盖的判断方法和解决方法,以及地图窗口的基本操作,还要准备好 Pilot Pioneer 10.1.100.0617(Alpha)软件和相关数据。

23.2 任务实施步骤和操作流程

不同省对无线覆盖的要求不同,不同设备厂家对三方优化的覆盖要求也不同,因此,在统计和分析之前需要结合当地情况对覆盖的色标分段进行预先设置。在操作分析之前,应先进行 RSRP 分段设置。

打开 Pilot Pioneer 软件后,在右上角的菜单中选择<配置><参数设置>,在弹出的"参数设置"窗口中的左侧"分类"栏中的 Parameter 下点开"LTE",找到"Radio Measurement"，将其点开后，在中间栏中找到"RSRP"并选中，此时右上角会出现"RSRP"色标分段的信息，如图 1 所示。

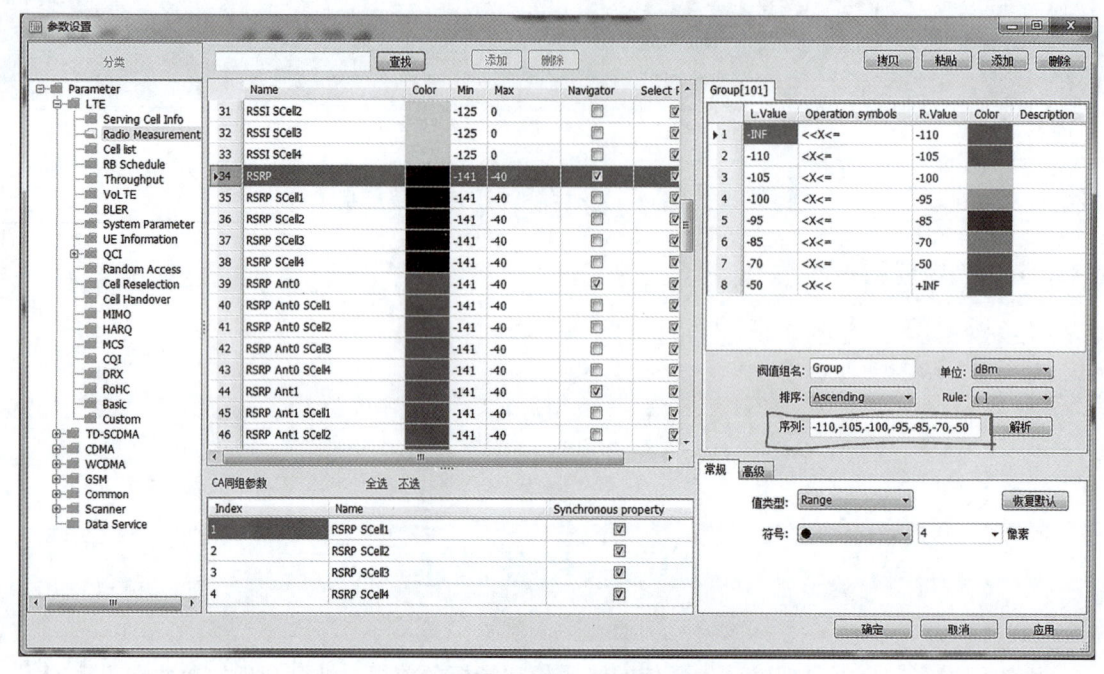

图 1 "RSRP"参数色标分段设置界面

可以通过调整红框标识的"序列"中的数值来调整分段的数目和边界值，颜色的调整可以直接单击"color"来设定。

第一步：导入数据并解码。

（1）在导航栏的数据分页、数据列表中单击 ➕，添加需要分析的数据，如图 2 所示。

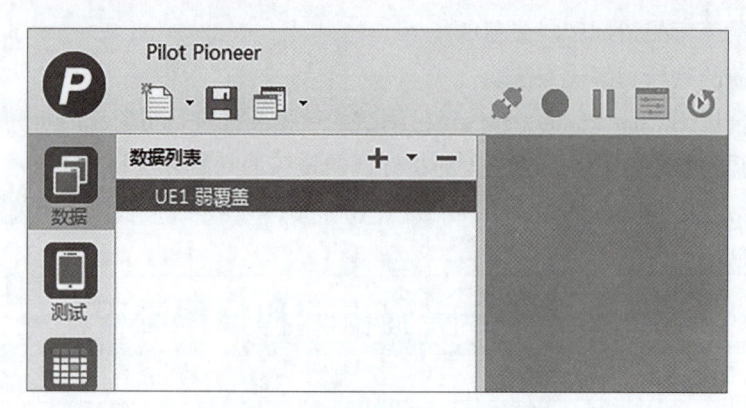

图 2 添加需要分析的数据

（2）解压数据后，双击数据列表中的数据就可以进行数据解码了，如图 3 所示。

第二步：选择参数标签页，在 Radio Measurement 处选择 RSRP，右击"统计"，如图 4 所示。

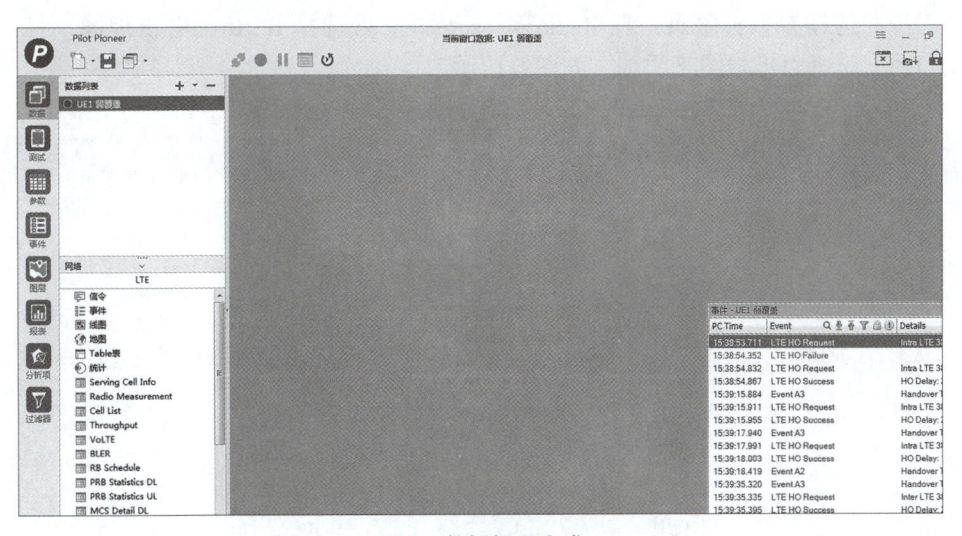

图 3　数据解码完成

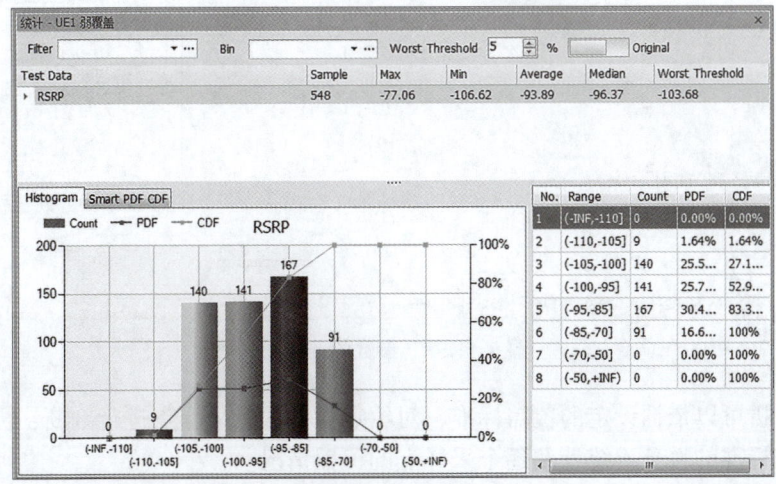

图 4　覆盖统计

第三步：选择参数标签页，在 Radio Measurement 处选择 RSRP，右击地图。打开"地图"窗口后，选择百度地图来添加，如图 5 所示。

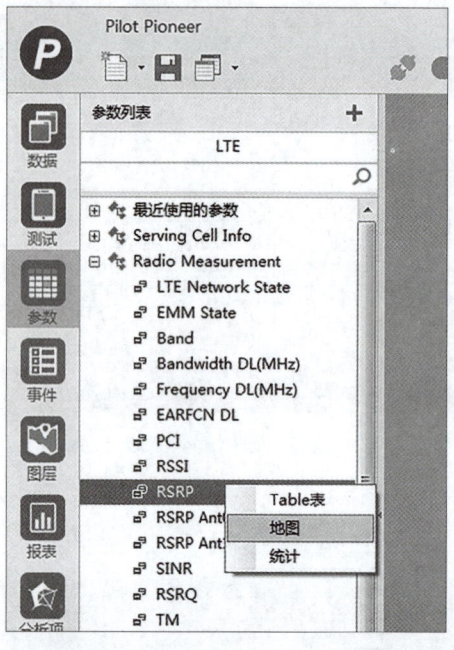

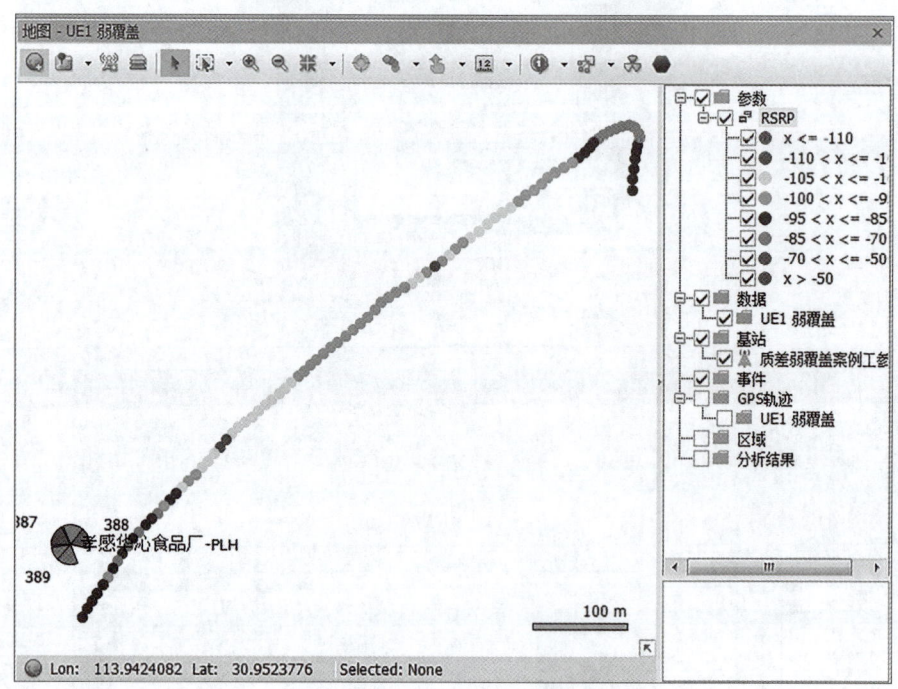

图 5 RSRP 参数的路径图

覆盖率分析可以依据设定的覆盖标准，对给定数据的没采样点进行判断，分析结果通常包含达到覆盖标准的百分比统计及逐个采样点的覆盖情况。

第四步：打开覆盖率分析窗口。

任务 23　LTE 弱覆盖问题分析

选择分析项标签页、选择覆盖率分析，单击"+"，弹出"覆盖率分析"窗口，如图 6 所示。

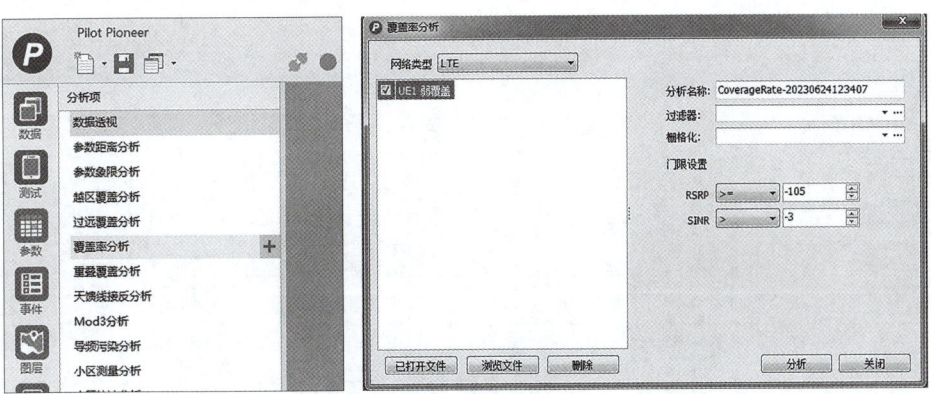

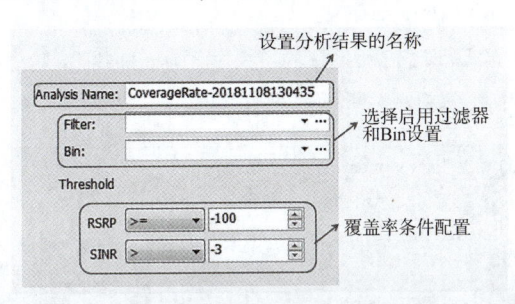

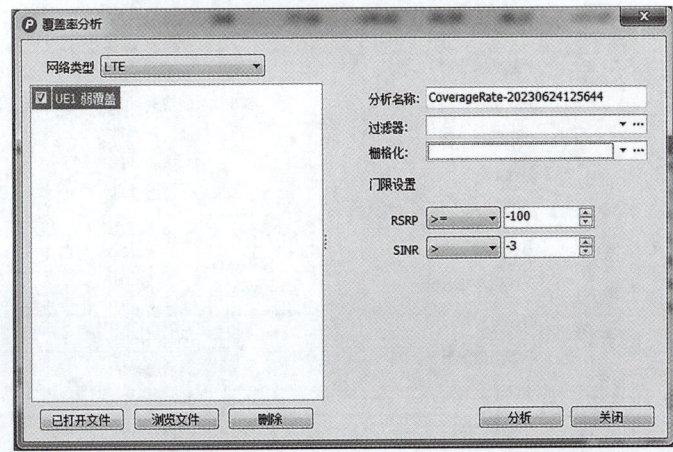

图 6　"覆盖率分析"窗口

第五步："覆盖率分析"窗口设置，如图 7 所示。

（1）分析数据列表区域：该区域可以通过"已打开文件""浏览文件""删除"三个按钮来实现数据的添加和删除。

（2）网络选择：通常选择数据后，软件会自动识别，并给出对应的网络，但用户此时仍可以手动修改网络配置。选择的网络不同，"Analysis Parameter"处呈现的参数指标也不同，不同网络对应不同的覆盖率条件配置。

配置覆盖率条件：RSRP≥-100 dBm，SINR>-3 dB。

图 7　"覆盖率分析"窗口设置

245

第六步：单击分析，得到分析结果。

结果呈现界面：分析完成后，分析结果会以设置名称为节点显示在分析项行下，同时结果界面也会自动打开。图 8 所示分析结果的表格呈现，包含逐个采样点的覆盖结果，即整体汇总结果。

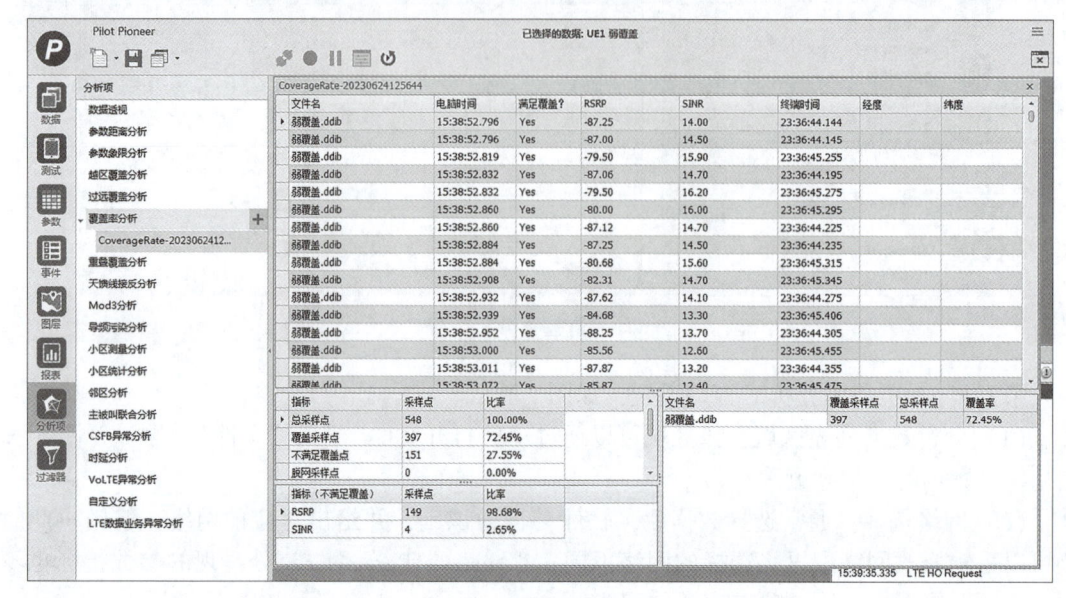

图 8　覆盖率统计

第七步：分析结果的地理化呈现。

选中覆盖率分析下边的结点名，单击右键，选中"地图"后，就会在"地图"窗口中产生分析结果的地理化呈现，如图 9 所示。

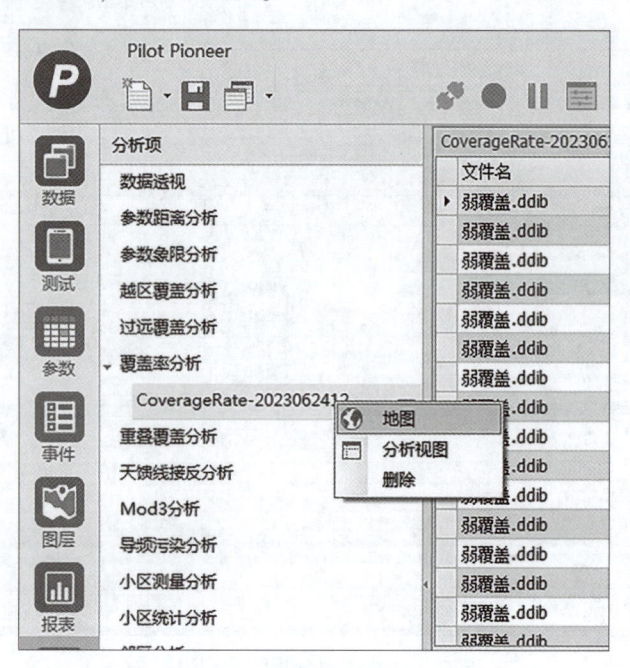

图 9　分析结果的地理化呈现

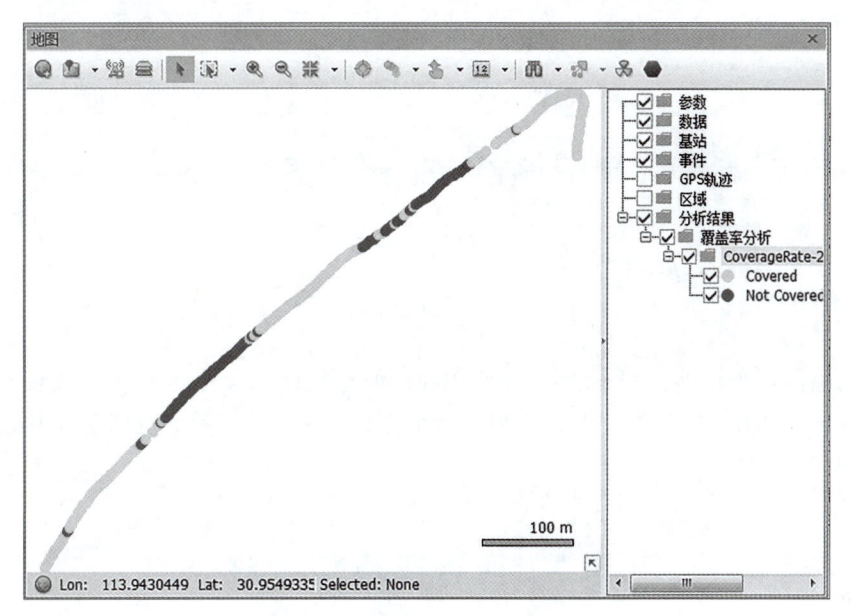

图 9　分析结果的地理化呈现（续）

第八步：弱覆盖分析。

从分析视图和 Map 视图可以看出，其中框出的路段覆盖较差，基本弱于 −100 dBm，出现弱覆盖区域，如图 10 所示。出现弱覆盖的区域主要由 PCI = 388、PCI = 314 的小区进行覆盖，经过测量，可知距离约为 166 m 和 444 m，在理论上可以进行有效覆盖，且已知该小区的方位角为 70°，如图 11 所示。

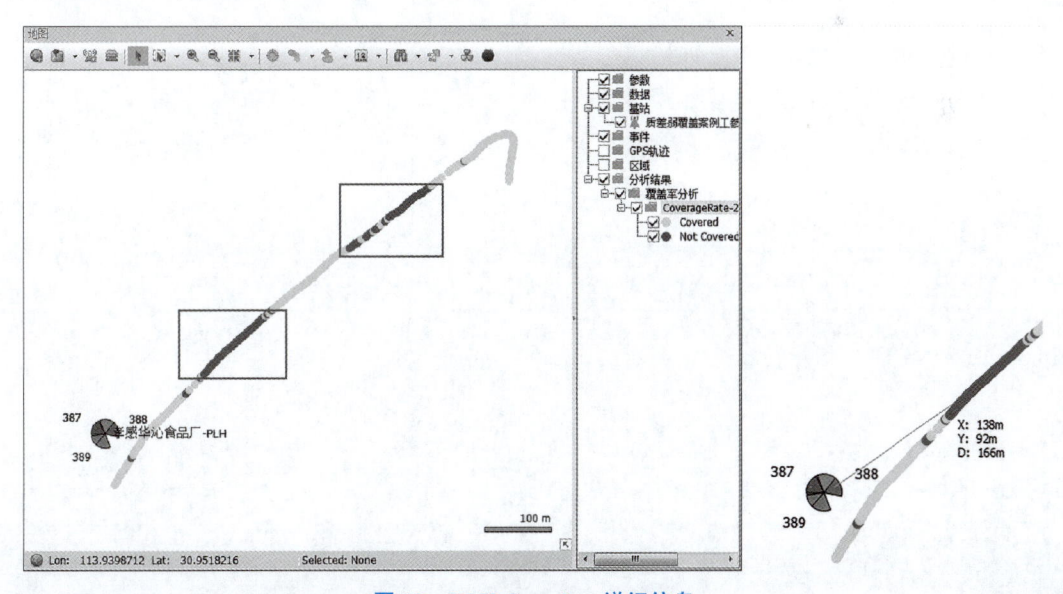

图 10　TAU Complete 详细信息

图 11　距离测算

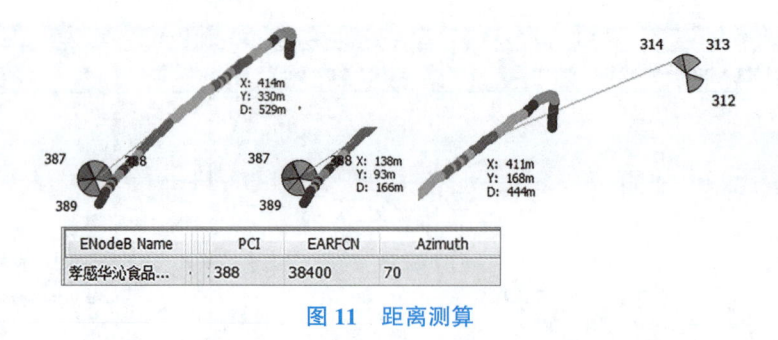

框中的路段覆盖较差，基本弱于-100 dBm，但是从该路段覆盖基站位置看，离基站较近只有 200 m，覆盖不应该如此差，该小区当前方位角为 10°，考虑道路覆盖问题后，建议将其调整为50°~60°。

23.3　任务实践与考核

本任务由教师介绍或者用视频演示，再由学生进行实践练习，从而完成目标。

本任务要求学生先完成案例的覆盖率和弱覆盖分析，然后教师再根据学生在课上的实践情况，确定是否给出另外的弱覆盖数据来进行进一步的操作练习，尽量在课上完成。

任务 24

LTE 导频污染问题分析

24.1 任务概述

导频污染问题是覆盖优化中经常存在的问题，在进行这类问题优化时，调整参数往往会引起其他问题的出现，因此，此类问题的优化更需要丰富的实践经验。本任务将分析导频污染问题。

学习完该任务，将能够：
(1) 熟悉导频污染问题所涉及的指标。
(2) 熟悉导频污染问题的判决条件。
(3) 能综合运用 Pilot Pioneer 软件对已测试的数据文件进行导频污染问题的分析。

本任务要求学生提前了解导频污染问题的相关指标、判决条件，以及地图窗口的基本操作，还要准备好 Pilot Pioneer 10.1.100.0617（Alpha）软件和相关数据。

24.2 任务实施步骤和操作流程

第一步：导入数据并解码。
(1) 在导航栏的数据分页、数据列表中单击"+"，添加需要分析的数据，如图 1 所示。

图 1　添加需要分析的数据

(2)解压数据后,双击数据列表中的数据就可以进行数据解码了,如图2所示。

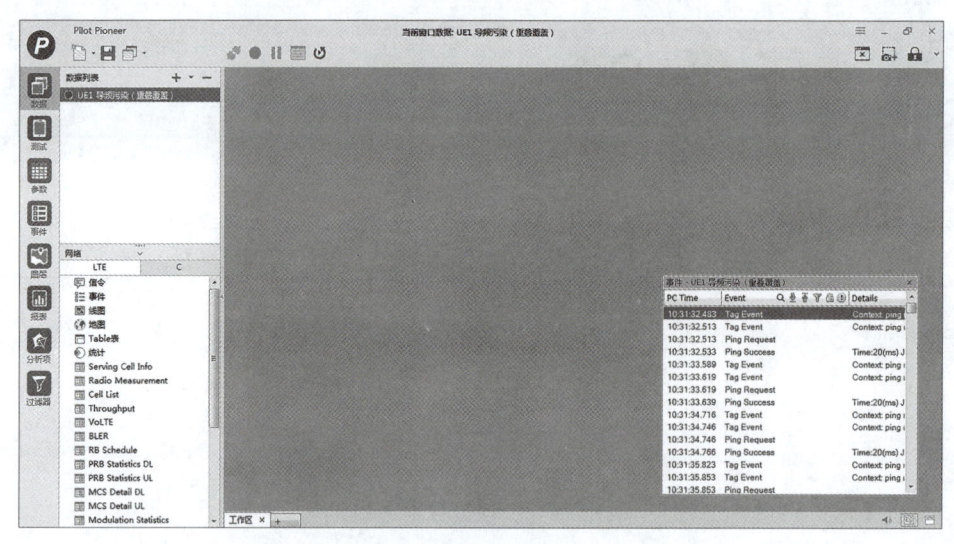

图2 数据解码完成

第二步:选择分析项标签页、选择导频污染分析,单击"+",如图3和图4所示。

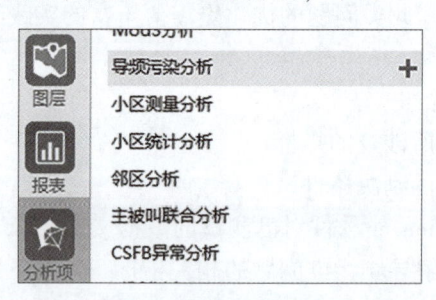

图3 导频污染分析

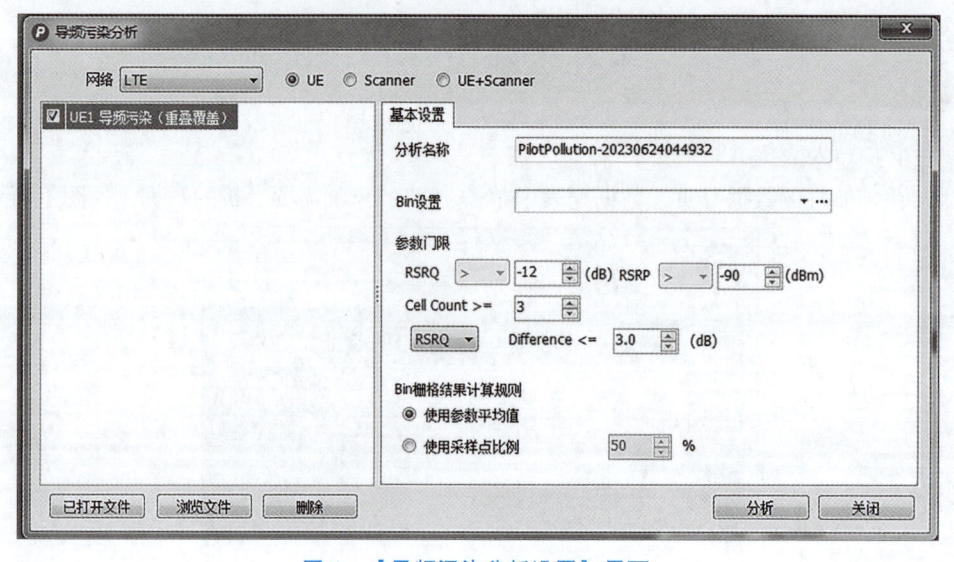

图4 【导频污染分析设置】界面

第三步：导频污染分析设置。

（1）分析数据列表区域：该区域可以通过<已打开文件><浏览文件><删除>三个按钮来实现数据的添加和删除。

（2）网络选择：通常选择数据后，软件会根据终端最高的网络能力，自动设定网络。但用户仍可以手动修改网络配置，尤其是在高能力终端测试低级别网络时，注意手动修改网络类型。网络类型选定后，和网络类型不对应的数据将会显示为灰色。网络选择会影响结果的生成；同时，也会影响【Common】页签中基站文件和覆盖率参数的选择。

（3）分析模式选择区域：该处可以选择此次分析只分析 UE，或 Scanner，或 UE+Scanner 的联合分析，该处的选择会影响数据的有效性，如选择 UE 时，数据列表中的 Scanner 类数据将会被置灰，表示此时不可用。

（4）【General】页签：可以设置分析结果名称、Bin 选项和对应网络下的污染算法参数。

栅格污染算法的第一种是在栅格内，取小区信号的平均值，然后以栅格为单位来计算栅格是否有导频污染；第二种算法是在栅格内，每个采样点单独计算是否存在导频污染。最后，以栅格内污染采样点的比例来确定栅格是否存在导频污染，如图 5 所示。

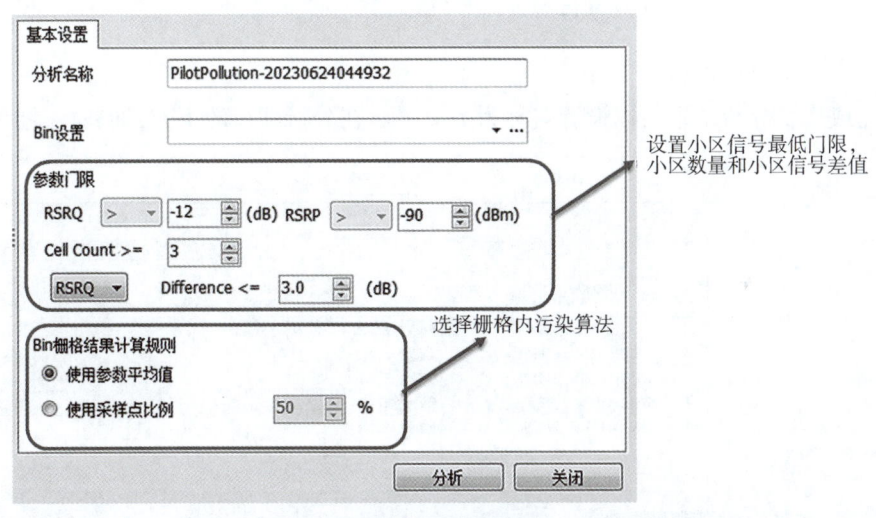

图 5　基本设置

在本任务中，Bin 模板设置及污染算法参数如图 6 所示。

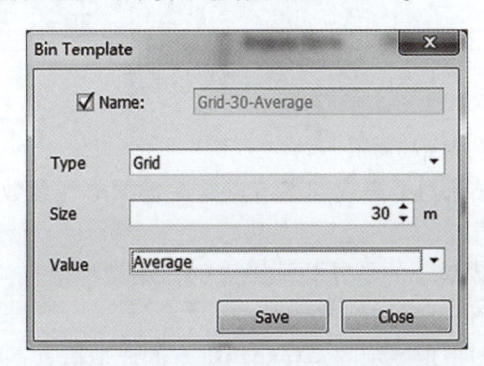

图 6　Bin 模板设置及污染算法参数

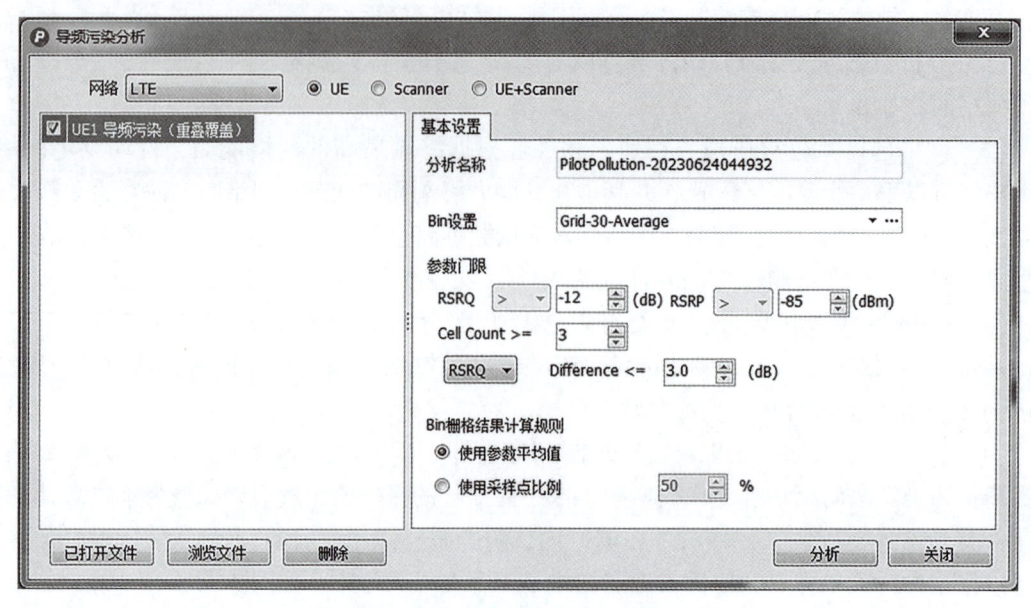

图 6　Bin 模板设置及污染算法参数（续）

第四步：单击分析按钮。

分析完成后，分析结果会以设置名称为节点显示在分析项行的下方；同时，结果界面也会自动打开，如图 7 所示。

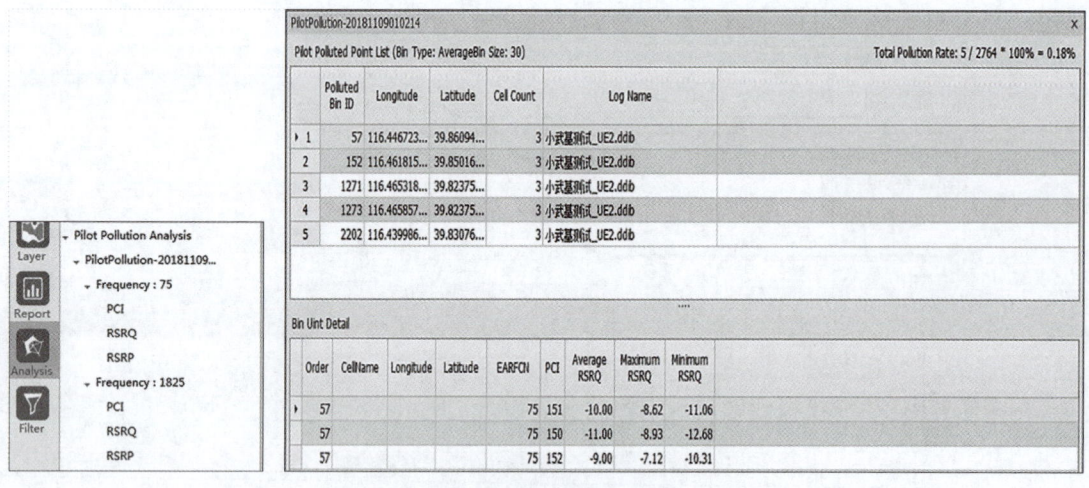

图 7　导频污染分析结果

第五步：查看分析结果 Map 界面。

分析结果节点控制：结果总节点或频点节点的右键菜单和参数节点的右键菜单不一致，如图 8 所示。

频点节点类的 Map 呈现展示的是导频污染点的污染数量信息，参数节点的 Map 呈现展示的是参数值的情况，如图 9 和图 10 所示。

频点节点类的分析视图呈现展示的是导频污染点的详情信息，如图 11 所示。

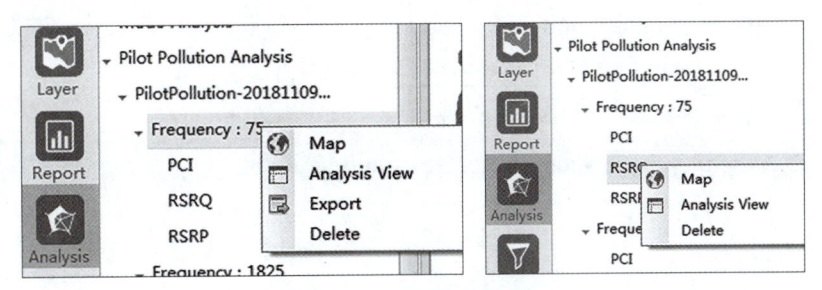

图 8　分析结果节点控制

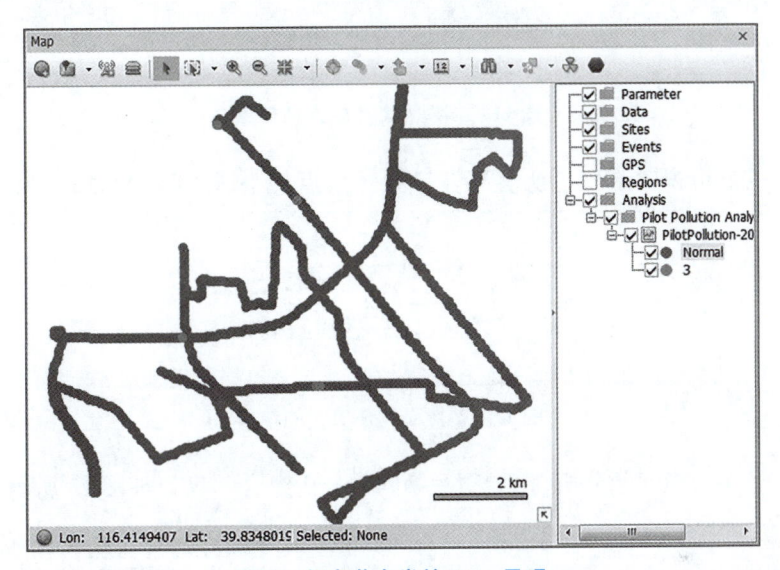

图 9　频点节点类的 Map 呈现

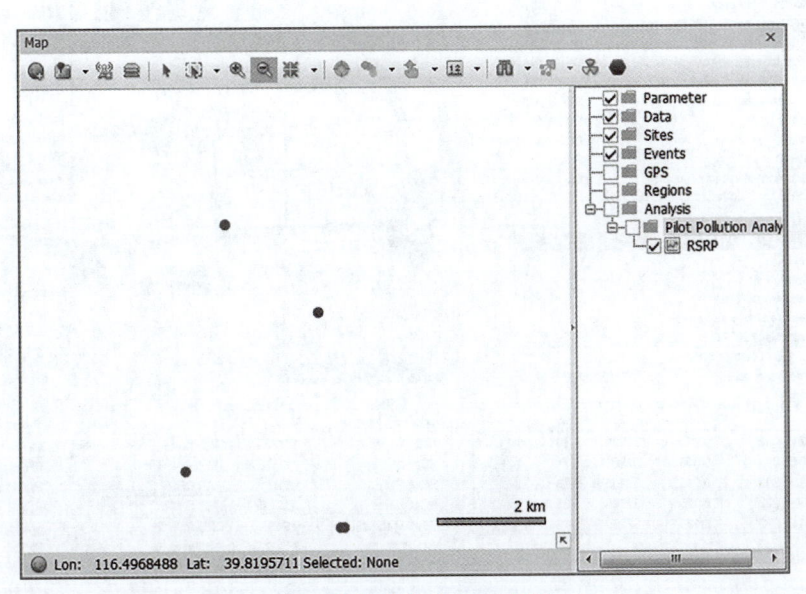

图 10　参数节点的 Map 呈现

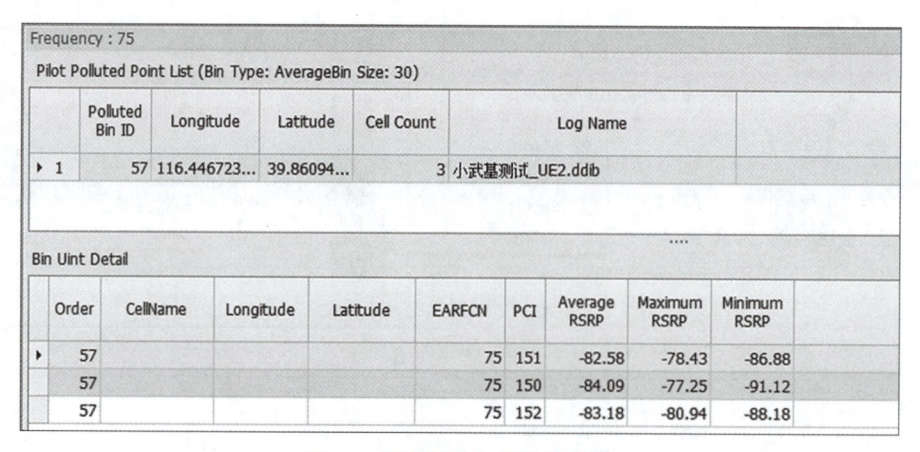

Frequency : 75								
Pilot Polluted Point List (Bin Type: AverageBin Size: 30)								
	Polluted Bin ID	Longitude	Latitude	Cell Count	Log Name			
▶	1	57	116.446723...	39.86094...	3	小武基测试_UE2.ddib		

Bin Uint Detail								
	Order	CellName	Longitude	Latitude	EARFCN	PCI	Average RSRP	Maximum RSRP	Minimum RSRP
▶	57				75	151	-82.58	-78.43	-86.88
	57				75	150	-84.09	-77.25	-91.12
	57				75	152	-83.18	-80.94	-88.18

图 11　导频污染点的详情信息

参数节点的分析视图给出了所有存在导频污染点的小区中参数平均值最大的结果，如图 12 所示。

RSRP-75				
Order	CellName	Logitude	Latitude	RSRP
▶ 57		116.44672383...	39.860944107...	-82.58

图 12　参数平均值最大的结果

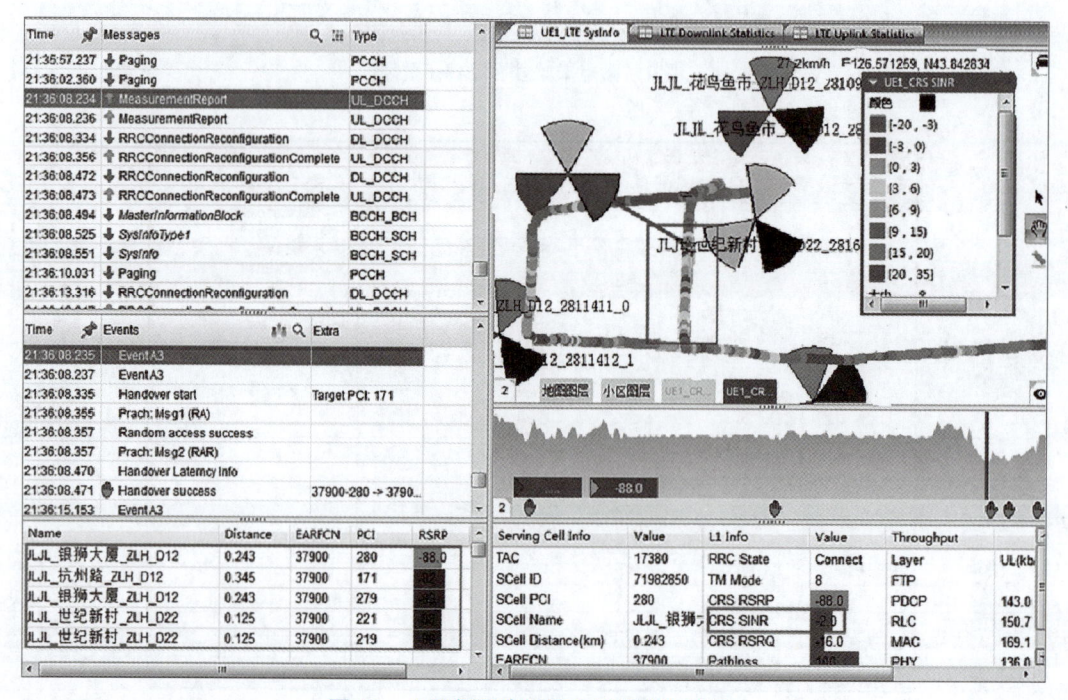

第六步：导频污染问题分析。"导频污染问题分析组合"窗口如图 13 所示。

图 13　"导频污染问题分析组合"窗口

在地图窗口中，圆角矩形路段有 5 个较强小区信号的覆盖，RSRP 位于 -82 dBm 与 -88 dBm 之间。根据 LTE 网络中导频污染的判决条件，强导频信号 RSRP≥-90 dBm 的小区个数≥4，RSRP 值相差在 6 dB 以内，可以同时满足上述两个条件时定义为导频污染。本案例同时满足这两个条件，因此可以判断该路段存在导频污染。

解决方案：发现导频污染区域后，首先根据距离判断导频污染区域应该由哪个小区作为主导小区，明确该区域的切换关系，尽量做到相邻两小区间只有一次切换。

（1）调整 PCI=171 和 PCI=279 小区的下倾角和方位角，以加强在此路段的信号覆盖。通过增大其他在该区域不需要参与切换的邻小区的下倾角和方位角或者降低 RS 功率等，以降低其他不需要参与切换的邻小区的信号，直到不满足导频污染的判断条件。

（2）削弱 PCI=280、PCI=221、PCI=219 小区在此路段的信号覆盖。

24.3 任务实践与考核

本任务由教师介绍或者用视频演示，再由学生进行实践练习，从而完成目标。

本任务要求学生先完成案例的导频污染问题分析，然后由教师根据学生在课上的实践情况确定是否给出另外的导频污染问题数据来进行进一步的操作练习，尽量在课上完成。

任务 25

LTE 模 3 干扰问题分析

25.1 任务概述

LTE 对下行信道的估计都是通过测量参考信号的强度和信噪比来完成的,因此,当两个小区的 PCI Mod3 相等时,若信号强度接近,由于 RS 位置的叠加,会产生较大的系统内干扰,导致终端测量 RS 的 SINR 值较低,称之为"PCI Mod3 干扰"。Mod3 干扰即使在网络空载时也存在"强场强低 SINR"的区域,通常导致用户下行速率降低,严重的会导致掉线、切换失败等异常事件。LTE 干扰问题中 Mod3 干扰是占比最大的问题。

本任务就是对 Mod3 干扰问题进行分析。学习完该任务,将能够:

(1) 了解 Mod3 干扰的指标要求。
(2) 能综合运用 Pilot Pioneer 软件对已测试的数据文件进行 Mod3 干扰分析。

本任务要求学生提前了解 Mod3 干扰的概念以及判别指标和地图窗口的基本操作,还要准备好 Pilot Pioneer 10.1.100.0617(Alpha)软件和相关数据。

25.2 任务实施步骤和操作流程

第一步:导入数据并解码。

(1) 在导航栏的数据分页、数据列表中单击"+",添加需要分析的数据,如图 1 所示。

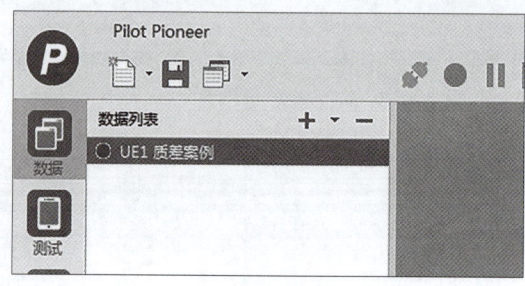

图 1 添加需要分析的数据

任务 25　LTE 模 3 干扰问题分析

（2）解压数据后，双击数据列表中的数据就可以进行数据解码了，如图 2 所示。

图 2　数据解码过程

第二步：选择导航栏分析项标签页，单击 Mod3 分析后的加号，打开分析设置界面，如图 3 所示。软件会默认给出一个名称，可以修改，分析完成后，该名称会显示在导航栏→分析项→Mod3 分析节点下。可以通过"已打开文件""浏览文件""删除"按钮来实现数据的添加和删除。此外，Mod3 分析只针对 LTE 数据，非 LTE 终端的数据会以灰色显示，表示该数据不可用。在基本设置中，参数门限值可以根据实际需要设定。

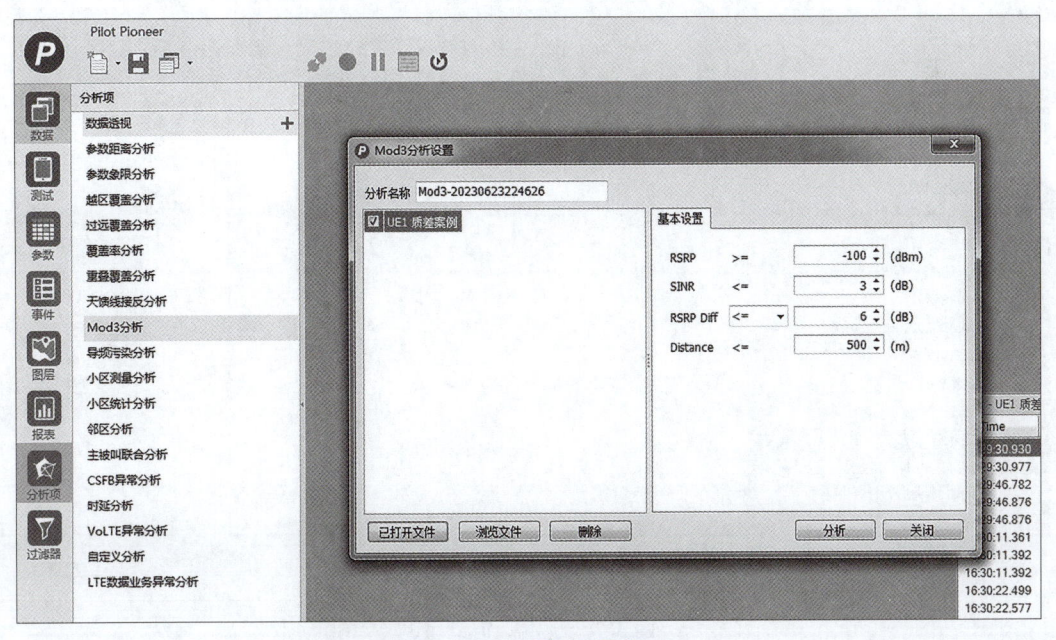

图 3　Mod3 分析设置窗口

第三步：单击"分析"按钮，分析完成后，分析结果会以设置名称为节点显示在分析项行下方；同时，结果界面也会自动打开，如图4所示。

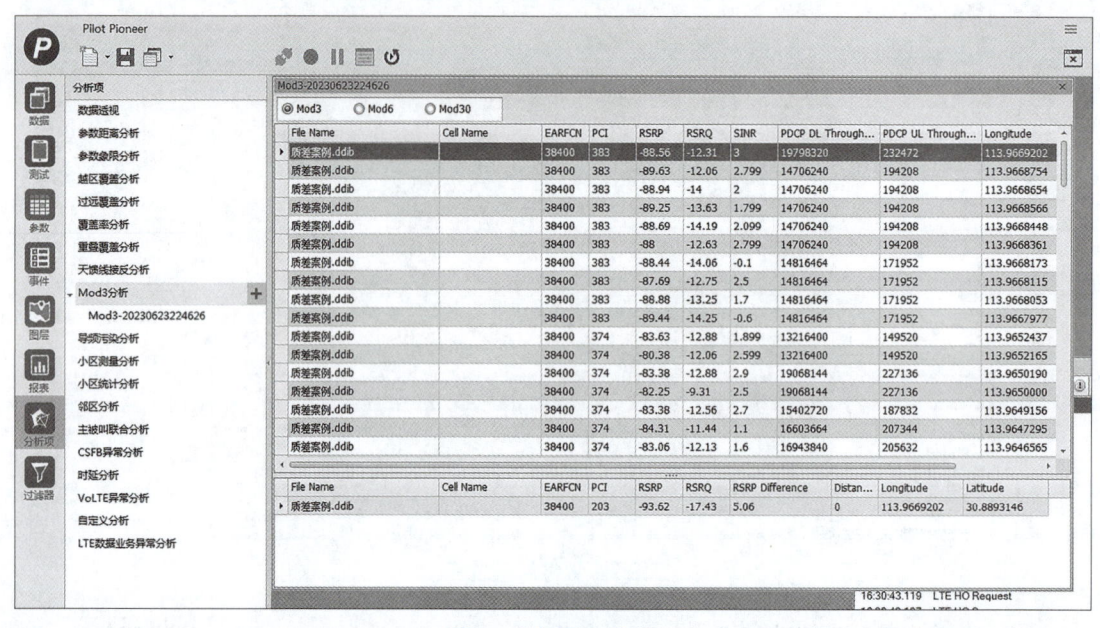

图4 分析图表呈现

第四步：选中Mod3分析下的文件，单击右键，便会出现三个选项"地图""分析视图"和"删除"，选中"地图"，分析结果会呈现在"地图"窗口中，如图5和图6所示。

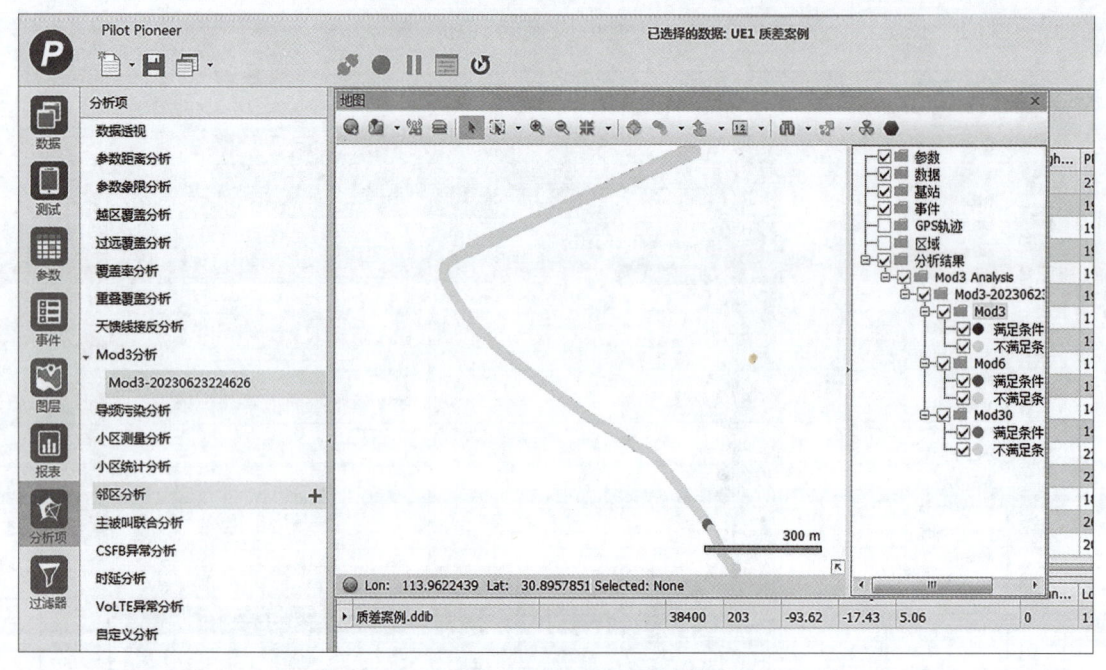

图5 "地图"窗口呈现

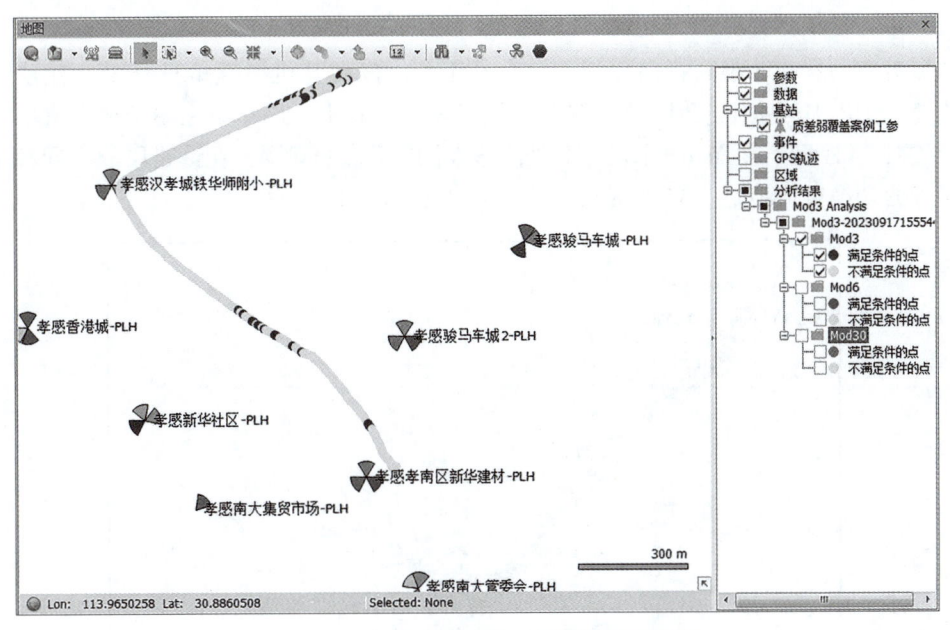

图 6　只显示出 Mod3 的"地图"窗口呈现

第五步：分析 Mod3 干扰。

从图 7 中圈出的区域路段可以看出，该路段 RSRP 覆盖良好，但是 SINR 比较差，基本都在 3 以下，而此处的信号无论主服小区还是邻区都比较强，-85 dBm 左右，进一步分析发现此处主服小区 203 和邻区 374 存在严重 Mod3 干扰，导致此处 SINR 值恶化。PCI=203-> SSS=67，PSS=2；PCI=374-> SSS=124，PSS=2；PSS 码序列相同，说明 PCI Mod3 相等。主服小区 203 和邻区 374 信号强度接近，由于 RS 位置的叠加，产生了较大的系统内干扰，导致终端测量 RS 的 SINR 值较低，存在 Mod3 干扰。

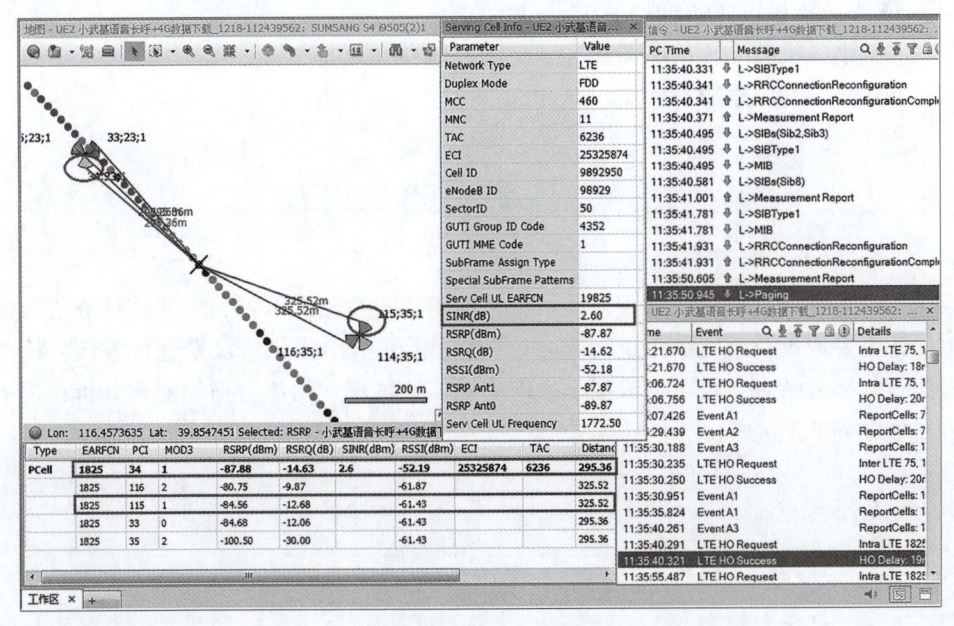

图 7　Mod3 干扰分析

第六步：优化建议。

从覆盖方向看 203 小区背向较强，结合其工参，发现其机械倾角只有 3°，建议增加到 9°。此处 RSRP 中等水平，但 SINR 偏低，从图 8 不难看出 115 小区在主干道上有一定旁瓣覆盖导致对 34 小区产生 Mod3 干扰。此处除了 Mod3 干扰的问题，在该路段的主导频不够明确，正确的切换链应该是：35 小区>34 小区>116 小区>114 小区。

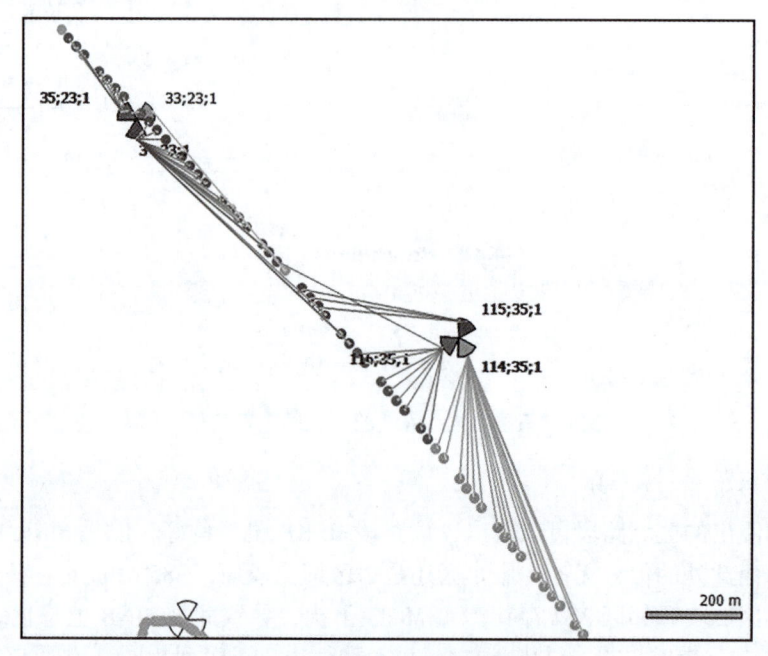

图 8　Mod3 干扰分析拉网

调整建议：
（1）33 小区机械下倾角增加到 3°。
（2）115 小区机械下倾角增加到 3°；同时，方位角增加 10°。
（3）116 小区方位角适当增加 5°。

25.3　任务实践与考核

本任务由老师进行演示或者视频演示，再由学生进行实践练习，完成该任务的目标。

本任务主要通过对给定数据进行 Mod3 干扰分析并给出优化建议来进行考核，任务的核心是操作与分析的结合。也可以根据学生课上的实践情况，给出合适的操作分析题目来进行考核，尽量做到课上完成。

参 考 文 献

[1] 张敏. LTE 无线网络优化 [M]. 北京：人民邮电出版社，2015.

[2] 丁胜高. LTE 无线网络优化 [M]. 北京：机械工业出版社，2021.

[3] 明艳，王月海. LTE 无线网络优化项目教程 [M]. 北京：人民邮电出版社，2016.

[4] 徐彤. LTE 无线网络优化技术 [M]. 北京：电子工业出版社，2018.

[5] 张守国，张建国，李曙海，沈保华. LTE 无线网络优化实践 [M]. 北京：人民邮电出版社，2017.

[6] 陈刘. TD-LTE 无线网络优化技术研究 [J]. 电脑知识与技术，2014（10）：268-270.

[7] 周超，熊仁成，杜杰. LTE 无线网络重叠覆盖优化方法的研究 [J]. 电子测量，2020（19）：96-97.

[8] 吴正. 4G 移动通信系统无线网络优化探析 [J]. 中国新通信，2020（15）：24.

[9] 宋树晨. LTE 无线网络规划及其优化研究 [D]. 南京：南京邮电大学，2017.

[10] 邢越. LTE 系统无线网络优化与分析 [D]. 唐山：华北理工大学，2019.

[11] 吴泽萍. LTE 网络覆盖优化研究 [D]. 广州：华南理工大学，2017.